Jürgen Dittberner · FDP - Partei der zweiten Wahl

Jürgen Dittberner

FDP –
Partei der zweiten Wahl

Ein Beitrag zur Geschichte der liberalen Partei und ihrer Funktionen im Parteiensystem der Bundesrepublik

Westdeutscher Verlag

CIP-Kurztitelaufnahme der Deutschen Bibliothek

Dittberner, Jürgen:
FDP – Partei der zweiten Wahl: e. Beitr. zur Geschichte d. liberalen Partei u. ihrer Funktionen im Parteiensystem d. Bundesrepublik Deutschland / Jürgen Dittberner. – Opladen: Westdeutscher Verlag, 1987.

Umschlaggestaltung: Horst Dieter Bürkle, Darmstadt

ISBN 978-3-531-11843-7 ISBN 978-3-322-91925-0 (eBook)
DOI 10.1007/978-3-322-91925-0

Inhalt

„Ihr naht Euch wieder, schwankende Gestalten,
Die früh sich einst dem trüben Blick gezeigt.
Versuch ich wohl, euch diesmal festzuhalten?"

Vorwort

Das Goethe-Wort paßt: Vier Jahre als Bezirksverordneter in Berlin-Wilmersdorf und zehn Jahre als Mitglied des Abgeordnetenhauses von Berlin, immer über Listen der FDP dorthin gewählt, sind vorbei. Was bleibt? Freundschaften, Bekanntschaften, wohl auch Feindschaften. Mehr und mehr Vergangenheit werdende Entscheidungen. Vor allem die Genugtuung darüber, etwa einem Dutzend Menschen wirklich geholfen zu haben. Was folgt? Der Versuch, die gewonnenen Erfahrungen, die erzielten Einsichten und das angesammelte Wissen einzubringen in das neue Amt des Staatssekretärs beim Senator für Jugend und Familie in Berlin.

Erfahrungen, Einsichten, Wissen? Dieses Buch ist auch eine Zwischenbilanz aus der Zeit nach dem Schritt aus dem Parlament heraus und vor dem Schritt in die Exekutive hinein. Für den gelernten Parteiensoziologen ereignete sich vieles noch einmal. Die Perspektive war umfassender, und alles ordnete sich neu. Werden jetzt Zusammenhänge sichtbar? Oder verstellt parteiliches Engagement den klaren Blick? Leser mögen es beurteilen.

Im folgenden geht es immer wieder um die „Wende". Seit Hans-Dietrich Genscher 1981 in einem Brief an die FDP-Mitglieder von der Notwendigkeit einer Wende sprach, wird darunter einerseits ein Wertewandel vom Reformcredo zum Neukonservativismus verstanden, andererseits der Machtwechsel 1982/83 in Bonn. Dieses Buch behandelt neben anderem diesen Machtwechsel, der freilich ohne einen Wertewandel nicht stattgefunden hätte.

Passagen des Textes, besonders bei den Kapiteln über die Geschichte und Organisation der FDP, sind meinem Beitrag über diese Partei aus dem von Richard Stöss herausgegebenen „Parteien-Handbuch" entnommen.

Meiner Ehefrau Elke Dittberner und meinem Kollegen Richard Stöss danke ich, weil sie mitgeholfen haben, das vorliegende Buch zu gestalten. Ebenso bin ich der Fachhochschule für Verwaltung und Rechtspflege Berlin für die mannigfache Unterstützung verpflichtet. Schließlich hat mir bei der Materialsuche die Bereitwilligkeit der FDP-Geschäftsstellen von Partei und Fraktionen in Bonn und in Berlin sehr geholfen.

Berlin-Kladow, August 1986 *Jürgen Dittberner*

Einleitung

Politische Machtwechsel werden anderswo vom Wähler ausgelöst, in der Bundesrepublik Deutschland – so scheint es – von der FDP. Im März 1969 waren es FDP-Mitglieder der in Berlin tagenden Bundesversammlung, die den Ausschlag dafür gaben, daß mit Gustav Heinemann zum ersten Mal ein Sozialdemokrat Präsident der Bundesrepublik wurde. Und diese Bundespräsidentenwahl war das Vorspiel für die Etablierung der sozial-liberalen Koalition im Oktober 1969. Durch diese Hinwendung der FDP zu den Sozialdemokraten wurde die CDU/CSU zum ersten Mal seit zwanzig Jahren von der Regierungsmacht in Bonn verdrängt. Die Wähler hingegen hatten die Christdemokraten bei den Septemberwahlen des gleichen Jahres mit 46,1 Prozent zur stärksten Gruppierung im Deutschen Bundestag bestimmt, die SPD folgte mit 42,7 Prozent auf Platz zwei, während die offenbar alles entscheidende FDP mit 5,8 Prozent knapp die 5-Prozent-Hürde genommen hatte. Natürlich wurde der damals ohne überzeugende Wählerlegitimation praktizierte Machtwechsel heftig kritisiert, sogar von einst höchsten Funktionären der FDP selber. So schrieb Erich Mende, ehemals FDP-Vorsitzender und Vizekanzler der Bundesregierung unter Ludwig Erhard: „Die FDP hat die Position der nach beiden Seiten offenen Mitte aufgegeben und sich zu einer neuen Linkspartei entwickelt.“[1]

Dreizehn Jahre hielt die sozial-liberale Koalition zwischen SPD und FDP, dann erfolgte mit Hilfe der FDP ein abermaliger Machtwechsel, diesmal zugunsten von CDU/CSU. Diese „Wende“ des Jahres 1982 wurde zunächst nicht nur ohne überzeugende, sondern sogar ohne jegliche Wählerlegitimation vollzogen: Am 1. Oktober stimmten neben den Abgeordneten der CDU/CSU-Bundestagsfraktion die Mehrheit der FDP-Abgeordneten für das konstruktive Mißtrauensvotum gegen Helmut Schmidt und für Helmut Kohl als Kanzler. Es waren dieselben FDP-Abgeordneten, die zusammen mit ihren sich der „Wende“ verweigernden Kollegen im Oktober 1980 aufgrund eines auf den Kanzler Helmut Schmidt abgestellten Wahlkampfes in den Bundestag gewählt worden waren. Diese Konstellation erschien auch den Christdemokraten so wenig demokratisch abgesichert, daß sie der FDP vorgezogene Neuwahlen zum Deutschen Bundestag abtrotzten. Um den Termin hierfür gab es in der neuen Koalition einen Kuhhandel: Während die in der Wählergunst in ein Tief geratene FDP die Wahl so spät wie möglich haben wollte, drängten ihre neuen Partner von der CSU auf einen möglichst frühen Termin, der der FDP wahrscheinlich das „Aus“ gebracht hätte. Man einigte sich auf den März 1983. Im Wahlkampf begründete die FDP die Wende mit der Zerstrittenheit der alten Koalition und mit

1 Erich Mende, Die FDP, Daten – Fakten – Hintergründe, Stuttgart 1972, S. 244.

der immer schlechter werdenden wirtschaftlichen Lage. Auf dem Wahlparteitag der Liberalen im Januar 1983 hieß es: „Freiheit braucht Mut/Deutschland braucht die Liberalen". Dieser Auffassung schlossen sich dann 7 Prozent der Wähler an. Die CDU/CSU erhielt 48,8 Prozent. Die neue Koalition hatte bei den Wählern eine Mehrheit gefunden.

Mehr noch als 1969 war der Wechsel von 1982/83 in der Öffentlichkeit kritisiert, die FDP als sein Initiator verurteilt worden. Wieder kamen die heftigsten Kritiker aus den eigenen Reihen der FDP. Der im September 1982 von diesem Posten zurückgetretene Generalsekretär Günter Verheugen urteilte: „Der Exodus der fortschrittlichen Kräfte aus der FDP hat die Partei in ihrer personellen und inhaltlichen Substanz schwer beschädigt. Die Partei strahlt nichts mehr aus. Sie hat keine Phantasie mehr (allenfalls reicht es zu phantastischen Irrtümern der Führung). Die FDP hat nichts mehr zum Sagen."[2] Wie Erich Mende zuvor verließ auch Günter Verheugen seine Partei. Während der eine seine neue politische Heimat in der CDU gesucht und gefunden hatte, tat dies der andere nun bei der SPD. Führten ihre Wege auch in unterschiedliche Richtungen, so waren sich die beiden FDP-Dissidenten Mende und Verheugen mit vielen anderen in einem einig: Die inhaltliche Berechtigung für den Fortbestand der FDP sei verloren gegangen.

Die These von der fehlenden inhaltlichen Legitimation einer eigenständigen liberalen Partei ist so alt wie die FDP selbst. Sie wird mit zwei Argumenten begründet: Das erste Argument geht von der Feststellung aus, daß die liberale Partei FDP vor den Wählern nur Bestand haben könne, wenn sie in ihrer Organisation gleichermaßen wirtschafts- wie linksliberale Personen und Konzeptionen einbinde, sich vor Spaltungen hüte und vor allem keinem der beiden Flügel die ganze Macht gebe. Sowohl 1969 als auch 1983 habe aber jeweils nur eine der beiden Hauptlinien des Liberalismus geherrscht, 1969 die Linksliberalen und 1983 die Wirtschaftsliberalen. Als „Anhängsel der SPD" (Mende)[3] sei die Existenzberechtigung ebenso infrage gestellt wie als Wirtschaftspartei auf der „Seite rechts von der Union" (Verheugen)[4]. Das zweite Argument gegen die inhaltliche Legitimation der liberalen Partei ist grundsätzlicher: Althergebrachte liberale Tugenden wie „Traditionen des Maßes, der Mitte und der Toleranz" ebenso wie die liberalen Forderungen nach „konstitutioneller Regierung, Rechtsstaatlichkeit, Marktwirtschaft, Toleranz und Selbstverantwortung" seien heute in den großen Volksparteien CDU/CSU einerseits und SPD andererseits fest verankert und durchgesetzt, so daß die historische Aufgabe des Liberalismus parteipolitisch jedenfalls praktisch erledigt sei.[5] Kurt J. Körper stellte seine 1968 veröffentlichte Studie über die FDP unter die Frage: „Braucht Deutschland eine liberale Partei?" Seine Antwort lautete „Nein!", denn: „Es wäre aber um die Freiheit schlecht bestellt, wenn lediglich eine besondere liberale Partei ihr

2 Günter Verheugen, Der Ausverkauf. Macht und Verfall der FDP, Hamburg 1984, S. 164.
3 Erich Mende, a.a.O.
4 Günter Verheugen, a.a.O., S. 14.
5 Kurt J. Körper, FDP, Bilanz der Jahre 1960–1966. Braucht Deutschland eine liberale Partei?, Köln 1968, S. 263.

Hüter wäre, deren politische Notwendigkeit in dem Maße entfällt, in dem die Elemente des Liberalismus sämtliche demokratische Parteien und Verfassungsstaaten durchdringen."[6]

Der Plausibilität dieser beiden Argumente folgend, haben zahlreiche Beobachter zu verschiedenen Zeiten immer wieder den Untergang der FDP als Organisation prophezeit. So bedrohlich dann auch beispielsweise um 1983 der Exodus der Liberalen aus den Landtagen war: Den Sprung in den Deutschen Bundestag schaffte die FDP bislang noch jedesmal. Sie ist die einzige der zahlreichen kleineren Parteien von 1949, dem Jahr der ersten Bundestagswahl, die sich neben den Blöcken der Sozialdemokratie und der Union halten konnte. Trotz Dominanz 'mal des einen und 'mal des anderen Flügels, trotz „erfüllter historischer Mission" des Liberalismus immer wieder dabei? Hier nun ist auf den „Funktionscharakter" der FDP hinzuweisen. Daß ist, was nach Auffassung vieler nicht sein darf, liegt offensichtlich daran, daß die FDP nicht allein wegen ihrer Personen oder Inhalte gewählt wird, sondern vor allem wegen ihrer Funktionen im Parteiensystem: CDU- oder SPD-Anhänger geben zum Beispiel unter bestimmten Umständen der FDP ihre Wählerstimmen, damit die von ihnen gewünschte jeweilige Koalition die Mehrheit erhält. Es fanden Wahlen statt, in denen die FDP ihr Überleben solchen Kalkulationen zu verdanken hatte. 1985 bei den Wahlen zum Berliner Abgeordnetenhaus war das so, als eine „Bürgerinitiative" zur Wahl der gefährdeten FDP Mut machte, um so ein gefürchtetes Übergewicht von SPD und Alternativer Liste zu verhindern. Aber der Funktionscharakter der FDP kann auch auf Differenzierungen innerhalb einer Koalition basieren. Das klassische Beispiel hierfür ist der Bundestagswahlkampf von 1961, den die FDP unter Erich Mende auf Anraten der Umfrageinstitute mit dem Slogan führte „Für die CDU – ohne Adenauer", damit den Wunsch auch vieler CDU-Anhänger nach einem „Ende der Ära Adenauer" artikulierend. Dieser Ansatz brachte der FDP 12,8 Prozent der Wählerstimmen, ihr bisher bestes Ergebnis bei Bundestagswahlen.

Für den Funktionsansatz spricht, daß erfolgreiche Wahlmanager wiederholt gezielt und geschickt mit ihm operiert haben. Innerhalb der Mitgliederschaft der FDP gibt es jedoch immer wieder Stimmen, die der FDP darüber hinaus eigenständige inhaltliche Aufgaben zuschreiben. Einer der leidenschaftlichsten Verfechter des Liberalismus als zeitunabhängiger Idee und der FDP als ihrer möglichen Organisation war Karl-Hermann Flach. Er sprach dem Liberalismus geradezu euphorisch Ewigkeitswert zu: Der Liberalismus „konkretisiert nur den immer wieder aufbrechenden Freiheitsdrang des Menschen, wie andere meinen, eine ‚ewige Krankheit', die man weder durch Operationen noch Heilmittel ausrotten kann. Die ersten liberalen Regungen haben sich gezeigt, als die Menschen zu denken begannen, und die letzten werden erst mit dem letzten Menschen verschwinden."[7]

Der „Freiheitsdrang des Menschen" als Urwurzel des Liberalismus, als letzte

6 Ebd.
7 Karl-Hermann Flach, Noch eine Chance für die Liberalen. Eine Streitschrift, Frankfurt a. M. 1971, S. 7.

Rechtfertigung für die Existenz einer eigenen, sich liberal nennenden Parteiorganisation in der postindustriellen westdeutschen Gesellschaft? Ansätze dafür – widersprüchlich wie die Geschichte des Liberalismus selbst – lassen sich nicht leugnen: Kompromißloser als irgendwer kämpfen FDP-Vertreter im Bonner Regierungssystem für die Freiheit des Marktes. Das war in der Frühzeit der Bundesrepublik nicht anders als in der Regierung Kohl/Bangemann.[8] Aber Freiheit des Marktes bedeutet eben immer auch Privilegierung der Unternehmer und nur ein diese Privilegierung nicht gefährdendes Mindestmaß an sozialer Sicherheit für die Arbeitnehmer. – In der Zeit der Großen Koalition im Bund, 1966 bis 1969, wehrte sich die oppositionelle FDP-Fraktion im Deutschen Bundestag vehement gegen die Verabschiedung der Notstandsgesetze, hierin fast das „parlamentarische Bein" der im übrigen von ihr ideologisch weit entfernten „Außerparlamentarischen Opposition" (APO). Aber der sozialliberale Minister Werner Maihofer mußte 1978 demissionieren, weil er eine ungesetzliche staatliche Bespitzelung des Atomphysikers Traube („Lauschangriffe") zu verantworten hatte. – Beeindruckend forderten Liberale Ende der sechziger Jahre eine grundlegende Bildungsreform mit dem Ziel der Chancengleichheit, allen voran Hildegard Hamm-Brücher. Aber in den Bundes- und Länderregierungen mit den Sozialdemokraten ließen es die FDP-Politiker dann zu, daß eine enorme Bürokratisierung des Bildungssystems einsetzte, und am Ende, nach der Wende 1982, war es der FDP-Vorsitzende Genscher, der einer Hinwendung zur Eliteausbildung das Wort sprach. – In der Ausländerpolitik gilt die FDP zwar als die freiheitlichste und toleranteste unter den traditionellen Bonner Parteien, aber in der sozial-liberalen Zeit wurde eine Verschärfung des Asylrechts durch Änderung des Asylverfahrensgesetzes bewirkt.

Die Beispiele ließen sich fortsetzen. Sie lehren vor allem eines: Der „ewige Freiheitsdrang" des Menschen findet in der FDP immer wieder einen Sachwalter, wird jedoch auch immer wieder durch handfeste Interessen – seien das die der Unternehmer, des Staatsapparates oder des „gesunden Volksempfindens" – relativiert. Manchmal sind es auch simple Koalitionserwägungen, die den Freiheitsdrang vergessen machen, so daß sich die Frage aufdrängt, ob das pure Interesse der Partei am Regieren, am Dabeisein, an den Pfründen das eigentlich retardierende Moment gegenüber dem liberalen Freiheitsdrang in der FDP ist.

In bestimmten Situationen hat die Macht sogar Vorrang vor der Freiheit: Als 1982 die neue Bundesregierung aus CDU, CSU und FDP gebildet wurde, mußte der FDP-Politiker Gerhart R. Baum auf sein Amt als Bundesinnenminister verzichten, weil die Union gegen den „Linksliberalen" ein Veto eingelegt hatte. Etwas sehr Erstaunliches geschah: Die von Bundeskanzler Schmidt gedemütigte, durch heftige innere Auseinandersetzungen geschwächte „Partei

8 Im Parlamentarischen Rat schon stand die FDP mit ihrem Antrag auf Streichung der Verfassungsartikel über Enteignung und Vergesellschaftung gegen die beiden großen Parteien auf verlorenem Posten, und ebenso war es mit dem Vorschlag des FDP-Generalsekretärs von 1985, Haussmann, zur Bekämpfung der Arbeitslosigkeit Löhne unterhalb des Tarifsystems zuzulassen. Siehe hierzu Walter Tormin, Geschichte der deutschen Parteien seit 1848, Stuttgart/Berlin/Köln/Mainz 1966, S. 451 f.

des liberalen Rechtsstaates" verzichtete auf das Innenministerium und auf Baum in der Regierung, verzichtete auf eine liberale Handhabung der inneren Sicherheit und des Umweltschutzes. Das alles überließ man dem CSU-Politiker Zimmermann. Der Parteiführung waren die Koalition mit der Union und der möglichst späte Wahltermin wichtiger als das liberale Wächteramt. In diesem Moment ging es der Partei in der Tat nicht um here Freiheitsartikulationen, sondern ums nackte Überleben.

Für das Parteien- und das politische System der Bundesrepublik Deutschland insgesamt bedeutet dies: Die kleinste der etablierten Parteien gerät in bestimmten historischen Situationen immer wieder in die Gefahr des politischen Todes. Das war 1966 bis 1969 so, als die FDP durch die „Elefantenhochzeit" zwischen CDU/CSU und SPD zermalmt zu werden drohte. Das war 1982 so, als die in der Ost- und inneren Reformpolitik so euphorisch gestartete sozial-liberale Koalition in der Rüstungs-, Haushalts- und Beschäftigungspolitik nicht mehr weiterkam und die FDP durch das Formtief der SPD mit in den Niedergang – der für sie als kleine Partei den Untergang hätte bedeuten können – gerissen zu werden schien. Die Möglichkeit, daß die damals aufkommenden „Grünen" die traditionelle Rolle der FDP übernehmen könnten, kam hinzu. In beiden Fällen, 1969 und 1982, rettete sich die FDP durch den Machtwechsel. In beiden Fällen geschah das unter schmerzlichen innerparteilichen Umständen. Es gab haßerfüllte, herzzerreißende Debatten und scharenweise Mitgliederaustritte. Für die mit sich kämpfenden Parteimitglieder schien es jedenfalls eine zeitlang nur noch die FDP-Welt zu geben. Gleichzeitig ermöglichten diese Notstandssituationen der Partei jeweils parlamentarische Machtwechsel, für das politische System notwendige Vorgänge. Daß diese Machtwechsel allgemeinen gesellschaftlichen Entwicklungen Ausdruck verliehen, zeigt die Tatsache, daß sie hernach – 1972 und 1983 – in Bundestagswahlen legitimiert wurden. Als nun akut nicht mehr existenzgefährdeter Partner in einem der großen Parteiblöcke hat sich die FDP dann in beiden Fällen wieder erholt. Sie gewann neue Mitglieder, und neue Führungsgruppen setzten sich durch. Danach bemühte sich die FDP jeweils, nicht länger allein Funktionspartei zu bleiben und versuchte, ein eigenständiges inhaltliches Profil zu gewinnen. Das den Krisen auf dem Fuße folgende Streben der FDP nach programmatischem Eigengewicht und parteipolitischer Selbständigkeit ist unübersehbar.

Ob die FDP auch zukünftig Medium erneuter Machtwechsel sein wird, ist offen. Fest steht: Nach Lust und Laune, einfach taktischem Ermessen ihrer Mitglieder oder Führer, kann die FDP das Lager im Parteiensystem nicht wechseln. Dies ist nur unter gesellschaftlichen und politischen Rahmenbedingungen möglich, die einen solchen Wechsel am Ende erheischen. Dann geht es jeweils auch zugleich um die Existenz der Partei.

Medium eines Machtwechsels zu sein, sich als Juniorpartner einer der beiden großen Parteien zu behaupten, die Rolle des „liberalen Korrektivs" gegenüber dem Seniorpartner zu spielen und sich gar als „programmatischer Motor" des parlamentarischen Systems zu erweisen, sind tatsächliche oder von ihr angestrebte Funktionen der FDP. Ein Blick in die Programme und Geschichte der FDP mag zeigen, ob und wann sie diese Funktionen erfüllen konnte.

1. Programm

Wie das gesamte Parteiensystem der Bundesrepublik gegenüber dem der Weimarer Zeit auf weniger Organisationen konzentriert ist, so ist es auch bei den Liberalen. Bis 1933 ist die Geschichte des Liberalismus in Deutschland durch permanente Spaltungen und Abspaltungen gekennzeichnet. Insofern stellt es etwas Neues dar, daß in der Bundesrepublik mit der FDP das liberale Schisma zwischen Links- und Rechtsliberalen, zwischen Demokraten und Nationalliberalen, zwischen Großbürgertum und Mittelstand, zwischen norddeutschen und süddeutschen Liberalen in eine einzige Parteiorganisation projiziert wurde. Unmittelbar nach 1945 war es noch die traumatische Erfahrung mit dem Nationalsozialismus und seiner bedingungslosen Niederlage gewesen, die es den liberalen Zirkeln und Gruppierungen landauf, landab nahelegte, die alten Streitigkeiten nicht wieder aufleben zu lassen. Auch in den folgenden Jahrzehnten hat dieser innere Zusammenhalt, diese Kohärenz, nur vorübergehend in den Krisen an Kraft eingebüßt, ist aber im übrigen wirksam geblieben. Zurückzuführen ist das auf die immer wieder sich aufdrängende Erkenntnis, daß die Partei sich in einer permanenten Grenzlage zwischen Etabliertsein und Gefährdung durch die Fünfprozentgrenze befindet. Gestärkt worden ist diese Kohärenz noch durch die Erfolglosigkeit von Abspaltungen wie der „Freien Volkspartei" (FVP) 1956 oder der „Liberalen Demokraten" (LD) 1982 einerseits und andererseits durch sich immer wieder als Folge innerer Streitigkeiten einstellenden Mißerfolge der FDP selber – so beim Verlust der Parlamentsfraktionen 1959 in Berlin sowie nach 1968 und um 1982 in zahlreichen Bundesländern.

Durch die Geschichte der FDP hinweg kommt das liberale Schisma vor allem in den programmatischen Diskussionen immer wieder zum Ausdruck. Gelegentlich führten diese Diskussionen dann tatsächlich zu Ergebnissen, welche die FDP in die Lage versetzten, „liberaler Motor" zu sein. Das gilt vor allem für die „Freiburger Thesen der Liberalen" vom Oktober 1971, die als ideologische Grundlage für die Zusammenarbeit mit den Sozialdemokraten begriffen werden. Auffallend an allen programmatischen Diskussionen und Beschlüssen der FDP ist, daß diese sich meist an aktuellen Streitfragen – „Issues", wie es in der amerikanischen Politikwissenschaft heißt – orientieren und daß kaum Bemühungen erkennbar sind, durchgängige links- oder rechtsliberale Konzeptionen – „Grundsatzprogramme", wie es bei Sozialdemokraten wohl heißen würde – zu erarbeiten. Die liberalen Streitfragen waren und sind häufig Koalitionsprobleme. Nach 1961 hat die Ost- und Deutschlandpolitik eine große Rolle gespielt; in neuerer Zeit mehr die Innen- und Rechtspolitik.

Die teilweise heftigen inneren programmatischen Diskussionen haben meist keinen unmittelbaren Einfluß auf die Tagespolitik der FDP. In der praktischen

Arbeit ist vielmehr festzustellen, daß die Wirtschaftspolitik dominiert wird von dem privatkapitalistischen und marktwirtschaftlich orientierten rechten Parteiflügel, während zum Beispiel in der Bildungspolitik oder in der Ausländerpolitik der Einfluß des linksliberalen Flügels deutlicher wird. So ist unabhängig vom jeweiligen Stand der programmatischen Diskussion ein Doppelcharakter der Politik der FDP zu jedem Zeitpunkt zu beobachten, innerhalb der sozial-liberalen Koalition ebenso wie in den Zeiten mit der Union. Die soziale Basis wie auch die politischen Erscheinungsformen der beiden liberalen Hauptrichtungen haben sich gewandelt. Die Zeit der antiklerikal-kleinbürgerlichen schwäbischen Demokraten mit Paulskirchenpatina ist ebenso vorbei wie die Zeit der national-antisozialdemokratisch gesinnten und der Großindustrie verbundenen „liberalen Persönlichkeiten." Im Parteijargon werden beide Figuren heute als „Steinzeitliberale" bezeichnet. Insofern ist es problematisch, allgemeingültige liberale Spezifika sowohl über die programmatische Entwicklung als auch über die innerparteiliche Spannbreite der Partei hinweg zu konstatieren. Heino Kaack unternimmt diesen Versuch und sagt, der Hauptakzent in der Programmatik der FDP liege beim Individuum, während es bei der CDU und CSU die politische Ordnung und bei der SPD die Gesellschaft sei. Die FDP trete für Minderheiten ein, wende sich gegen Ideologien und Heilslehren, habe eine ausgeprägte Distanz zu Institutionalisierung und Bürokratisierung entwickelt und plädiere „für den Vorrang der Person vor der Institution"[9]. Einerseits kennzeichnen derartige Formeln in der Tat die gesamte FDP, und es geht von ihnen auch eine verbale Integrationswirkung aus. Andererseits verbergen diese Formeln in Wirklichkeit innerparteiliche Differenzen. „Vorrang der Person vor der Institution", eine Lieblingsfloskel aller FDP-Mitglieder, bedeutet für den Wirtschaftsliberalen eben die optimale unternehmerische Dispositionsfreiheit, für den radikalen Demokraten dagegen die Chance eines jeden Bürgers für unbehindertes politisches Engagement.

Neben der Stilisierung programmatischer Gemeinplätze zu verbal integrierenden liberalen Parteipositionen gelingt es der FDP oft, das liberale Schisma durch die Praktizierung „programmatischer Koexistenzen" zu handhaben: Programmaussagen für einzelne Politikbereiche werden einem Flügel überlassen, wie das bei den linksliberalen „Stuttgarter Leitlinien einer liberalen Bildungspolitik" vom März 1972 der Fall war. Oder es formulieren verschiedene Gremien einander widersprechende Aussagen, wie im Juli 1977 die „Perspektivkommission" der FDP zum einen und die „Wirtschaftskommission" zum anderen.

Daß die FDP erst 1957 mit dem „Berliner Programm" ein offizielles Manifest verabschiedete, charakterisiert die Partei als ein jedenfalls bis dahin loses Bündel unterschiedlicher liberaler Gruppierungen, als einen Zusammenschluß von Menschen wohl auch, denen es mehr um die Teilhabe an der alltäglichen politischen Macht auf verschiedenen Ebenen ging als um tiefschürfende Zeit-

9 Heino Kaack, Zur Geschichte und Programmatik der Freien Demokratischen Partei. Grundriß und Materialien, Meisenheim am Glan 1976, S. 82 f.

und Gesellschaftsanalysen. Doch gab es vor 1957 schon einzelne Parteitagsbeschlüsse zu speziellen Fragen, so die „Bremer Beschlüsse" (auch „Bremer Plattform")[10] von 1949, die der im Juni 1949 in Bremen durchgeführte 1. Bundesparteitag verabschiedet hatte. In diesen Beschlüssen wurde u. a. gefordert, die Kriegsgefangenen freizulassen, die Fahne „schwarz-rot-gold" als Farben der Einheit, des Rechts und der Freiheit anzuerkennen, die christliche Gemeinschaftsschule einzuführen, von der Möglichkeit des Art. 15 des Grundgesetzes – der Sozialisierung – keinen Gebrauch zu machen, die „Entnazifizierung" durch einen Amnestieakt zu beenden, eine alle „produktionshemmenden Wirkungen" abbauende Steuerreform einzuleiten, die Heimatvertriebenen zu integrieren sowie ein Wahlrecht einzuführen, „das die Vorteile beider Wahlsysteme, die Gerechtigkeit des Proporzwahlrechts und die Verpersönlichung des Verhältnisses zwischen Wählern und Gewählten, wie sie das Mehrheitswahlrecht im kleinen Wahlkreis verheißt", verbindet. Zweifellos ist die FDP als eine national orientierte, die Heimatvertriebenen bewußt ansprechende, antisozialistische Partei der Marktwirtschaft in den Bundestagswahlkampf 1949 gegangen.

Historisch gesehen wird die programmatische Spannbreite der FDP vom mehr rechtsliberalen „Berliner Programm" und von den mehr linksliberalen „Freiburger Thesen" markiert. Das im Januar 1957 vom Bundesparteitag in Berlin verabschiedete Programm ist Ausdruck des Versuchs einer Konsolidierung der Partei, nachdem sie 1956 wegen der Auseinandersetzungen um die Zukunft des Saargebietes aus der Regierung Konrad Adenauers ausgeschieden war, unter Thomas Dehler sich schroff von der Union abgesetzt und das mit der Abspaltung der FVP zu bezahlen hatte. Mit dem Berliner Programm nun versuchte die FDP, sich als „dritte Kraft" und „liberale Mitte" im Parteiensystem der Bundesrepublik zu etablieren. Ihre grundsätzliche Präferenz zugunsten der CDU/CSU jedoch gab die Partei dabei nicht auf. Unter diesen Voraussetzungen, auch trotz der Abspaltung des eher extrem rechten Flügels, geriet das Programm zu einer Aneinanderreihung interessenbedingter Forderungen für den bürgerlichen Mittelstand. Die jeweils mit einer Erläuterung versehenen „zehn Thesen des Berliner Programms"[11] grenzten sich zunächst im Sinne der „liberalen Mitte" von „Marxismus und sozialistischen Experimenten" sowie vom „Mißbrauch der Religion im politischen Tageskampf" ab. Eine „deutsche Außenpolitik" wurde gefordert und die friedliche Widervereinigung des Deutschen Reiches zum obersten Ziel erklärt. Im Unterschied zur damaligen Position der Unionsparteien machte sich die FDP jedoch für eine Politik der Entspannung (auf dem Boden der Westintegration) stark und näherte sich in diesem Punkt den Vorstellungen der Sozialdemokraten an. Innenpolitisch legte die Partei das Schwergewicht auf das „Individuum" als wirtschaftendes und als Rechtssubjekt. Sie

10 Siehe Ossip K. Flechtheim, Dokumente zur parteipolitischen Entwicklung in Deutschland seit 1945, Zweiter Band, Programmatik der deutschen Parteien, Erster Teil, Berlin 1963, S. 274 ff.

11 Berliner Programm der Freien Demokratischen Partei. Beschlossen und verkündet durch den VIII. Ordentlichen Parteitag vom 26. Januar 1957 in der ehem. Reichshauptstadt, Bonn 1957, abgedr. bei Kaack, a.a.O., S. 77 ff.

setzte sich vor allem für den Mittelstand, für die „Neubildung selbständiger Existenzen" und für die Förderung der „Privatinitiative" ein. Sozialpolitisches Credo war die Hilfe zur Selbsthilfe, die Konditionierung des Individuums „für die Wechselfälle des Lebens", womit sich die FDP deutlich von den sozialpolitischen Forderungen der SPD abgrenzte. Dies galt vor allem auch für die Wirtschaftspolitik, wo die Partei betont neoliberale Leitlinien verfocht, gegen staatsinterventionistische Maßnahmen polemisierte und für die rasche Überführung damals noch staatlich reglementierter Wirtschaftsgebiete – wie beim Wohnungssektor – in die Marktwirtschaft plädierte. Ausgenommen davon war lediglich die Landwirtschaft, ein von der FDP besonders umworbener Bereich. Hier sollte die Wettbewerbsfähigkeit durch „kostendeckende Preisgestaltung" und Subventionen gesichert werden.

Daß sich die FDP 1957 betont mittelständisch präsentierte, hing natürlich mit ihrer damaligen Mitglieder- und Wählerbasis und dem auserkorenen Adressatenkreis zusammen. Um nicht wie die anderen kleineren Parteien aus der ersten Koalitionsregierung Adenauers von 1949 – um also nicht wie die Deutsche Partei (DP) und der Gesamtdeutsche Block/BHE in den Sog der CDU/CSU zu geraten und von dieser absorbiert zu werden, strebte die FDP nach einem spezifischen Profil, das ihr dauerhaft Wähler aus den Mittelschichten und damit eine gewisse Unabhängigkeit gegenüber den Unionsparteien sichern sollte. Bemühungen einzelner Personen und Gruppierungen innerhalb der Partei, die FDP von dem Odium einer Interessenpartei zu befreien und sie in eine Volkspartei nach dem Vorbild der CDU umzuwandeln, blieben erfolglos. Erst nach dem Bruch mit der CDU/CSU 1966 begann die Suche nach einem neuen Standort innerhalb des Parteiensystems. Der „neue Kurs" der FDP wurde damals programmatisch eingeleitet durch das „Hannoveraner Aktionsprogramm" (1967)[12], das neue Akzente vor allem hinsichtlich der Vorstellung einer Demokratisierung der Gesellschaft, einer Bildungsreform sowie einer entspannungsorientierten Ost- und Deutschlandpolitik setzte.

In den „Freiburger Thesen"[13] dann wird der Versuch einer Neuentwicklung des Liberalismusverständnisses unternommen. Das Programm beruft sich auf die demokratischen Resolutionen des 18. Jahrhunderts in Amerika und Frankreich und sieht es als historisches Ziel des Liberalismus an, den Staat zu demokratisieren sowie die Bürgerrechte zu stärken. Davon wird das aktuelle Ziel einer Demokratisierung der Gesellschaft abgeleitet. Es soll Menschenwürde durch Selbstbestimmung erreicht werden, wobei nach dem Konzept zu verfahren sei, daß die „Person Vorrang vor der Institution" habe. Hier ist also die Quelle für eine Lieblingsfloskel der Liberalen. Die historischen Leistungen des Kapitalismus werden anerkannt, aber es wird auch die ungleiche Machtver-

12 Ziele des Fortschritts. Aktionsprogramm der Freien Demokratischen Partei 1967 (107 Thesen), hrsg. v. Bundesvorstand der FDP, Bonn o. J., abgedr. bei Kaack, a.a.O., S. 88 ff.

13 Karl-Hermann Flach/Werner Maihofer/Walter Scheel, Die Freiburger Thesen der Liberalen, Reinbek bei Hamburg 1972.

teilung in der Wirtschaft angesprochen. Sie soll überwunden werden. Das Freiburger Programm enthält eine Absage an den klassischen Liberalismus: Ein freier Lauf der Kräfte sei nur da möglich, wo keine Ungleichgewichte entstehen würden, ansonsten seien gezielte Maßnahmen zu ergreifen, um die kapitalistische Gesellschaftsordnung zu organisieren. Gegenüber den wirtschaftspolitischen Konzeptionen der FDP von 1949 und 1957 stellte dies eine erhebliche Umorientierung dar.

Das Freiburger Programm ist jedoch nicht als „lupenreines" Dokument einer der beiden Grundrichtungen des Liberalismus zu verstehen, sondern es enthält zahlreiche Kompromisse zwischen den beiden Grundpositionen innerhalb der FDP. So wird eine „liberale Reform des Kapitalismus" zwar „erstrebt", aber auf der Grundlage des „privaten Eigentums an den Produktionsmitteln" und mit dem Ziel der Steigerung der Leistungsfähigkeit der privaten Wirtschaft (These 4).[14] Das sei zu erreichen durch eine Kombination privatwirtschaftlicher Interessen mit optimaler Gerechtigkeit: „Größtes Glück der größten Zahl". Das Eigentum wird als Voraussetzung der Freiheit gesehen. Das „Recht am Eigentum" finde seine Entsprechung im „Recht auf Eigentum": Jeder Bürger müsse die Chance zur Eigentumsbildung erhalten. Auch dürfe das Eigentum kein Vorrecht weniger sein. Eine Einschränkung des Rechts am Eigentum müsse dort gesehen werden, wo Rechte Anderer gefährdet würden. Wo aus Eigentum Verfügungsgewalt über Produktionsmittel fließe, sei Mitbestimmung der Arbeitnehmer notwendig.

Die Bedeutung der Freiburger Thesen ist auch vor dem Hintergrund der parteiinternen Entwicklung zu sehen. Waren in den programmatischen Beschlüssen von 1949 und 1957 Fragen der Organisation der Wirtschaft weitgehend ausgeblendet worden, so wird die „Reform des Kapitalismus" nun zentral behandelt. Die von der Studentenbewegung vorgetragene These von der Machtkonzentration in der Politik als Folge einer Machtzusammenballung in der Wirtschaft der Bundesrepublik findet in der FDP Aufnahme. Allerdings bleibt die Sache unklar, denn wie die Reform des Kapitalismus genau und im einzelnen erfolgen soll, steht nicht in den Thesen. Das hängt wohl auch damit zusammen, daß die Freiburger Thesen keine Aussagen über die Rolle der FDP im Parteiensystem enthalten. Für die Mitglieder des Freiburger Programmparteitages war es auch so offensichtlich, daß die Thesen der programmatischen Fundierung der FDP als Bündnispartner der Sozialdemokraten dienen sollten. Das genügte ihnen.

Inwieweit die Freiburger Thesen in die politische Praxis der FDP vor allem innerhalb der Bonner SPD/FDP-Koalition eingegangen sind, ist letztendlich nicht nachweisbar, schon wegen der Allgemeinheit und Kompromißhaftigkeit weiter Passagen des Textes. Zweifellos bildeten die Freiburger Thesen bis in

14 Interessant ist hier übrigens der Gebrauch marxistischer Termini. Die gleiche Partei, in der noch in den fünfziger Jahren die größten „Sozialistenfresser" organisiert waren, hatte sich auch in der Wortwahl dem durch Außerparlamentarische Opposition und die allerdings auf bürgerlich-intellektuelle Kreise beschränkte Marx-Renaissance gekennzeichneten Zeitgeist durchaus geöffnet.

die 80er Jahre hinein für viele linksliberal empfindende Mitglieder einen emotionalen Bezugspunkt; ein „Bekenntnis zu Freiburg" wurde innerparteilich so verstanden. Schließlich war jedoch auch in der sozial-liberalen Zeit die tatsächliche Politik der FDP wesentlich pragmatischer und an der Machterhaltung in Bonn mehr als an den Thesen orientiert. Die Frage nach wirtschaftlich verursachter Machtakkumulation wurde von der FDP ohnehin weder im Bundestag noch in der Bundesregierung jemals ernsthaft gestellt.

Unter dem Eindruck der sich verschärfenden Wirtschaftskrise traten Mitte der siebziger Jahre dann auch die gegensätzlichen innerparteilichen Positionen in wirtschafts- und gesellschaftspolitischen Fragen offen zutage. So legten im Juli 1977 zwei bereits 1975 eingesetzte Kommissionen – die „Wirtschaftskommission" unter Hans Friederichs und die „Perspektivkommission" zunächst unter Werner Maihofer, dann unter Gerhart R. Baum – ihre Ausarbeitungen („Grundzüge liberaler Wirtschaftspolitik"/„Aktuelle Perspektiven des sozialen Liberalismus") vor. Die Papiere unterschieden sich passagenweise beträchtlich voneinander und verdeutlichten, daß sich mittlerweile weite Teile der FDP – zumindest in wirtschaftspolitischen Fragen – wieder den Unionsparteien angenähert hatten. Während die „Perspektivkommission" den trotz allem weitgehend linksliberalen Kurs der Freiburger Thesen fortsetzte und eher staatsinterventionistische Konzepte für eine an qualitativem Wachstum orientierte Wirtschaft entwickelte, setzte die „Wirtschaftskommission" zuallererst auf die Kräfte des Marktes. – Bei diesen Widersprüchen handelte es sich um mehr als nur Differenzen in einer pluralistischen Partei. Das zeigten die hart und polemisch geführten Debatten auf dem Kieler Parteitag 1977. Die Wende und die mit ihr verbundene innerparteiliche Zerreißprobe warfen ihre Schatten voraus.

Der Kieler Parteitag verabschiedete schließlich mit deutlicher Mehrheit einen Text – die „Kieler Thesen" –, der formal einen Kompromiß zwischen beiden Richtungen darstellte, wobei sich inhaltlich jedoch die Verfechter eines traditionellen Marktwirtschaftskonzeptes durchsetzen konnten. Obwohl die Kieler Thesen das Freiburger Programm konkretisieren sollten, waren sie in vielem doch ein Schritt hinter Freiburg zurück. So hieß es – ähnlich wie weiland im Berliner Programm –: „Im Markt richtet sich das Angebot an Gütern und Dienstleistungen grundsätzlich am Bedarf der Verbraucher aus. Wir kennen kein leistungsfähigeres System für die Versorgung der Verbraucher."[15] Daß seit dem Kieler Parteitag eine programmatische Revision des Freiburger Kurses erfolgte, beklagten Repräsentanten des linken Parteiflügels offen. Auf dem Mainzer Parteitag (1978) erklärte der später aus Protest gegen die Wende aus der FDP ausgetretene Ehrenvorsitzende der FDP Berlin, William Borm, die Partei müsse von „einer getriebenen Kraft erkennbar wieder zur treibenden Kraft der Politik werden." Borm sprach von einer „Orientierungslosigkeit der Partei" und von „Irritationen über den Kurs der Partei bei unseren Mitgliedern und unseren Wählern." Die FDP-Aktiven seien „von Zukunftsgestaltern zu Zu-

15 Kieler Thesen zur Wirtschaft im sozialen Rechtsstaat, zu Bürger, Staat, Demokratie, zu Bildung und Beschäftigung der jungen Generation, beschlossen auf dem 28. Ordentlichen Bundesparteitag der FDP vom 6. bis 8. November 1977 in Kiel, S. 27.

standsverwaltern geworden. Und dabei haben wir doch soviel geistige und politische Substanz, um zu faszinieren, um geistig zu orientieren. ... Es gibt keinen Weg zurück hinter Freiburg, es sei denn, wir würden eine andere Partei als wir sind oder sein wollen."[16] Daß die FDP fünf Jahre nach dieser Rede tatsächlich eine „andere Partei" werden sollte, hat damals wahrscheinlich selbst William Borm nicht erwartet.

Zwei Jahre nach der Wende zurück zu den Unionsparteien unternahm die FDP auf dem Saarbrücker Bundesparteitag 1985 den Versuch einer programmatischen Konsolidierung. Mit dem Wechsel von Hans-Dietrich Genscher zu Martin Bangemann im Parteivorsitz und der Verabschiedung des „Liberalen Manifestes" sollte nach innen und außen demonstriert werden, daß die Zeit der innerparteilichen Zerreißproben vorbei sei. Das fast einstimmig verabschiedete „Liberale Manifest für eine Gesellschaft im Umbruch"[17] spricht einen ganzen Strauß im Jahre 1985 aktueller Themen an – von der Arbeitslosigkeit über den Umweltschutz und die „Neuen Medien" bis hin zur Gentechnologie. Das Manifest konstatiert eine „Krise der Institutionen und Wertorientierungen" in unserer Gesellschaft. Es verspricht, bei Beantwortung der dadurch aufgeworfenen Fragen an die Freiburger Thesen anzuknüpfen. Die moderne wissenschaftlich-technische Entwicklung habe bei den Menschen „Zukunftsängste" ausgelöst. Eine Antwort der FDP darauf ist, daß es beispielsweise einen „genetisch manipulierten Menschen" nicht geben dürfe. Die „Fortentwicklung der Medien" wird allerdings weniger problematisch gesehen, denn hier eröffne sich dem Bürger die Chance für „mehr Kommunikation und Meinungsvielfalt". Natürlich wird die besondere Bedeutung des Umweltschutzes betont. Umweltgüter wie Wasser, Luft, Boden und Landschaft müßten im Wirtschaftsleben zu Kostenfaktoren werden: „Auch der Umweltschutz braucht mehr Marktwirtschaft." Desgleichen könne die hohe Arbeitslosigkeit zu dieser Zeit (über zwei Millionen Arbeitslose) am Ende nur mit der „marktwirtschaftlichen Ordnung" beseitigt werden – durch Abbau von Verkrustungen, „auch auf dem Arbeitsmarkt". Interessant sind die Ausführungen zur Bildungspolitik. Zwar wird eingangs trotzig festgestellt: „Bildung ist ein Wert an sich." Aber zugleich beteuert das Manifest, daß der alte liberale Grundsatz der Chancengleichheit lediglich „gleiche Chancen am Start" bedeute, nicht aber die „Garantie der Erfolgsgleichheit am Ziel". Der Auslesefunktion des Bildungssystems wird damit der gleiche Stellenwert eingeräumt wie der „Chancengleichheit am Start". In den „Stuttgarter Leitlinien einer liberalen Bildungspolitik" vom März 1982 hatte es dagegen geheißen: „Das gesamte Bildungswesen ... muß ... so offen und differenziert sein, daß für jeden ein optimales Lernen möglich wird."[18]

16 Siehe Karsten Schröder, Zur Programm- und Standortdiskussion der FDP, Parteitagsauseinandersetzungen Ende der siebziger Jahre; in: Heino Kaack und Reinhard Roth (Hrsg.), Handbuch des deutschen Parteiensystems, Bd. 2, Opladen 1980, S. 155.

17 Siehe Anhang.

18 Abgedr. bei Heino Kaack, Zur Geschichte und Programmatik der Freien Demokratischen Partei, a.a.O., S. 153.

Es läßt sich nicht erkennen, daß das Saarbrücker Manifest tatsächlich – wie behauptet – an die Freiburger Thesen anknüpft. 1971 in Freiburg war die ökonomisch bedingte ungleiche Machtverteilung das zentrale Thema. Nun, 1985 in Saarbrücken, werden die Wurzeln allen Übels in der Übermacht des Staates, der Bürokratien und Organisationen gesehen, – also nicht auf wirtschaftlicher, sondern auf gesellschaftspolitischer Ebene. Die Rezepte von 1985 lauten dementsprechend: Markt, Privatisierung, Abbau von Reglementierungen, „kleine soziale Netze" anstelle von „Sozialbürokratie". Ganz anders klang es da im Freiburger Programm, in dem die sozialdemokratische und gewerkschaftliche Organisation, „Arbeitsschutzregelung, Arbeitslosenversicherung, Lohnvereinbarungen der Sozialpartner" sowie die Mitbestimmung allesamt als historisch nützliche Einrichtungen gegen die „Tendenzen zur Akkumulation des privaten Kapitals" gelobt wurden.[19] Koalitionsbedingungen und Zeitgeist bewirkten 1985 geradezu entgegengesetzte Antworten auf Fragen der Gesellschaftspolitik, verglichen mit 1971.

Kein Zweifel, die Programme der FDP sind stets von zwei Größen determiniert: Durch die jeweilige Position der Partei gegenüber den beiden großen Parteien einerseits und durch den Zeitgeist – verbunden mit aktuellen politischen Fragen – andererseits. Reform des Kapitalismus war – wenn überhaupt tatsächlich beabsichtigt – nur mit der SPD möglich; kleine soziale Netze anstelle von Sozialbürokratien, das paßt zur Union. Und 1985 – angesichts der Wahlerfolge der Grünen – spricht sich die FDP natürlich nicht nur gegen „konservatives" und „sozialistisches" sondern auch gegen „grünes Ordnungs- und Planungsdenken" aus. Abgesehen von derartigen zeitgebundenen Einfärbungen sind die Programme der FDP so konzipiert, daß sie schon eine Handhabe für die Funktion eines „liberalen Korrektivs" darstellen können, nicht aber die Partei in die Lage versetzen können, „programmatischer Motor" zu sein. Schon daß die Partei seit 1949 nicht einmal den Versuch zur Erarbeitung eines Grundsatzprogrammes unternommen hat, daß man programmatische Äußerungen gerne „Thesen", „Leitlinien", „Manifest", „Proklamation", „Konzept" oder simpel „Beschlüsse" nennt,[20] drückt eine gewisse Flüchtigkeit im Programmatischen aus. Zwar werden liberale Grundwerte wie „Individuum", „Freiheit" und „Toleranz" immer wieder beschworen, aber deutlich ist auch, wie unterschiedlich die politischen Konsequenzen sein können, die beim jeweiligen Zitieren dieser Grundwerte gezogen werden. So gesehen ist die programmatische Flüchtigkeit der FDP nicht etwa mit Mangel an intellektueller Kompetenz zu erklären, sondern sie ist eine schlichte Systemnotwendigkeit: Zwischen Machtbesitz und Existenzgefährdung muß die FDP eben auch in der Programmatik die jeweils richtige „Marktlücke" finden.

19 Karl-Hermann Flach/Werner Maihofer/Walter Scheel, a.a.O., S. 65.

20 Siehe dazu Jürgen Dittberner, Die Freie Demokratische Partei; in: Richard Stöss (Hrsg.), Parteien-Handbuch, Die Parteien der Bundesrepublik Deutschland 1945–1980, Bd. II: FDP bis WAV, Opladen 1984, S. 1337.

2. Geschichte

Die Geschichte der FDP ist mittlerweile mehrmals referiert worden.[21] Hier ist wichtig, jene Ereignisse der Parteihistorie zu untersuchen, durch welche die Partei im westdeutschen Parteiensystem ihren Standort als „Partei der zweiten Wahl" verdeutlichte: CDU/CSU einerseits und SPD andererseits haben sich zu Hauptparteien der Bundesrepublik entwickelt und bilden die Säulen des dualen Parteiensystems. Gegen den Sog der beiden Hauptparteien konnte sich die FDP nur halten, weil sie jeweils die Rolle des Juniorpartners – „liberales Korrektiv" – an der Seite einer dieser Parteien spielte. Die Wähler – und wie sich 1969 sowie auch 1982/83 zeigte, auch ein großer Teil der Mitglieder – der FDP identifizieren sich schon mit einem der beiden Lager, haben aber bestimmte sekundäre Vorbehalte gegen die Hauptpartei des jeweiligen Lagers oder meinen, die jeweilige Hauptpartei würde ohne die FDP nicht die parlamentarische Mehrheit erringen können. Aufgrund dieser Funktion als liberales Korrektiv oder „Mehrheitsbeschaffer" konnte sich die FDP im Parteiensystem halten, denn die eigene Stammwählerschaft, die auf etwa drei bis vier Prozent geschätzt wird, ist für die Überwindung der Fünfprozentgrenze nicht groß genug. Unter diesem Blickwinkel treten existenzielle Krisen für die FDP dann auf, wenn es der Partei nicht gelingt, ihren Funktionscharakter glaubwürdig zu machen. Bisher hat es der Partei geholfen, wenn sie in einer solchen Situation das Lager gewechselt hat. Daß die FDP im Unterschied zu den anderen kleineren Parteien von 1949 überlebt hat, hat sie nicht hauptsächlich der Tatsache zu verdanken, daß sie unter diesen kleineren Parteien die größte war, sondern eben dem Funktionscharakter. Hier wird auch der Systemunterschied zwischen der FDP und den „Grünen" deutlich: Diese verdanken ihren Einzug in die Parlamente einer politisch-sozialen Bewegung, die sie repräsentieren. So sehr die FDP selber auch immer wieder dagegen angehen mag, es ist die Wahrheit, daß die Idee des „Liberalismus" allein nicht die Existenz einer eigenständigen Partei begründet.

21 Siehe dazu Heino Kaack, a.a.O., S. 253, sowie Dieter Hein, Zwischen liberaler Milieupartei und nationaler Sammlungsbewegung, – Gründung. Entwicklung und Struktur der Freien Demokratischen Partei 1945–1949, Düsseldorf 1985 und Theo Rütten, Der deutsche Liberalismus 1945 bis 1955. Deutschland- und Gesellschaftspolitik der ost- und westdeutschen Liberalen in der Entstehungsphase der beiden deutschen Staaten, Baden-Baden 1984. Als Gesamtüberblick empfehlenswert – wenn auch parteioffiziell – Wolfram Dorn/Harald Hofmann, Geschichte des deutschen Liberalismus, 2. Auflage, Bonn 1976.

2.1. Gründungsphase

Schon in der unmittelbaren Nachkriegszeit, also während der Gründungsphase der traditionellen westdeutschen Parteien, wurde die Frage nach der parteipolitischen Relevanz des Liberalismus gestellt. Dabei spielten vor allem die Erinnerungen an die ständigen Spaltungen unter den Liberalen seit der Kaiserzeit eine Rolle. Zeitgeschichtlich gesehen stand den nach 1945 bei der Neugestaltung des politischen Lebens Aktiven der Niedergang sowohl der linksliberalen Deutschen Staatspartei (DSP), die sich 1928 aus der Deutschen Demokratischen Partei (DDP) entpuppt hatte, als auch der mehr nationalliberalen Deutschen Volkspartei (DVP), die sich kurz vor ihrem Untergang noch vergebens bei den Nazis anzubiedern versucht hatte, vor Augen. Der Einfluß der nach der Reichsgründung 1871 so starken Nationalliberalen war 52 Jahre später ebenso dahingeschmolzen wie die politische Bedeutung der DDP, die zusammen mit der SPD und dem Zentrum zu den Säulen der Weimarer Republik gehört hatte. Dies alles in deutlicher Erinnerung, suchten viele sich als liberal empfindende Politiker und Bürger ihren Weg entweder in der SPD oder aber in der neugegründeten CDU bzw. CSU. Derartige Abwanderungsprozesse sind übrigens schon früh in der Geschichte des deutschen Liberalismus zu beobachten. So war Rudolf Breitscheid bereits 1907 von der aus der linksliberalen Deutschen Freisinnigen Partei (DFP) hervorgegangenen „Demokratischen Vereinigung" in die SPD übergewechselt. Nach 1945 ging dann beispielsweise der ehemalige DDP-Politiker Ernst Lemmer zur CDU, wo er offenbar glaubte, sein altes Konzept von einer Sammlung aller politischer Kräfte „rechts von der SPD" besser als in der Zeit vor 1933 verwirklichen zu können.[22]

Gerade das Ziel jedoch, eine bürgerliche Sammelpartei gegen die Sozialdemokraten und Kommunisten zu schaffen, beseelte nach 1945 zahlreiche mit dem Etikett „liberal" versehene Neugründungen auf kommunaler und regionaler Ebene. Dies war beispielsweise auch die Intention des späteren FDP-Vorsitzenden und Bundespräsidenten, Theodor Heuss, der 1933 noch zu den fünf letzten Reichstagsabgeordneten des DSP gehört hatte. Heuss hatte zuvor innerhalb der DDP zu den Anhängern Friedrich Naumanns gezählt, der, aus der christlich-sozialen Bewegung herkommend, vor dem 1. Weltkrieg versucht hatte, durch eine Politik der sozialen Reformen die Arbeiterschaft mit dem liberalen Teil des Bürgertums zu versöhnen (Gründung des „Nationalsozialen Vereins" 1896). Obwohl Naumann kurz vor seinem Tode 1919 zum ersten Parteivorsitzenden der DDP gewählt worden war, schwand sein Einfluß auf die praktische Politik seiner Partei doch bald beträchtlich. Auch nicht andeutungsweise gelang der DDP ein Einbruch in die Arbeiterwählerschaft. Jedoch spielten die Ideen Naumanns bei der Wiederbegründung liberaler Parteiorganisationen nach 1945

22 Walter Tormin, a.a.O., S. 114 und 180. Siehe auch Max Gustav Lange, Die FDP – Versuch einer Erneuerung des Liberalismus; in: Parteien in der Bundesrepublik, Studien zur Entwicklung der deutschen Parteien bis zur Bundestagswahl 1953, Stuttgart und Düsseldorf 1955, S. 275 ff.

eine Rolle. Sie wurden in Süddeutschland durch Theodor Heuss vermittelt. Dort stießen sie auf die lebendigste unter den liberalen Parteitraditionen, die der Demokratischen Volkspartei (DVP), deren Reaktivierung im heutigen Baden-Württemberg für viele Liberale dort eine Selbstverständlichkeit gewesen war.[23] Die – wie sie umgangssprachlich heißt – „Volkspartei" war 1866 in Württemberg am Dreikönigstag als feste Parteiorganisation mit Ortsverbänden, Mitgliedbeiträgen, Delegiertenversammlungen, einem Vorstand, einer Satzung und einem Programm gegründet worden – als eine der ersten Parteiorganisationen im modernen Verständnis mithin. Obwohl diese Partei, die dann in die DDP eingegliedert wurde, überregional keine besondere Bedeutung entfalten konnte, war sie dennoch regional fest eingesessen. Noch heute erinnern der Name des Landesverbandes Baden-Württemberg der FDP – FDP/DVP – und der traditionell als „Dreikönigstreffen" bezeichnete Landesparteitag an diese spezielle Tradition.

Neben Theodor Heuss waren Wolfgang Haußmann und Reinhold Maier die herausragenden Persönlichkeiten der am 14. Dezember 1945 für Württemberg-Baden zugelassenen DVP. Daß man im Sinne der bürgerlichen Sammelpartei nicht mit der auch hier entstehenden CDU ging, lag am von den Liberalen heftig befehdeten Konfessionalismus der CDU. In der Tat schien die Volkspartei die führende politische Kraft im damaligen Württemberg-Baden zu werden. So ernannte die amerikanische Besatzungsmacht Reinhold Maier im August 1945 zum Ministerpräsidenten, und bei den ersten Landtagswahlen im November 1946 erhielt die DVP einen Stimmenanteil von etwa 20 Prozent. Die schwäbische liberale Tradition bewirkte, daß Stuttgart sehr bald eines der Zentren bei den regionalen Neugründungen liberaler Parteiorganisationen wurde.

In den französisch besetzten Gebieten Südbaden und Südwürttemberg-Hohenzollern scheiterten die Pläne für eine einheitliche bürgerliche Sammelpartei ebenfalls. Die Demokratische Partei (DP) in Freiburg und die Demokratische Volkspartei, beide 1946 gegründet, sind Vorläuferorganisationen der FDP; parallel zu ihnen waren christlich-demokratische Parteiorganisationen entstanden.[24]

Ebenso wie im Südwesten war auch in den Hansestädten die eher linksliberale Tradition mit dem Gedanken an eine bürgerliche Sammlungsbewegung ver-

23 Zur Geschichte des Liberalismus im Südwesten der Bundesrepublik siehe vor allem Paul Rothmund und Erhard R. Wiehn (Hrgs.), Die F.D.P./DVP in Baden-Württemberg und ihre Geschichte, Stuttgart usw. 1979. Siehe in diesem Zusammenhang auch Hildegard Hamm-Brücher/Hermann Rudolph, Theodor Heuss. Eine Bildbiographie, Stuttgart 1983, sowie „Die Gründung der DVP in Stuttgart 1945/46". Schneller als die CDU, in: Die neue Bonner Depesche, Nr. 10/Oktober 1985, S. 28 f.

24 Siehe Jörg Michael Gutscher, Die Entwicklung der FDP von ihren Anfängen bis 1961, Meisenheim am Glan 1967, S. 19 ff. sowie Hans Georg Wieck, Christliche und Freie Demokraten in Hessen, Rheinland-Pfalz, Baden und Württemberg 1945/46, Düsseldorf 1958.

knüpft worden. In Hamburg[25] ging die am 20.9.1945 gegründete „Partei Freier Demokraten“ mit der damals dort nur auf den politischen Katholizismus reduzierten „Christlich-Demokratischen Partei“ auf Initiative des CDU-Politikers Paul de Chapeaurouge ein Bündnis aller „rechts der Sozialdemokratie stehenden Parteien und Gruppen“ ein, das sich „Vaterstädtischer Bund Hamburg“ (VBH) nannte. Dieser VBH beteiligte sich 1949 an den Wahlen, konnte aber mit 34,5 Prozent die SPD-Herrschaft an der Elbe nicht brechen. Dies gelang erst vier Jahre später dem „Hamburg Block“ (HB), der sich aus CDU, FDP und Deutscher Partei (DP) zusammengesetzt hatte.

Etwas kompliziert stellt sich die Entwicklung in Bremen[26] dar. In dem Stadtstaat, der eine amerikanische Enklave innerhalb der britischen Zone war, hatte sich im Oktober 1945 die „Bremer Demokratische Volkspartei“ (BDV) als bürgerliche Einheitspartei etabliert. Jedoch bald nach der Gründung nahmen ehemalige Zentrumsmitglieder der BDV Kontakte zu den Christdemokraten in der britischen Zone auf und bemühten sich um Anschluß der BDV an die CDU. Als dies mißlang, schied ein christlich orientierter Flügel aus der BDV aus und gründete im Juni 1946 die CDU in Bremen. Während sich die BDV nun als Teil der Liberalen in der amerikanischen Zone begriff und sich im März 1947 auch der „Demokratischen Volkspartei“ (DVP) als der Dachorganisation der Liberalen in dieser Zone anschloß, wurde im Juni 1946 in Bremen eine dezidiert linksliberale Partei zugelassen, die sich FDP nannte und sich zu den Liberalen der britischen Zone, besonders Niedersachens, zugehörig fühlte. Bei der zweiten Bürgerschaftswahl im Oktober 1947 erhielt die BDV im Wahlbereich Bremen-Stadt 15, die FDP in Bremerhaven zwei Mandate. In der Bürgerschaft bildeten die 17 liberalen Abgeordneten eine gemeinsame Fraktion. Erst Ende 1952 wurde die BDV in FDP umbenannt als Anpassung an den Namen der Bundespartei.

In Bayern[27] waren die liberalen Parteineugründungen weniger resonanzreich. Eine dort im Mai 1946 lizensierte „Freie Demokratische Partei“ erreichte bei den Landtagswahlen desselben Jahres 5,7 Prozent der Wählerstimmen. Repräsentanten dieser Partei waren die vormaligen DDP-Politiker Fritz Linnert und Thomas Dehler, beide Franken.

Den ideologischen Gegenpol zu den mehr an die DDP-Tradition anknüpfenden Neugründungen in Süddeutschland und in den Hansestädten bildete vor allem die „Liberal-Demokratische Partei“ (LDP) in Hessen, die sich als antisozialistische bürgerliche Sammlung auch „rechts“ von der in Frankfurt besonders progressiven CDU verstand. Weder der Vorsitzende, August Martin Euler, noch

25 Siehe Erich Lüth, Die Hamburger Bürgerschaft 1946–1971, Hamburg 1971, S. 45 ff.; Jörg Michael Gutscher, a.a., S. 15, sowie „Die Gründung der ‚Partei Freier Demokraten‘ in Hamburg am 20. September 1945“. Nach dem Widerstand das liberale Engagement; in: Die neue Bonner Depesche, Nr. 10/Oktober 1985, S. 26 f.

26 Siehe 110 Jahre Bürgerschaftswahlen im Lande Bremen 1854 bis 1963, Statistische Berichte des Statistischen Landesamtes Bremen, Sonderheft, ausgeg. September 1966.

27 Siehe Berthold Mauch, Die bayerische FDP. Porträt einer Landespartei 1945–1949, Phil. Diss. Nürnberg, Nürnberg 1965.

der Generalsekretär der LDP, Viktor-Emanuel Preusker, waren in der Weimarer Zeit parteipolitisch aktiv gewesen. Dank ihrer Resonanz in den ländlichen Gebieten erhielt diese Partei bei den Landtagswahlen im Dezember 1946 fast 16 Prozent der Wählerstimmen.

Ebenfalls überwiegend nationalliberal orientiert waren die Parteigründungen im neugeschaffenen Bundesland Nordrhein-Westfalen. Gerade hier, im „Stammland der CDU", waren liberale Parteiorganisationen in Opposition zu den Sammlungsbestrebungen der CDU gegründet worden. Die nordrhein-westfälischen Liberalen zeichneten sich durch eine gleichermaßen antisozialdemokratische wie antiklerikale Grundeinstellung aus. Im Landesverband Rheinland wurde der Verleger Friedrich Middelhauve zur führenden Person; ihm zur Seite standen der Bankkaufmann Franz Blücher, der ehemalige preußische Minister Hermann Höpker-Aschoff und als „junger Mann" Erich Mende. Vorsitzender des Landesverbandes Westfalen wurde Gustav Altenhain; Willi Weyer fungierte hier als Jungdemokratenführer. Als im Mai 1947 ein Landesverband Nordrhein-Westfalen der FDP gegründet wurde, war Friedrich Middelhauve als Vorsitzender unumstritten. Bei den Landtagswahlen 1947 rangierten die Liberalen mit sechs Prozent der Wählerstimmen noch hinter den Kommunisten und hinter dem Zentrum.[28]

Auch in den übrigen Bundesländern konstituierten sich, unterschiedlich ausgerichtet nach regionaler Tradition einerseits und nach rechts- oder linksliberaler Strömung andererseits, unter verschiedenen Namen liberale Parteiorganisationen. In Niedersachsen[29] beispielsweise entwickelten sich ausgesprochene Hochburgen der Liberalen wie Oldenburg, Ostfriesland und Göttingen neben ausgesprochen „liberalfeindlichen" Regionen wie das katholische Emsland.

Auf dem Territorium des heutigen Bundeslandes Rheinland-Pfalz[30] wurden zunächst zwei liberale Parteien gegründet. Im Mai 1946 wurde der „Soziale Volksbund" (SV) für Hessen-Pfalz lizensiert, nachdem auch hier bestehende Einigungsbemühungen zwischen dem liberalen und dem katholischen Bürgertum gescheitert waren. Während sich der SV im Laufe des Spätsommers auch in der Vorderpfalz etablierte, entstand in Trier (Rheinhessen) die „Liberale Partei" (LP) des Rheinlandes, die im Unterschied zum SV gute Beziehungen zu den übrigen liberalen Parteien in Deutschland unterhielt und sich anschickte, auch in der Pfalz Fuß zu fassen. Die Konkurrenz beider liberaler Gruppierungen wurde im April 1947 durch ein Fusionsabkommen beendet. SV und LP bildeten nun die „Demokratische Partei Rheinland-Pfalz"; im April 1948 war

28 Siehe Karsten Schröder, Die FDP in der britischen Besatzungszone, 1946–1948. Ein Beitrag zur Organisationsstruktur der Liberalen im Nachkriegsdeutschland, Düsseldorf 1985.

29 Siehe Heinz Georg Marten, Die unterwanderte FDP. Politischer Liberalismus in Niedersachsen – Aufbau und Entwicklung der Freien Demokratischen Partei 1945–1955, Göttingen 1978.

30 Detaillierter dazu Helmut Kohl, Die politische Entwicklung in der Pfalz und das Wiederentstehen der Parteien nach 1945, Diss. Phil., Heidelberg 1958.

die Konsolidierung so weit vorangeschritten, daß der erste Landesparteitag der Demokratischen Partei stattfinden konnte.

Ebenso wie bei der CDU und der SPD, so hatte sich auch bei den Liberalen in Berlin schon sehr früh eine Parteiorganisation konstituiert, von der ein Führungsanspruch für das ganze Reich ausging. Die ehemaligen DDP-Minister Wilhelm Külz und Eugen Schiffer gründeten am 16. Juni 1945 die „Deutsche Demokratische Partei" wieder, deren Name dann aber in „Liberal-Demokratische Partei Deutschlands" (LDP) geändert wurde. In ihrem Gründungsaufruf sprach sich diese Partei strikt für eine marktwirtschaftliche Ordnung aus: „Die Erhaltung ... des Privateigentums und der freien Wirtschaft ist die Voraussetzung für die Initiative und erfolgreiche wirtschaftliche Betätigung."[31] Obwohl durch die Lizensierungspolitik der sowjetischen Besatzungsmacht frühzeitig konstituiert, konnte – ebenso wie die Berliner SPD und CDU – auch die LDP ihren Führungsanspruch in den Westzonen Deutschlands nicht durchsetzen. Neben vielerorts bestehender Ressentiments gegen Berlin und gegen zentralistische Bestrebungen gelang dies vor allem deshalb nicht, weil die LDP sich einer im Juli 1945 gegründeten „Einheitsfront der antifaschistischen demokratischen Parteien" anschloß. Dieser von den Sowjets forcierte Zusammenschluß wurde im Westen als „Blockpolitik" bezeichnet und als Abhängigkeit der Parteien von den Kommunisten interpretiert, was die in Berlin ansässigen „Reichsgeschäftsstellen" der Parteien in den Augen der Westzonenpolitiker für eine nationale Führungsrolle diskreditierte. In der sowjetischen Besatzungszone allerdings hatte die LDP Erfolg. Im Juli 1945 wurde in Sachsen, Thüringen und in der Mark Brandenburg mit dem Aufbau von Landesverbänden begonnen, und schon Ende 1945 wurde mit der LDP Mecklenburg/Vorpommern der letzte Landesverband gegründet. Die Partei verfolgte ihre privatwirtschaftliche Linie auch in der sowjetischen Besatzungszone weiter. Bei den Landtagswahlen im Oktober 1946 vereinte sie 2,4 Millionen Wähler auf ihre Listen und überflügelte damit die CDU knapp. In Thüringen und Sachsen war die LDP auf kommunaler Ebene vielfach die führende Partei; in Sachsen-Anhalt stellte sie mit dem ehemaligen DDP-Politiker Karl Hübener den Ministerpräsidenten.

Die vielfältigen Parteineugründungen in Deutschland nach 1945 sind in ihrer Widersprüchlichkeit nicht unbedingt ein Beweis für die These, daß der Liberalismus eine zeitunabhängige parteibildende Idee sei. Die Neugründungen wurden vor allem durch die folgenden – teilweise separaten, teilweise miteinander verknüpften – Gründe begünstigt:

a) das Vorhandensein regional begrenzter politischer Kulturen, die als „liberale Traditionszonen" bezeichnet werden können,
b) die Orientierung am deutschen Parteiensystem vor der NS-Zeit bei der Neuorganisation des politischen Lebens, so daß liberale Parteien ganz selbstverständlich dazugehörten,
c) eine ebenfalls an der Weimarer Parteienszene ausgerichtete Lizensierungs-

31 Walter Tormin, a.a.O., S. 249.

politik der Alliierten, die den liberalen Parteien neben der CDU, der SPD und den Kommunisten einen „Startvorteil" einbrachte,

d) eine tiefe antiklerikale Grundstimmung in Kreisen besonders der großstädtischen bürgerlichen Intelligenz, die gegen die Bewegung einer bürgerlichen Sammelpartei unter einer christlichen Integrationsideologie war,

e) eine unbedingte antisozialistische und antisozialdemokratische Interessenlage und Ideologie im bürgerlichen Lager, die auch dem christlichen Sozialismus der CDU gegenüber mißtrauisch war.

Die mit dem Kriegsende und der Politik der Alliierten zusammenhängenden Gründe haben bald ihre Bedeutung verloren und bestimmen spätestens von den sechziger Jahren an nicht mehr die Existenz der FDP. Funktional jedoch hat sich die Situation seit 1945/1949 nicht sehr geändert. Noch immer sind es bestimmte vermeintliche Eigenschaften der Sozialdemokraten – etwa „Kollektivismus" und „Bürokratismus" – oder der Christlichen Demokraten – etwa „Konservativismus" und „Intoleranz" –, die von der FDP konstatiert und abgelehnt werden, verbal die Existenz der liberalen Partei rechtfertigen. Und noch immer erfolgt diese Rechtfertigung unversehens in Reaktion auf die anderen: Partei der zweiten Wahl!

So disparat das liberale Lager unmittelbar nach 1945 auch war: Das allmähliche Entstehen politischen und staatlichen Lebens in der späteren Bundesrepublik von unten nach oben ohne eine zunächst klar auszumachende politische Zentrale ist der Grund dafür, daß der organisierte Liberalismus nicht sofort wieder in mindestens zwei Lager zerfiel, wie es in Deutschland schon seit dem 19. Jahrhundert bekannt war. Die relative politische Autonomie der Landesorganisationen ermöglichte eine „ideologische Koexistenz" im liberalen Lager, die nicht von Auseinandersetzungen in der Zentrale gefährdet werden konnte, – hatten doch die Spaltungen der liberalen Parteien zuvor stets in den jeweiligen Reichstagsfraktionen ihren Ausgang genommen.

Als Bundesparteiorganisation ist die Freie Demokratische Partei denn auch erst aus der Arbeit in den vorparlamentarischen Gründungsgremien der Bundesrepublik heraus entstanden. Der separaten Entwicklung der Partei in den Westzonen und in Berlin (West) war im März 1947 mit der Gründung der „Demokratischen Partei Deutschlands" (DPD) in Rothenburg ob der Tauber der Versuch vorausgegangen, einen gesamtdeutschen Verband ins Leben zu rufen. Aber die Parteiorganisationen auf deutschem Boden waren zu sehr in die Herrschaftsstrukturen der jeweiligen Besatzungsmächte integriert, so daß am Ende auch bei den Liberalen eine eigenständige gesamtdeutsche Entwicklung nicht möglich war. Schon im Januar 1948 kam es zum Bruch zwischen den „westdeutschen" und den „ostdeutschen" liberalen Politikern.[32] Im Zuge der Auseinan-

32 Die DPD ist die einzige gesamtdeutsche Parteiorganisation, die sich mit einiger politischer Effektivität nach dem Kriege gebildet hatte. Gleichberechtigte Vorsitzende waren Theodor Heuss für die Westzonen und Wilhelm Külz für die sowjetische Besatzungszone. Auch die Geschäftsführerpositionen wurden paritätisch besetzt mit Artur Lieutnant für die LDP und Ernst Mayer. Es wurde der Austausch von Rednern organisiert – so sprach

dersetzungen in der DPD vollzog sich auch der Schwenk der Liberalen im Westen Berlins hin zur späteren FDP. Nach einer Hauptausschußsitzung der Gesamt-LDP forderte die Berliner LDP unter ihrem Vorsitzenden Carl-Hubert Schwenicke mit 490 zu sechs Stimmen den Rücktritt von Külz. Daraufhin wurde die Westberliner Partei vom Gesamtverband der LDP ausgeschlossen; sie orientierte sich zu einem Landesverband der FDP um.

Am 10. und 11. Dezember 1948 fand in Heppenheim an der Bergstraße ein „Gesamtvertretertag der liberalen, demokratischen Parteien aus den nicht sowjetisch besetzten Teilen Deutschlands und seiner Hauptstadt Berlin", das Gründungstreffen der FDP statt, das unter dem Motto „Einheit in Freiheit" stand. Der Ort war gewählt worden, weil es dort hundert Jahre zuvor, 1847, ein vorrevolutionäres Treffen liberaler und demokratischer Persönlichkeiten gegeben hatte. Die besondere parteigeschichtliche Bedeutung des Gründungstreffens von 1948 ist darin zu sehen, daß es gelang, nun das traditionelle Schisma der Liberalen in Deutschland in eine Parteiorganisation zu projizieren. *Innerhalb* einer Partei waren Links- und Rechtsliberalismus nun vor allem regional aufgegliedert: Die demokratischen Traditionen wurden hauptsächlich von den süddeutschen Landesverbänden gewahrt. Die nationale Tradition entwickelte sich besonders in Hessen und in Nordrhein-Westfalen fort, wo die FDP noch zum Sammelbecken der Kräfte rechts von der CDU werden sollte, bis hin zu ehemaligen Nationalsozialisten. Der erste Vorsitzende der FDP, Theodor

Fortsetzung Fußnote 32

beim Eisenacher Parteitag der LPD Theodor Heuss, auch Franz Blücher und August Martin Euler waren anwesend –, und in Frankfurt am Main sowie in Berlin wurden „Verbindungsstellen der DPD" eingerichtet. Zum Anlaß für den Verfall der DPD wurde dann die Teilnahme von Külz an dem von der SED in Berlin organisierten „1. Deutschen Volkskongreß für Einheit und gerechten Frieden" am 6. Dezember 1947. Für die Ost-CDU hatte Jakob Kaiser die Teilnahme abgelehnt; Külz jedoch war der Meinung, daß sich hier gesamtdeutsche Perspektiven eröffenten. Der Hauptausschuß der LDP mißbilligte diese Haltung, ohne daß er allerdings gegen den respektierten Parteiführer weitere Konsequenzen ergriff. Für den 18. Januar 1948 jedoch rief nun Theodor Heuss den Gesamtvorstand der DPD nach Frankfurt am Main ein. Mit der Ausnahme von Külz selbst erschienen auch die LDP-Vertreter. Heuss erklärte: „Külz' Beteiligung am Volkskongreß war schockierend. Dort wurde der Versuch gemacht, die Blockpolitik auf ganz Deutschland auszudehnen. Die LDP optierte für die russische Auffassung von deutscher Einheit." Die LDP wurde aufgefordert, „die nötigen Folgerungen zu ziehen" woraufhin Lieutnant für die LDP erklärte, damit sei die „weitere Mitarbeit seiner Partei zunächst unmöglich". Der Bruch war vollzogen. – Nach dem Tode von Külz im April 1948 wurde die LDP in der SBZ in zunehmendem Maße unterdrückt. Es erfolgten zahlreiche Verhaftungen (geschätzte Zahl 1 000), und viele der 40 000 LDP-Mitglieder gingen in den Westen, um zum Teil dort in der FDP mitzuarbeiten. Zu ihnen gehörten auch der spätere Bundesvorsitzende Hans-Dietrich Genscher sowie der Vorsitzende der Bundestagsfraktion Wolfgang Mischnik. Unter dem Druck der Verfolgungen beschloß die LDP-Führung 1950 eine „Selbstreinigung", und im Juli 1952 schwenkte die einst extrem privatwirtschaftlich orientierte Partei auf den Kurs der „Mitarbeit am planmäßigen Aufbau des Sozialismus" ein. Siehe Wolfgang Dorn/Harald Hofmann, a.a.O. sowie Heino Kaack, a.a.O., S. 12.

Heuss, betonte in seiner Gründungsrede diesen Integrationscharakter der neuen Partei, die er als einen „Gesinnungsverband" bezeichnete, „der sich gebunden fühlt durch ein ebenso einfaches wie verwegenes Wort, nämlich, es sind hier Menschen, Männer und Frauen zusammengekommen, die von dem und in dem Glauben an die Freiheit des Menschen leben". Heuss machte deutlich, daß es zur Vorbereitung des Gründungstreffens Diskussionen über die Frage gegeben hatte, ob der Begriff „liberal" in den Parteinamen aufgenommen werden sollte. Es sei diskutiert worden, „ob das Wort ‚Liberalismus' dieser Generation noch etwas zu sagen habe oder besser, ob das Wort ‚Liberalismus', in dem ein Stück geschichtlichen Erlebens des 19. Jahrhunderts steckt, noch und wieder fruchtbar werden kann, oder ob es diese Gegenwart vielleicht belastet mit Erinnerung an die Zeit, da ein Teil der ‚Liberalen' im Kampf gegen Kirchlichkeit sich übte, oder an die Epoche, da vom ‚Manchestertum' kein Weg zu einer eigenmächtigen Sozialpolitik führte." Daher das Votum von Heuss für den Namen „Freie Demokratische Partei". Für diesen Namen entschieden sich 64 Delegierte, während 25 die auch in Hessen eingeführte Bezeichnung „Liberal-Demokratische Partei" präferierten.[33] In Heppenheim wurden Theodor Heuss zum Vorsitzenden und Franz Blücher zum stellvertretenden Vorsitzenden der FDP gewählt.

Mit ihrer, wenn auch zunächst lockeren, organisatorischen Verknüpfung auf der Ebene der späteren Bundesrepublik hatten die westdeutschen liberalen Parteigruppierungen die institutionelle Bedingung für die eigenständige Weiterentwicklung der Liberalen als Teil des etablierten Parteiensystems erfüllt. Positiv formuliert: Die FDP entwickelte sich zum parteipolitischen Kristallisationsfeld der auf persönliche Freiheit und Organisationsunabhängigkeit gerichteten politischen Leitbilder in der Bevölkerung. Negativ formuliert: Sie entwickelte sich zur Sammlung insbesondere bürgerlicher Gruppierungen, die sich vor einer vermeintlichen sozialistischen Verplanung der Gesellschaft fürchteten oder eine vermeintliche Klerikalisierung der Politik – häufig verbunden mit einer konstatierten Vernachlässigung „nationaler" Interessen – diagnostizierten. Mit diesen insgesamt durchaus ambivalenten Funktionen entwickelte sich die FDP in ihren verschiedenen parteipolitischen Rollen – Koalitionspartei der CDU/CSU, Oppositionspartei auf Zeit, Koalitionspartei der SPD – jeweils zu einem inneren Äquivalent eines der beiden großen Parteienblöcke. An der Seite der Union integrierte sie noch Teile der Bevölkerung, die sich – zwar bürgerlich – von dem „Klerikalismus" oder der „Rheinbund-Mentalität" gerade der Adenauer-CDU abgestoßen fühlten; an der Seite der SPD integrierte sie Wähler, die – zwar demokratisch gesinnt – den Bürokratismus, die Planeuphorie, vielleicht auch die „Kleinbürgerlichkeit" vieler Sozialdemokraten fürchteten. Die beiden Oppositionsphasen von 1957 bis 1961 und von 1966 bis 1969 sind als Übergangsperioden zu sehen, in denen die Partei durch die politischen Umstände veranlaßt war, ihren Standort im Parteiensystem zu suchen, den sie dann im ersten Fall wieder bei der Union, im zweiten Fall bei den Sozialdemokraten fand.

33 Bundesvorstand der Freien Demokratischen Partei (Hrsg.), Zeugnisse liberaler Politik, 25 Jahre F.D.P., Bonn 1973, S. 13 ff.; siehe auch Heino Kaack, a.a.O., S. 12.

2.2. *Die Naumann-Affäre*

Die Koexistenz der verschiedenen Flügel innerhalb der FDP gerät immer dann in Gefahr, wenn über die gesamte Partei betreffende Streitfragen ein Flügel allein entscheidet und das innere Schisma sich an der Politik auf der Bundesebene manifestiert, also nicht mehr regionalisiert werden kann.

Auf dem Emser Bundesparteitag 1952 kam so das innere Schisma der FDP zum ersten Male auf Bundesebene zum Ausbruch. Anlaß waren landespolitische Vorgänge im Südwesten, landespolitische Vorgänge mit bundespolitischen Folgen allerdings. Nach einer Volksabstimmung war im Jahre 1952 aus den Ländern Württemberg-Baden, Württemberg-Hohenzollern und Südbaden das neue Bundesland Baden-Württemberg geschaffen worden. Wegen der Stimmenverhältnisse im Bundesrat kam der Regierungsbildung in Stuttgart besondere Bedeutung zu, weil das Vertragswerk für eine „Europäische Verteidigungsgemeinschaft" ratifiziert werden sollte. Diesen von der CDU/CSU befürworteten Verträgen stand die SPD ablehnend gegenüber, während die FDP versuchte, eine Option für die Wiedervereinigung Deutschlands in das Vertragswerk einzubauen. Nach heftigen innerparteilichen Auseinandersetzungen auch unter den südwestdeutschen Liberalen[34] ging schließlich der innerparteiliche Sieger Reinhold Maier eine SPD/DVP-Koalition ein, deren Ministerpräsident er am 25. April 1952 wurde. Einerseits wegen der bundespolitischen Bedeutung dieses Vorganges, andererseits und letztenendes aber auch aus grundsätzlichen ideologischen Motiven heraus löste diese Stuttgarter Koalitionsentscheidung vor allem bei den FDP-Landesverbänden Nordrhein-Westfalen und Hessen heftige Reaktionen aus. Der FDP-Fraktionsvorsitzende im Bundestag Euler forderte den Ausschluß der Stuttgarter „Demi-Marxisten" aus der Partei. Für die DVP verlangte die hessische FDP einen Sonderstatus, wie ihn die CSU gegenüber der CDU hat. Die Gefahr einer Spaltung der Partei bestand. Auf dem Parteitag in Bad Ems, bei dem die Teilnahme der DVP vorab umstritten war, bemühte sich Reinhold Maier um Ausgleich und betonte, die DVP sei „schwarz-rot-gold bis auf die Knochen".

Die Politik des Altliberalen Maier, der 1945 bereits die Amerikaner mit der Bemerkung verärgert hatte, daß „wir in Schwaben schon eine Demokratie hatten, bevor Columbus Amerika entdeckte", stand in konträrem aktuellen Gegensatz zu derjenigen der Liberalen in Hessen, Niedersachsen und Nordrhein-Westfalen, wo man das Konzept der FDP als rechter Sammelpartei verfolgte. Dazu der spätere FDP-Vorsitzende Erich Mende: „Im Südwesten, dem Traditionsraum des deutschen Liberalismus, waren die Vorstellungen des schwäbischen Liberalismus maßgebend, der von einem tiefen Mißtrauen gegen nationalistische und sozialistische Gedankengänge erfüllt war. In Niedersachsen und Rheinland-Westfalen pflegte man den Gedanken, die FDP zu einem nationalen Sammelbecken aller freiheitlichen Kräfte zu machen, die die CDU als betont

34 Siehe Herbert Bertsch, Die FDP und der deutsche Liberalismus, 1739–1963, Berlin 1965.

klerikal und die SPD als marxistische Partei ablehnten."[35] Aus Nordrhein-Westfalen wurde dem Emser Parteitag ein nationalliberales „Deutsches Programm" vorgelegt, wodurch sich die innerparteilichen Spannungen steigerten. Zum einen wurde bestritten, daß dieses vom Landesvorsitzenden Friedrich Middelhauve vertretene Programm überhaupt die hinreichende Legitimation seines Landesverbandes erhalten hatte, zum andern aber erschien es den innerparteilichen Gegnern der nordrhein-westfälischen Politik einer Sammlung aller Kräfte rechts der CDU als programmatisches Fundament dieser Ambitionen. So reichte der Landesverband Hamburg ein Gegenprogramm ein, das den Titel „Liberales Manifest der Freien Demokratischen Partei Deutschlands" erhielt. Anhand der beiden Vorlagen diskutierte der Parteitag die inneren Differenzen der FDP auch auf programmatischem Sektor; von den Programmen wurde jedoch weder das eine noch das andere verabschiedet. Als Ergebnis[36] all dieser Diskussionen blieb, daß die FDP – die sich 1949 im Bund eindeutig auf die Seite der CDU/CSU geschlagen hatte – unter bestimmten Umständen auch mit der SPD koalieren könnte. Doch vorerst blieb die SPD/DVP-Koalition eine Episode.

Für die Entwicklung der FDP bedeutender war zunächst der Versuch einiger Landesverbände, sich für „rechte" Wähler und Mitgliederpotentiale weit zu öffnen. Diese Politik zielte darauf ab, den damals noch starken rechtsextremistischen Parteien das Wasser abzugraben und die FDP zum Auffangbecken auch für ehemalige Nationalsozialisten zu machen, in dem möglicherweise ehrlichen Bemühen, diese so in die parlamentarische Demokratie hineinzuführen.

Vor allem in Nordrhein-Westfalen (und Niedersachsen) nutzten organisierte Kreise ehemaliger Nationalsozialisten diese Situation aus, um die relativ mitgliederschwache FDP, eine der schon etablierten Parteien in der Bundesrepublik, zu unterwandern. Bis 1953 besetzten ehemalige organisierte Nationalsozialisten nach und nach mittlere und höhere Funktionärsposten im Landesverband, besonders Geschäftsführerstellen. Um den Landesvorsitzenden Friedrich Middelhauve[37] bildete sich ein Beraterkreis, der auch das „Deutsche Programm" verfaßt hatte und den Erich Mende im Nachhinein wie folgt charakterisiert: „Zu seinen Mitarbeitern gehörten ehemalige Amtsträger des Nationalsozialismus, die ihn [Middelhauve] in Kontakt mit dem letzten Staatssekretär des Reichspropagandaministers Dr. Josef Goebbels, dem in Düsseldorf in der Wirtschaft tätigen Dr. Werner Naumann, gebracht hatten. Auch der Reichskommentator Hans Fritzsche, der Bevollmächtigte des Dritten Reiches in Dänemark, Dr. Werner

35 Erich Mende, a.a.O., S. 80.

36 Auf dem Emser Parteitag wurde übrigens Franz Blücher für den zum Bundespräsidenten aufgestiegenen Theodor Heuss zum neuen Bundesvorsitzenden gewählt.

37 Dr. Friedrich Middelhauve, geb. am 17.11.1886 in Siegen/Westfalen; Studium und 1921 Promotion zum Dr. phil.; Verleger; vor 1933 Mitglied der Deutschen Staatspartei, während des Nationalsozialismus politisch nicht aktiv; nach 1945 Mitbegründer der FDP in Nordrhein-Westfalen, 1946–56 Landesvorsitzender, 1947–58 MdL, zwischenzeitlich – 1949/50 und 1953/54 – MdB; 1954–56 stellv. Ministerpräsident und Wirtschafts- und Verkehrsminister in NRW. 1956 Gegner des Sturzes des Kabinetts Arnold und Rücktritt als FDP-Landesvorsitzender, 1958 Rückzug aus der Politik, gest. 14.7.1966.

Best, und der letzte Intendant des Reichssenders Danzig, Diewerge, gehörten zu diesem Kreis ..."[38]

Franz Blücher, Bundespräsident Theodor Heuss, Thomas Dehler und auch Bundeskanzler Konrad Adenauer waren durch den Britischen Hochkommissar Sir Ivone Kirkpatrick aus britischen Geheimdienstunterlagen über die Vorgänge in der FDP Nordrhein-Westfalen informiert worden. Mit der Verhaftung von Werner Naumann und anderen wurde die „Naumann-Affäre" 1953 publik. Die Verhaftungen lösten endlose innerparteiliche Diskussionen aus. Im Funktionärskorps der Partei wurden besonders Dr. Ernst Achenbach[39], Vorsitzender des Außenpolitischen Ausschusses der FDP, und Wolfgang Döring, Landesgeschäftsführer, mit Vorwürfen bedacht. Achenbach war FDP-Landtagsabgeordneter und von 1936 bis 1944 Beamter im Auswärtigen Dienst gewesen. Der 1919 geborene Wolfgang Döring war im Krieg Berufsoffizier; er hatte die Politik Middelhauves unterstützt, weil er „die Tore weit nach rechts öffnen [wollte], um Millionen enttäuschter, aber gutgläubiger Nationalisten und Soldaten für die liberale Partei zu gewinnen."[40]

Zur Untersuchung der gesamten „Naumann-Affäre" setzte der Bundesvorstand eine Kommission ein, die Achenbach vom Vorsitz des Außenpolitischen Ausschusses der Partei abrief, Döring die Qualifikation für das Amt des Landesgeschäftsführers absprach und das politische Verhalten Middelhauves mißbilligte. Der Bundesvorstand proklamierte schließlich „Wachsamkeit gegen jeden Unterwanderungsversuch", aber das Parteimitteilungsblatt „fdk" („freie demokratische korrespondenz") wehrte sich „gegen die anachronistischen Überbleibsel eines unzeitgemäßen Siegerrechtes". Zu den Bundestagswahlen 1953 wurde Franz Blücher als Spitzenkandidat der FDP in Nordrhein-Westfalen nominiert, und der als Kritiker Middelhauves geltende Erich Mende rückte zum stellvertretenden Landesvorsitzenden auf.

Das Publikwerden und die innerparteiliche Behandlung der „Naumann-Affäre" war sicherlich durch die Tatsache bestimmt, daß ein halbes Jahr nach der Verhaftung Naumanns Bundestagswahlen stattfanden. Dies mag auf der einen Seite für die Konkurrenten der FDP – insbesondere für Adenauer, dessen

38 Siehe Erich Mende, a.a.O., S. 81. Zum „Naumann-Kreis" vgl. z.B. Manfred Jenke, Verschwörung von rechts? Ein Bericht über den Rechtsradikalismus in Deutschland nach 1945, Berlin 1961, S. 161ff.; Herbert Bertsch, a.a.O., S. 273ff., 570ff.; zum Zusammenhang zwischen der „Naumann-Affäre" und der Wiederaufrüstung der Bundesrepublik siehe Kurt P. Tauber, Beyond Eagle and Swastika. German Nationalism Since 1945, 2 Bde., Middletown 1967, Bd. 1, S. 132ff., 266ff.

39 Dr. Ernst Achenbach, geb. am 9.4.1909 in Siegen; Jurastudium und Promotion zum Dr. jur., Rechtsanwlat; 1936–44 Beamter im Auswärtigen Dienst, danach bis Kriegsende Soldat; Mitglied der FDP, 1950–57 MdL in NRW, 1957–76 MdB; Verteidiger bei den Nürnberger Kriegsverbrecherprozessen, später Rechtsvertreter Naumanns; trotz Weisung des FDP-Bundesvorstands 1953 im Zusammenhang mit der „Naumann-Affäre" von dem nordrhein-westfälischen Landesvorstand nicht aus der Partei ausgeschlossen; 1970 Verzicht auf die Kandidatur für einen Sitz in der EG-Kommission, nachdem Zweifel an seiner politischen Vergangenheit vor 1945 aufgekommen waren.

40 Erich Mende, a.a.O., S. 82.

Politik damals auf eine Vernichtung der kleineren bürgerlichen Parteien gerichtet war – eine Versuchung, die FDP zu schwächen oder gar zu eliminieren, gewesen sein, auf der anderen Seite war es für die Gesamtpartei Anlaß, die Probleme zu lösen, um der Öffentlichkeit trotz allem das Bild einer relativ geschlossenen Partei zu bieten. So läßt sich die kompromißhafte Beschlußfassung des Bundesvorstandes erklären.

Sowohl die innerparteilichen Auseinandersetzungen um die Regierungsbildung in Stuttgart als auch um die „Naumann-Affäre" dokumentierten trotz aller Spannungen eine erstaunliche Kohärenz innerhalb der FDP. Erstaunlich ist diese Kohärenz im Hinblick auf die Geschichte der Liberalen in Deutschland bis hin zur NS-Zeit, wo sich in der Weimarer Republik das liberale Schisma fest institutionalisiert hatte. Gründe für die bis dahin ungekannte Kohärenz der Liberalen werden einerseits das abschreckende Beispiel der eigenen Geschichte mit dem Ergebnis der absoluten politischen Bedeutungslosigkeit 1933, andererseits und vor allem aber die manifeste Sogkraft der CDU und CSU gewesen sein, gegen deren Wirksamkeit sich die FDP als die größte unter den kleinen Parteien nach Ansicht der damaligen Parteifunktionäre nur durch organisatorische Geschlossenheit zur Wehr setzen konnte.

Darüber hinaus ermöglichte es die „Naumann-Affäre" gerade in Nordrhein-Westfalen unideologischen und technokratisch orientierten Nachwuchspolitikern, sich durchzusetzen. Die „Jungtürken" um Erich Mende, Willy Weyer, Walter Scheel und auch Wolfgang Döring – jeder von ihnen sollte die Partei später noch erheblich beeinflussen – rückten in die Entscheidungspositionen vor und verdrängten mehr und mehr die „demokratischen" oder „nationalen" Altliberalen.

2.3. Der Konflikt um die „Saarfrage" und die Spaltung der FDP

Das Wahlergebnis von 9,5 Prozent bei der Bundestagswahl 1953 war für die Partei enttäuschend. Die vorausgegangenen innerparteilichen Auseinandersetzungen, vor allem aber der Eingriff der Briten in die Parteipolitik zu Lasten der FDP, wurden als Ursachen für den schlechten Wahlausgang angesehen. Man hatte das Gefühl, in den Sog Adenauers und der CDU/CSU geraten zu sein. Es wurden Stimmen nach einer stärkeren Eigenprofilierung der FDP im Koalitionslager laut. Nach entsprechenden Forderungen aus der Partei heraus wurde Thomas Dehler, der im zweiten Kabinett Adenauer nicht mehr vertreten war, anstelle des widerstrebenden Franz Blüchers auf dem Wiesbadener Parteitag im März 1954 zum Bundesvorsitzenden gewählt, hierin unterstützt von Friedrich Middelhauve und Reinhold Maier. Mit der Wahl Dehlers hatte sich die FDP innerhalb des Lagers mit der Union eindeutig für eine Strategie des koalitionsinternen Konfliktes im Interesse des Überlebens der Partei entschieden. Dieser Konflikt ist der Partei dann allerdings bis zum Koalitionsbruch entglitten und brachte sie in eine erste Existenzkrise.

Ausgangspunkt der Krise waren anstehende Entscheidungen von gesamtstaatlicher Relevanz in Parlament und Regierung. Seit dem preußischen Verfassungskonflikt, seit der auf der Woge nationaler Euphorie nach den von Preußen gewonnenen Kriegen 1864 und 1866 auch von Liberalen gebilligten Indemnitätsvorlage Bismarcks und der Spaltung der Liberalen hierüber, war dies wiederholt das Muster für die Entwicklung von Krisen bei den liberalen Parteien Deutschlands gewesen: „Die Folge war, daß sich der Liberalismus in einen gouvernementalen und einen oppositionellen Flügel spaltete, ein Vorgang, der sich in der Geschichte der liberalen Parteien mehrmals wiederholte."[41] 1953 nahm Adenauer auch den Gesamtdeutschen Block/BHE in die Regierung auf, um eine verfassungsändernde Mehrheit für seine geplante Wehrpolitik sicherzustellen. Diese Viererkoalition – CDU/CSU, FDP, DP, BHE – war von starken inneren Spannungen geprägt. Hauptstreitpunkte waren die Saarpolitik Adenauers und die Wahlrechtsfrage. Adenauer hatte einer Europäisierung des Saargebietes zugestimmt und stieß damit auf Widerstand in den Reihen von BHE und FDP. So drohte Thomas Dehler bereits im November 1953 wegen der Adenauerschen Saarpolitik damit, die Koalition zu verlassen.

Mitte der Legislaturperiode kam zusätzlich die Wahlrechtsfrage in die Debatte. Der Parlamentarische Rat hatte in dieser Frage viele Einzelheiten einer späteren Regelung vorbehalten und nach einem ohnehin schwierigen Diskussionsprozeß lediglich die Entscheidung für ein mit Elementen des Mehrheitswahlrechtes versehenes Verhältniswahlrecht bei einer Sperrklausel für Splitterparteien getroffen. 1953 legte eine vom Bundesinnenministerium berufene Wahlrechtskommission einen Bericht vor, und zur gleichen Zeit präsentierten auch die SPD- und die FDP-Fraktion sowie eine Gruppe von CDU/CSU-Politikern um Richard Stücklen und Paul Lücke eigene Entwürfe. Die SPD war für Verhältniswahlen und Landeslisten, die FDP für eine Verschärfung der Fünfprozentklausel und die genannten CDU/CSU-Politiker für die relative Mehrheitswahl.

Die Hoffnung der FDP war es offensichtlich, durch die Fünfprozentgrenze ihre unmittelbaren Konkurrenten innerhalb des Bürgerblocks, die kleinen Parteien DP und BHE, bezwingen zu können. Die DP plädierte sogar für die absolute Mehrheitswahl, wohl in der Hoffnung, in ihren regionalen Hochburgen in Niedersachsen bestehen zu können. Hans Fenske berichtet über den Verlauf der weiteren Beratungen im Bundestag: „Im Ausschuß beantragten CDU/CSU und DP dann im Dezember 1955, 60 Prozent der Abgeordneten direkt und 40 über eine Liste wählen zu lassen und die direkt gewählten Abgeordneten nicht mehr in den Verhältnisausgleich mit einzubeziehen. Dieser Vorschlag ist als Grabensystem bekannt geworden, weil zwischen beiden Ermittlungsmodalitäten ein tiefer Graben gezogen werden sollte. Er löste vor allem bei den kleineren Parteien helle Empörung aus. In der FDP brachte er die seit langem latente Unzufriedenheit mit der CDU zum vollen Ausbruch."[42]

41 Walter Tormin, a.a.O., S. 57.

42 Hans Fenske, Strukturprobleme der deutschen Parteiengeschichte. Wahlrecht und Parteiensystem vom Vormärz bis heute, Frankfurt a. M. 1974, S. 198.

Adenauer brachte die Wahlrechtsfrage mit der Saarfrage in Verbindung. Im November 1954 drohte der Kanzler, bei einer Ablehnung des Saarstatuts durch die FDP müsse diese aus der Koalition ausscheiden, und es werde das Mehrheitswahlrecht eingeführt. Aufgrund dieses Disziplinierungsversuchs machte der FDP-Vorsitzende Dehler die Zustimmung seiner Partei zu den Wehrgesetzen von einer befriedigenden Lösung der Wahlrechtsfrage abhängig. Außerdem verwies Dehler auf die seit Dezember 1954 in Bayern gegen die CSU regierende Viererkoalition von FDP, BP, BHE und SPD. In noch sechs weiteren Bundesländern, so Dehler, ließe sich die CDU mit Hilfe der SPD in die Opposition drängen, wodurch die für die Wahlrechtsänderung notwendige Mehrheit im Bundesrat abgebaut würde. Diese Intervention bewog Adenauer schließlich, seinen Wahlrechtsentwurf zurückzuziehen.

Im November 1954 erfolgte die Abstimmung über das Saarabkommen im Bundeskabinett. Die vier FDP-Minister versagten die Zustimmung, BHE und DP meldeten Vorbehalte an. Bei der Abstimmung im Bundestag im Februar 1955 stimmte die FDP-Fraktion ihrerseits gegen das Saarabkommen, desgleichen die des BHE. Die Bundesminister zeigten jedoch ein hiervon abweichendes Abstimmungsverhalten.

Dieser Vorgang führte schließlich zur Auflösung der Koalition. Während die Bundesminister des Gesamtdeutschen Blocks/BHE, Oberländer und Kraft, sowie fünf weitere Abgeordnete zur CDU wechselten, traten zwei Abgeordnete zur FDP über, die Rest-BHE-Fraktion ging in die Opposition. Der Bruch zwischen CDU/CSU und FDP wurde aber eingeleitet, als entsprechend der seinerzeitigen Ankündigung Thomas Dehlers im Februar 1956 der CDU-Ministerpräsident von Nordrhein-Westfalen, Karl Arnold, durch ein von SPD und FDP getragenes konstruktives Mißtrauensvotum von dem Sozialdemokraten Steinhoff abgelöst wurde. Dieser Wechsel im größten Bundesland war von den sogenannten Jungtürken der FDP, Döring, Mende, Scheel und Weyer, herbeigeführt worden. Als Gründe für den Regierungswechsel wurden ausschließlich bundespolitische Erwägungen angeführt: Die CDU wolle ihren Koalitionspartner FDP zerstören; sie wolle das Grabenwahlsystem einführen und in der Saarfrage deutsche Interessen aufgeben. Durch den Regierungswechsel in Düsseldorf verlor die Regierungskoalition im Bundesrat die Zwei-Drittel-Mehrheit.

Das Handeln der „Jungtürken" brachte der FDP erhebliche innerparteiliche Turbulenzen: Friedrich Middelhauve, der „Ziehvater" der Nachwuchspolitiker, legte aus Protest seine Parteiämter nieder. 16 Bundestagsabgeordnete mit den Bundesministern Blücher, Neumayer, Preusker und Schäfer an der Spitze traten aus der Partei aus und bildeten eine „Demokratische Arbeitsgemeinschaft". In Hessen, wo sich Euler und in Berlin, wo sich Schwenicke den Dissidenten anschloß, kam es zu – allerdings regional begrenzten – heftigen Parteikrisen. In Bonn regierte Adenauer mit der abgespaltenen FDP-Gruppe weiter, die FDP selber folgte dem BHE in die Opposition.

Durch die Auseinandersetzungen mit der CDU/CSU hatte die FDP zwar ihre Unabhängigkeit gewahrt, sich selbst aber in eine Parteikrise mit der Folge regionaler Auflösungstendenzen, der Abspaltung oder Resignation bis dahin führender Parteifunktionäre und dem halb unfreiwilligen Wechsel in die Opposition gebracht. Es war damals zu befürchten, daß die FDP in einem an die Substanz gehenden Erosionsprozeß gegenüber der immer weiter ausgreifenden Volkspartei CDU/CSU unterliegen würde. So ist es nicht verwunderlich, daß innerhalb der Partei der Wunsch nach einer parteipolitischen, vor allem auch programmatischen, Profilierung wuchs.

2.4. Die FDP in der Opposition

„Auch wenn die FDP nicht an der Regierung beteiligt war, hat sie es immer abgelehnt, als ‚Opposition' behandelt zu werden."[43] Es ging ihr vielmehr um Profilierung als Partei des bürgerlichen Lagers, aber vor der Profilierung stand die Konsolidierung. Auf dem Würzburger Parteitag 1956 wurde die abgespaltene Gruppe, die später die Freie Volkspartei (FVP) gründete, aus der FDP ausgeschlossen, und Thomas Dehler wurde in seinem Amt als Vorsitzender der Partei bestätigt. Das Bedürfnis nach parteipolitischer Profilierung manifestierte sich in der Ausarbeitung eines Parteiprogramms, das 1957 als „Berliner Programm" verabschiedet wurde. Diesem Programm lag die Konzeption zugrunde, die FDP im Parteiensystem der Bundesrepublik als „Dritte Kraft" bzw. als „liberale Mitte" zu etablieren. Im Hinblick auf die historische Entwicklung der FDP in der Bundesrepublik ist ihre Situation in den Jahren 1957 bis 1961 durch diese Begriffe gut charakterisiert: Zwar hatte sich die FDP von ihrem bisher „natürlichen" Koalitionspartner CDU/CSU gelöst, aber als potentieller Bündnispartner der SPD auf Bundesebene hatte sie sich noch nicht empfinden können. Ihre koalitionspolitische Präferenz galt eindeutig den Unionsparteien. Allerdings wurden in dieser Zeit im Hinblick auf das Verhältnis zum Osten innerparteiliche Diskussionen begonnen, die auf der FDP-Seite die Grundlage zur späteren Ostpolitik werden sollten. Die Gedanken des früheren schwäbischen FDP-Bundestagsabgeordneten und späteren ersten Botschafters der Bundesrepublik Deutschland in der Volksrepublik Jugoslawien, Karl Georg Pfleiderer, der bereits 1952 ein gesamteuropäisches Sicherheitssystem unter Berücksichtigung der Interessen der Sowjetunion mit einem hierin fest integrierten Gesamtdeutschland ohne die polnischen Westgebiete angeregt hatte, wurden wieder – oder sogar erstmals ernsthaft – in der Partei diskutiert. Zur LDP in Ost-Berlin wurden Kontakte aufgenommen, der nordrhein-westfälische Landtagsabgeordnete und Landesgeschäftsführer, Wolfgang Döring, reiste – nach Absicherung bei den anderen Bundestagsparteien sowie bei der Bundesregierung und beim Bundesnachrichtendienst – zur Parteizentrale nach Ost-Berlin. Ziel der Bemühungen war ein Redneraustausch zwischen beiden Parteien. Am 22. Juli 1956 kam es in Garmisch-Partenkirchen und am 5. Oktober 1956 in Weimar zu Zusammenkünften zwischen FDP- und LDP-Delegationen, deren Bekanntwerden große publizistische Aufmerksamkeit erregte. Die Aktion scheiterte jedoch, möglicherweise an

43 Kurt J. Körper, a.a.O., S. 28.

der Unsicherheit und Ambivalenz auf beiden Seiten solchen Kontakten gegenüber und sicherlich auch daran, daß der Aufstand in Ungarn im Oktober 1956 mit seinen Folgeereignissen dem Vorhaben die klimatischen Rahmenbedingungen entzogen hatte.

Daß nicht nur Profilstreben und avantgardistisches Denken die Situation der FDP in der Oppositionszeit nach 1956 bestimmten, sondern auch Resignation und Unsicherheit, manifestierte sich andererseits in der immer umstrittener werdenden Stellung des Parteivorsitzenden Thomas Dehler. Schon in Würzburg war an seiner Amtsführung Kritik geübt worden. So hatte es beispielsweise großen Widerstand in der nordrhein-westfälischen FDP gegeben, als Dehler in einer Bundestagsdebatte über die Ereignisse in Ungarn am 8. November 1956 in Anspielung auf die Empörung der CDU/CSU darauf hinwies, daß das katholische Österreich 1849 ebenfalls die Russen geholt habe, um den ungarischen Freiheitsaufstand niederzuschlagen. Der Landesverband Nordrhein-Westfalen ergriff die Initiative und trug Reinhold Maier, der damals fast 70 Jahre alt war, den Vorsitz an. Nach dem „Verzicht" Thomas Dehlers auf die Wiederwahl – im Verlauf der Debatte soll er Reinhold Maier angeblich das langjährige „Du" aufgekündigt haben – wurde Maier auf dem Bundesparteitag 1957 zum Bundesvorsitzenden gewählt; Erich Mende – der schon in Würzburg in einer Kampfabstimmung gegen Middelhauve diese Position erobert hatte – wurde sein Stellvertreter. Daß Maier aber nur als Übergangslösung aufs Schild gehoben wurde, ist unübersehbar; denn schon 1960 – rechtzeitig zur Bundestagswahl 1961 – zog er sich aus dem Amt des Vorsitzenden zurück, und der 43jährige Erich Mende wurde am 29. Januar 1960 in Stuttgart zum Bundesvorsitzenden gewählt. Mit Unterstützung des aus dem Amt geschiedenen Bundespräsidenten Heuss („In seinem Geist mit neuer Kraft") zog Mende für die FDP in den personalisierten Bundestagswahlkampf 1961.

In der Oppositionszeit hatte die FDP zwar eine Neuorientierung in programmatischer und personeller Hinsicht angestrebt und war wohl auch aufgrund ihrer aktuellen Stellung innerhalb des Parteiensystems von dem Odium befreit, ein Satellit der CDU/CSU zu sein. Sie konnte und wollte jedoch ihren sozialstrukturellen Standort nicht abschütteln: Besitz und Bildung blieben nach wie vor die wichtigste soziale Basis der FDP-Mitgliederschaft. So war es nur folgerichtig, daß sich die FDP mit ihrem relativ jungen Spitzenkandidaten Mende bemühte, von dem angesammelten Mißtrauen gegen den greisen Bundeskanzler Adenauer bei der Bundestagswahl 1961 zu profitieren; an eine Koalition mit der SPD war aber noch nicht zu denken. Diese Konstellation bescherte Mende und der FDP dann – wie bereits erwähnt – die bisher optimalste Wahlkampfstrategie: Mit der CDU, aber ohne Adenauer! Unter dieser Devise erzielte die FDP ihren bisher größten Wahlerfolg.

Bei der Koalitionsbildung wurde die Hypothek des großen Erfolges schnell sichtbar. Obwohl er auch in der eigenen Partei nicht mehr unumstritten war, nominierte die CDU Adenauer erneut zum Kanzler. Die FDP lehnte zunächst ab, und Strauß erklärte für die CSU, diese präferiere Ludwig Erhard im Amt des Bundeskanzlers. Einigkeit bestand allerdings darüber, daß eine Koalition aus

CDU/CSU und FDP gebildet werden sollte. In dieser Lage bezog Adenauer erstmals die SPD in die Koalitionsverhandlungen mit ein. Er wollte damit seine Gegenspieler zum Nachgeben zwingen. Der FDP-Vorsitzende Mende verfügt freilich nicht über die gleiche Manövrierfähigkeit, weil er sich von vornherein gegen eine Koalition mit der SPD festgelegt hatte.

Adenauer gelang es daraufhin, sich in der CDU/CSU-Gesamtfraktion mit dem Konzept einer befristeten Kanzlerschaft durchzusetzen. Damit stand aber fest, daß Adenauer wieder Kanzler werden würde. In dieser Lage proklamierte die so hart bedrängte FDP eine „neue Lage", da die CDU/CSU-Fraktion kapituliert habe und die Gefahr einer Großen Koalition bestehe, Erhard außerdem die Kanzlerschaft abgelehnt habe. Ohne Mende als Minister ging die FDP nun doch in die Koalitionsregierung unter der allerdings zeitlich befristeten Kanzlerschaft Adenauers. Dieses Einschwenken wurde und wird in der politischen Diskussion als der klassische „Umfall" der FDP bewertet. Das Strukturmuster des Vorgangs ist klar: In jeder Koalition wird die FDP als die kleinere Partei eher zum Nachgeben gezwungen sein, aus Profilierungsgesichtspunkten dies aber immer wieder spektakulär zu verhindern suchen.

Die Koalition von 1961 war durch die befristete Kanzlerschaft Adenauers und die innerhalb wie außerhalb der CDU geführte Diskussion über das „Ende der Ära Adenauers" von Anfang an schwach. Hinzu kam, daß die Bundesrepublik ihre Aufbauphase abgeschlossen hatte und das Bild einer „heilen Republik" mehr und mehr auch unter der Wählerschaft einer realistischen Betrachtungsweise wich: Die Wiedervereinigungspolitik, wie sie vor allem von der CDU/CSU vertreten worden war, war – spätestens mit dem Bau der Berliner Mauer – endgültig gescheitert. Die „Spiegel"-Affäre 1962/63 verdeutlichte, daß die innere Struktur der Bundesrepublik nicht frei von Konflikten war, und sie offenbarte einen symptomatischen Widerspruch zwischen demokratischem Anspruch und bürokratisch-autoritärer Wirklichkeit in vielen Bereichen der Gesellschaft. Zudem wurden die Grenzen des „Wirtschaftswunders" sichtbar, und hinter dem Streit um Steuererhöhungen im Jahre 1966 verbarg sich die Erkenntnis, daß diese Republik wirtschaftlich nicht auf Ewigkeit krisenfrei bleiben würde, was sich 1967 dann auch erstmals bestätigte.

Für die Koalition selbst wurde die „Spiegel"-Affäre Anlaß zu einer ersten tiefgehenden Krise. Nach anfänglichem loyalem Zögern kritisierte die FDP stärker noch als die SPD-Opposition im Bundestag die außergesetzlichen Handlungen des Bundeskanzlers und des Ministers Franz Josef Strauß. Insbesondere die Rede von Wolfgang Döring vor dem Deutschen Bundestag am 7. November 1962, in der er Adenauer beschludigte, er habe gegen die Rechtsstaatlichkeit verstoßen, wirkte als Auslöser für das Ausscheiden der FDP-Minister aus der Regierung. Damit verbunden war das Ausscheiden des CSU-Ministers Strauß, der dem Parlament offensichtlich unwahre Behauptungen mitgeteilt hatte.

In der „Spiegel"-Krise hatte sich die FDP als Partei der Rechtsstaatlichkeit präsentiert. Ein neuer und für die FDP besonders guter Anfang erschien möglich, als Adenauer 1963 von Erhard als dem „Wunschkanzler" der Liberalen abgelöst und als Mende Vizekanzler wurde. Allerdings entbrannte bald um die

Frage der Verjährung von NS-Verbrechen ein weiterer Konflikt zwischen den Koalitionspartnern, der 1965 zum Rücktritt des FDP-Justizministers Ewald Bucher führte. Die FDP vertrat in der Verjährungsfrage einen rigoros positivistischen Standpunkt, der eine weitere Verfolgung der NS-Verbrechen aus Rechtsgründen ausschloß und sich von den Positionen sowohl der SPD als auch der Mehrheit der CDU/CSU unterschied.

In dieser Zeit entwickelten sich aus der Parteiorganisation heraus, ohne wesentliches Zutun und teilweise gegen den heftigen Widerstand der etablierten Parteiführer, eigene Vorstellungen in der Deutschland- und Bildungspolitik, die sich mehr und mehr denjenigen der SPD anglichen. 1966 schließlich kam es in der Regierung aufgrund von Parteitagsbeschlüssen der FDP zu einem Streit um die Frage der Steuererhöhungen. Die FDP hatte sich – wohl auch mit Rücksicht auf ihre Wähler-Klientel – entschlossen, eine Steuererhöhung auf jeden Fall zu verhindern und befand sich damit im Gegensatz zur CDU/CSU. Nachdem im Kabinett schon ein Kompromiß gefunden war, in der Presse dies aber als weiterer „Umfall" der FDP dargestellt wurde, empfand die FDP-Fraktion dies als so gravierend, daß sie 1966 aus der Koalition mit der CDU/CSU austrat und damit – unfreiwillig – den Weg für die Große Koalition freimachte.[44]

Bereits 1961 befand sich der Grundkonsens für die Koalition mit der Union objektiv in der Auflösung. Der Schwenk der SPD zur sozialreformerischen Partei in der Bundesrepublik, die Institutionalisierung des politischen Lebens der Bundesrepublik und ihrer Wirtschaftsverfassung, die auftretenden innenpolitischen Krisen und die Erkenntnis, auch mit den Kommunisten „jenseits von Mauer und Stacheldraht" Arrangements treffen zu können, waren Bedingungen, die die „bürgerliche" Koalition immer entbehrlicher machten. Die handelnden Politiker wie Mende und Erhard hatten 1961 diese Situation noch nicht voll erkannt – eher schon Adenauer, der die SPD in sein Koalitionsspiel mit einbezogen hatte, und möglicherweise auch Karl-Hermann Flach, der damalige Bundesgeschäftsführer der FDP, der sich resigniert nach der Koalitionsbildung des Jahres 1961 aus der Politik in die Redaktionsstuben der „Frankfurter Rundschau" zurückzog, weil er den Umfall und die Koalitionsbildung für einen politischen Fehler der FDP hielt. So war der Zerfall der Koalition 1966 nur äußerer Ausdruck einer veränderten innenpolitischen Situation der Bundesrepublik Deutschland.

44 In der Erinnerung des damaligen FDP-Vorsitzenden und Vizekanzlers Erich Mende liest sich der Vorgang so: „Die FDP hatte sich ... auf dem Bundesparteitag in Nürnberg im Juli 1966 gegen Steuererhöhungen festgelegt. Auf ausdrücklichen Beschluß des Bundesvorstandes enthielt meine Programmrede den Hinweis, daß die Bundesregierung bei Steuererhöhungen nicht auf die Stimmen der FDP rechnen könne. Als schließlich zum Ausgleich des Haushalts 1967 geringfügige Steuererhöhungen bei Tabak und Branntwein in Aussicht genommen wurden, war das für einige Heißsporne der Anlaß, die vier Minister am 27. Oktober 1966 aus dem Kabinett Erhard zurückzuziehen. Der lauteste Rufer der Aufkündigung der Koalition mit der CDU/CSU war damals schon Walter Scheel, der 1961 in das Kabinett Adenauer und 1963 in das Kabinett Erhard eingetreten war, und dessentwegen man gegen den Widerstand Prof. Erhards das Ressort ‚Entwicklungshilfe' geschaffen hatte." Erich Mende, a.a.O., S. 215.

2.5. *Die Auflösung der „bürgerlichen" Koalition und die Bildung der sozial-liberalen Koalition*

Die Große Koalition wird häufig als die Ursache für das Entstehen der Außerparlamentarischen Opposition bezeichnet. Zwar hatten sich in der Tat unmittelbar nach Bildung dieser Koalition außerparlamentarische Protestversammlungen gebildet, insbesondere unter studentischer Beteiligung. Aber die Koalitionsbildung in Bonn war allenfalls Auslöser des politischen Wirksamwerdens viel tiefer liegender gesellschaftlicher und politischer Unruhe. Möglicherweise war die anfängliche Wirksamkeit der Außerparlamentarischen Opposition so groß, weil die parlamentarische Opposition – die FDP – quantitativ („Ministeropposition") und weitgehend auch qualitativ nicht in der Lage war, die moralisch-politische Krise innerhalb von Teilen der Gesellschaft zu artikulieren. Es gab an der Oberfläche einige Berührungspunkte zwischen der parlamentarischen und der Außerparlamentarischen Opposition, so bei der – allerdings unterschiedlich begründeten – Ablehnung der Notstandsgesetze der Großen Koalition. Gelegentlich waren FDP-Repräsentanten auch eher als diejenigen der anderen etablierten Parteien bereit, mit Vertretern der Außerparlamentarischen Opposition in Diskussionen einzutreten, wie die Debatte zwischen Rudi Dutschke und Ralf Dahrendorf anläßlich des FDP-Parteitages 1968 zeigte. Zwischen der Qualität der parlamentarischen und der Außerparlamentarischen Opposition bestand jedoch in vielem ein tiefer Dissens, der sich generell darin ausdrückte, daß in der Außerparlamentarischen Opposition moralische, politische und ökonomische Perspektiven entwickelt und vertreten wurden, die weit über den Status quo der Bundesrepublik hinausgingen, während die FDP dabei war, eine in Teilen und im Vokabular reformerische, aber sehr real auf die Bundesrepublik bezogene Politik zu entwickeln.

Der sich in der Oppositionszeit von 1966 bis 1969 anbahnende Koalitionswechsel der FDP von der CDU/CSU zur SPD ist letzten Endes auch das Ergebnis eines kontinuierlichen sozialstrukturellen Umwälzungsprozesses in der westdeutschen Gesellschaft: Die Bedeutung der selbständigen Erwerbstätigen, des „alten" Mittelstandes, war zurückgegangen, und der Einfluß der beruflich qualifizierten, aber abhängig Beschäftigten, des „neuen" Mittelstandes, war gestiegen. Dieser Umstrukturierungsprozeß innerhalb der westdeutschen Gesellschaft wirkte sich auf die soziale Basis der FDP besonders gravierend aus, weil es sich hierbei um die spezifische Klientel der Liberalen handelt. Vor diesem Hintergrund bewirkten zusätzlich der schwindende Legitimationsbonus der „Fast-Staatsparteien" CDU und CSU ab 1961 ebenso wie die radikale Studentenbewegung und das Scheitern der Wiedervereinigungspolitik der fünfziger Jahre den Wandel „von der FDP zur F.D.P."[45].

Dieser Wandel der zunehmend durch den „neuen" Mittelstand geprägten FDP zu einer mehr demokratischen, sozialen und innovativen Partei eines re-

45 Rüdiger Zülch, Von der FDP zur F.D.P. Die dritte Kraft im deutschen Parteiensystem, Bonn 1972; Heino Kaack, a.a.O., S. 33.

formfreudigen Liberalismus vollzog sich nach dem Ausscheiden aus der Bundesregierung 1966 in mehreren Schritten: Unter dem Eindruck der Wirtschaftskrise 1966/67, dem kometenhaften Aufstieg der Nationaldemokratischen Partei Deutschlands (NPD), die sich unversehens auch zu einer Konkurrenz für die FDP entpuppte, und schließlich unter dem Einfluß des erstarkenden linksliberalen Parteiflügels leitete die Partei mit dem „Hannoveraner Aktionsprogramm" (1967) einen „neuen Kurs" ein, der vor allem in deutschland- und ostpolitischen Fragen, aber auch in Fragen der Demokratisierung von Staat und Gesellschaft, in der Hochschul- und Bildungspolitik sowie der Wirtschafts- und Finanzpolitik ein offensives Liberalismusverständnis formulierte[46] und den Weg für die vier Jahre später erfolgende Verabschiedung der „reformkapitalistischen" „Freiburger Thesen" bereitete. 1968 wurde Erich Mende durch Walter Scheel als Parteivorsitzender abgelöst. Ein wichtiger und dramatischer Schritt zur Koalition mit der SPD hin war die Wahl des Sozialdemokraten Gustav Heinemann zum Bundespräsidenten gegen den Unionskandidaten Gerhard Schröder. Der neuen FDP-Führung war es gelungen, die FDP-Fraktion in der Bundesversammlung trotz anfänglicher Widerstände auf den sozialdemokratischen Kandidaten festzulegen, nachdem die SPD der FDP versichert hatte, sie habe alle Pläne zur Schaffung eines Mehrheitswahlsystems aufgegeben. Inhaltlich bildete vor allem die Ostpolitik den Kitt für die sozialliberale Koalition nach der Bundestagswahl 1969.

Das Bündnis mit der SPD stürzte die FDP in eine tiefgreifende Krise. Schon bei der Bundestagswahl 1969 – die FDP hatte 3,7 Prozentpunkte verloren und die Fünfprozenthürde nur knapp überstiegen – war deutlich geworden, daß die Partei infolge ihres „neuen Kurses" Verluste bei ihren traditionellen Stammwählern aus dem „alten" Mittelstand nicht durch Gewinne bei neuen Wählerschichten ausgleichen konnte. Auch innerhalb der FDP war der Umgestaltungsprozeß noch keineswegs abgeschlossen. Gegner des linksbürgerlichen Kurses verfügten in den Parteigremien noch über erheblichen Einfluß und waren vielfach bei der Kandidatenaufstellung zur Bundestagswahl auf die vorderen Listenplätze gelangt[47]. Insbesondere die Ostpolitik der sozial-liberalen Koalition bot ihnen Anlaß zu Unzufriedenheit, Kritik und schließlich zum Parteiaustritt. Vor allem in Nordrhein-Westfalen organisierte sich die Opposition gegen die neue Linie der Partei in der National-Liberalen Aktion (NLA). Die die Bundestagsfraktion und die Partei beherrschende Diskussion über den „neuen Kurs" führte zu einer Verunsicherung der Wählerschaft. Nach einem soliden Ergebnis bei der Hamburger Bürgerschaftswahl im April 1970 (7,1 Prozent gegenüber 6,8 Prozent bei der vorangegangenen Wahl) scheiterte die Partei im Juni desselben Jahres sowohl in Niedersachsen als auch an der Saar an der Fünfprozentgrenze und verlor in Nordrhein-Westfalen knapp zwei Prozentpunkte. Zugleich bekannten sich

46 Rüdiger Zülch, a.a.O., S. 36 f.

47 Vgl. Christian Fenner, Das Parteiensystem seit 1969 – Normalisierung und Polarisierung, in: Dietrich Staritz (Hrsg.), Das Parteiensystem der Bundesrepublik. Geschichte – Entstehung – Entwicklung. Eine Einführung, Opladen 1980, S. 194 ff.

von der elfköpfigen FDP-Fraktion im nordrhein-westfälischen Lager drei Mitglieder zur NLA[48].

Der Bonner Parteitag 1970 brachte trotz dieser zerrütteten Lage eine Konsolidierung der sozial-liberalen Linie der FDP, nicht zuletzt wegen des deutlichen Engagements des Parteivorsitzenden Walter Scheel und des Fraktionsvorsitzenden Wolfgang Mischnick für die Koalition mit der SPD. Der Parteitag leitete den endgültigen Bruch mit dem ehemaligen Parteivorsitzenden und damaligen Bundestagsabgeordneten Erich Mende ein, der vor den Delegierten seine Opposition gegen die Politik der Regierung Brandt/Scheel zu rechtfertigen versuchte. In den Schlußabstimmungen des Parteitages wurde Walter Scheel als Vorsitzender bestätigt (298 zu 64 Stimmen bei 14 Enthaltungen), während 233 Delegierte (gegenüber 102) die jüngste Politik Mendes mißbilligten.

Die inneren Auseinandersetzungen der FDP bedrohten direkt den Bestand der Bonner Koalition, als am 9. Oktober 1971 Erich Mende, Heinz Starke und Siegfried Zoglmann, die vorher ihre Ablehnung der offiziellen Parteipolitik immer wieder öffentlich betont hatten, von der FDP- zur CDU/CSU-Bundestagsfraktion wechselten. Hinzu kam, daß die FDP bei den Landtagswahlen in Schleswig-Holstein im Frühjahr 1971 mit nur 3,8 Prozent der Stimmen eine erneute Niederlage erlitten hatte.

In diese Situation fiel die Verabschiedung der „Freiburger Thesen", die der Partei nach dem Willen ihres Generalsekretärs Karl-Hermann Flach die innere Stabilität wiedergeben sollten. Die als Test für die Konsolidierung der FDP angesehenen Landtagswahlen in Baden-Württemberg (1972) brachten mit 8,9 Prozent gegenüber 14,4 Prozent im Jahre 1968 tatsächlich ein erträgliches Ergebnis. Die Krise der FDP flackerte jedoch noch einmal heftig auf, als zur gleichen Zeit der bis dahin weitgehend unbekannte FDP-Abgeordnete Wilhelm Helms seinen Austritt aus der FDP-Bundestagsfraktion erklärte und damit die SPD/FDP-Mehrheit im Bundestag zunichte machte. Die nach dem dennoch gescheiterten konstruktiven Mißtrauensvotum der CDU/CSU vom 27. April 1972 gegen Willy Brandt vorgezogenen Bundestagswahlen brachten trotz des weiteren Abfalls angesehener Politiker wie Kühlmann-Stumm und Kienbaum der FDP wie der SPD am 19. November 1972 Stimmengewinne: Die FDP verbesserte sich von 5,8 Prozent (1969) auf 8,4 Prozent. Die folgenden Landtagswahlen bestätigten, daß die FDP ihre Krise überwunden hatte; die Liberalen waren bald wieder in allen Landtagen vertreten.

Die FDP hatte einen politischen Kurswechsel unter der Gefahr vollzogen, in die politische Bedeutungslosigkeit abzusinken. Sie hatte hierbei das Führungspersonal, mehr noch aber die Mitgliederschaft ausgewechselt. Die Wähler akzeptierten 1972 den neuen politischen Standort der Partei.

48 Vgl. dazu auch: Heino Kaack, Landtagswahlen und Bundespolitik 1970–1972, in: aus politik und zeitgeschichte. Beilage zur Wochenzeitung Das Parlament, B 13/74 v. 30. 3. 1974.

2.6. Die FDP als Koalitionspartner der SPD

Innerhalb der sozial-liberalen Koalition bemühte sich die FDP von 1972 bis 1976 sowohl unter dem Kanzler Brandt als auch unter Schmidt um eine eigene Profilierung in wirtschafts- und sozialpolitischen Fragen, wo die Partei häufig – insbesondere in der Mitbestimmungsdebatte – eine „Bremser"-Rolle übernahm. Aber auch hier ist die Rolle der FDP ambivalent: Die sich nun Partei des „sozialen Liberalismus" nennende FDP war in einigen Reformvorhaben konsequenter als die SPD: so in der Frage des § 218 Strafgesetzbuch (Schwangerschaftsabbruch) und auch in der Bildungspolitik. Das Hauptelement der Regierung war zunächst jedoch die Ostpolitik, und die Verträge mit der DDR, mit Polen und der Sowjetunion wurden in den großen Zügen von beiden Parteien gleichermaßen getragen.

Sich innerhalb der Regierungskoalition zu profilieren, war für die FDP *möglich* geworden, weil sich bis zur Bundestagswahl 1972 ihre inneren Verhältnisse konsolidiert hatten und weil es ihr gelungen war, neue Wählerschichten zu gewinnen. Sich gegenüber der SPD zu profilieren war aber auch *notwendig* geworden, weil der auf politische Polarisierung zielende harte Konfrontationskurs der CDU/CSU-Opposition die FDP in die Rolle des bloßen Anhängsels der Sozialdemokratie zu drängen drohte. Diesem durchaus beabsichtigten Effekt entgegenzuwirken, wurde folglich zur existentiellen Aufgabe der FDP. Unter den spezifischen Bedingungen des allgemeinen Reformklimas in der ersten Hälfte der siebziger Jahre gelang es der Partei, liberale Akzente zu setzen, ohne das Bündnis zu gefährden. Die sich Mitte der siebziger Jahre verschärfende konjunkturelle und strukturelle Wirtschaftskrise bereitete jedoch allen Reformplänen ein jähes Ende. Für die Regierung Schmidt/Genscher wurde das Krisenmanagement zunehmend zur Hauptaufgabe. Gleichzeitig erfolgte unter dem Eindruck des Terrorismus in der Bundesrepublik ein Wechsel von „Mehr Demokratie wagen" zur Einengung liberaler Freiheiten. Die im Zeichen von Reformbereitschaft und -kompetenz als Sieger aus der Bundestagswahl 1972 hervorgegangenen Parteien SPD und FDP sahen sich jetzt nicht nur vor die Aufgabe gestellt, Wachstums- und Reformerwartungen zu dämpfen, sondern waren auch gezwungen, die Erhaltung des wirtschaftlichen und sozialen Status quo als optimale Steuerungsleistung der Regierung auszugeben. In dem Ausmaß allerdings, in dem sich selbst dies als unrealistisch erwies (Preissteigerungen, Staatsverschuldung) und die sozial-liberale Koalition unter den Druck konservativer Krisenstrategien (Monetarismus, Senkung der Staatsquote, Abbau sozialer Leistungen) gelangte, „breitete sich innerhalb der F.D.P. die Einschätzung aus, die Liberalen würden in den Sog des Negativtrends der SPD miteinbezogen und könnten sich davon nur durch einen Wechsel ihrer Koalitionspräferenz befreien"[49]. Überdies hatte mit der Verabschiedung der Ostverträge ein wesentliches Bindeglied zwischen den Koalitionspartnern an Bedeutung verloren, während in wirtschafts- und sozialpolitischen Fragen zunehmend unterschiedliche Auffassungen zwi-

49 Heino Kaack, Geschichte und Programmatik ..., a.a.O., S. 50.

schen FDP und SPD erkennbar wurden. Die programmatische Annäherung an die CDU ging Hand in Hand mit einer schrittweisen bündnispolitischen Umorientierung. Seit 1975 arbeitet die FDP im Saarland mit der CDU zusammen, seit 1977 war sie ihr Koalitionspartner, und 1977/78 koalierte sie mit der CDU in Niedersachsen. 1981 schließlich sprach sich das Präsidium für eine Politik der Tolerierung gegenüber der CDU in Berlin aus.

Die Berliner Tolerierung ist im Nachhinein zu sehen als das einleitende Manöver zur Wende in Bonn. So sehr hatte sich mittlerweile das Organisationsgewicht innerhalb der FDP verändert, daß die Willensbildung um 1981 herum nicht mehr von der Peripherie her zur Zentrale erfolgte, wo es auf das aktuelle Austarieren der ideologischen und landsmannschaftlichen Differenzen ankam, sondern der Parteivorstand intervenierte in die Politik der Landesverbände. Die Koalition im Saarland war ein auch von der SPD und vom linksliberalen Flügel der FDP zu akzeptierender Sonderfall; die bundespolitische Wende zurück zur CDU/CSU wurde mit Nachdruck aus Bonn an der Spree eingeleitet. Wie später der Bundesverband, hatte sich zuvor der Berliner Landesverband dagegen vehement gewehrt.

2.7. *Der Bruch mit den Sozialdemokraten*

Mit Beginn der 80er Jahre vernahm man in Bonner Führungskreisen der FDP immer unverholener den Wunsch, sich von der SPD zu trennen. Objektiv war die Situation des Koalitionspartners der FDP immer schwieriger geworden, weil die Parteiführung der Sozialdemokraten Rücksicht „auf die FDP" in zahlreichen Einzelfragen der Politik zum Dogma sozialdemokratischer innerparteilicher Willensbildung gemacht hatte. In der Wirtschafts- und Sozialpolitik, aber auch in der Außenpolitik – besonders gegenüber den Vereinigten Staaten – wurde das für zunehmend große Kreise der SPD-Mitglieder immer weniger hinnehmbar. Hinzu kam, daß die „Grünen" als die auf die Ökologiebewegung und die Alternative Szene aufbauende Protestpartei, zunehmend Erfolge erzielten und schließlich in der Frage der Rüstungspolitik als ein Motor der „Friedensbewegung" gegen die Aufstellung amerikanischer Mittelstreckenraketen in Deutschland die SPD als Gefangene der FDP und des Bundeskanzlers Helmut Schmidt erscheinen ließen. Die Kluft zwischen dem sozialdemokratischen Bundeskanzler und seiner eigenen Partei führte in den Augen der Bonner FDP-Politiker zur zunehmenden Regierungsunfähigkeit der SPD. Insbesondere Hans-Dietrich Genscher und der Wirtschaftsminister Otto Graf Lambsdorff fürchteten zunehmende Arbeitslosenzahlen, zunehmende Protestaktionen auf den Straßen und wohl langfristig auch den Verlust der Position der FDP im Parteiensystem durch die Etablierung der Grünen. Das persönliche Klima der Zusammenarbeit in der Bundesregierung zwischen Kanzler Schmidt und Vizekanzler Genscher vereiste, während der Oppositionsführer Helmut Kohl die FDP immer deutlicher zum Handeln gegen Staatsverschuldung und wirtschaftlichen Niedergang aufforderte, die FDP damit unter Zugzwang setzend. Beim rechten Flügel der liberalen Partei wuchs die Sehnsucht nicht nur nach der von Genscher geforderten Wende auf den wichtigen Politikfeldern, sondern auch in der Bündnisfrage die Sehnsucht nach der Union.

Daß die Lage der FDP in der Koalition mit der SPD sich verschlechtern würde, deutete sich bereits im Jahre 1978 an. In Niedersachsen und in Hamburg scheiterte die Partei jeweils an der 5-Prozent-Grenze, während sie bei den nachfolgenden Landtagswahlen in Hessen und Bayern die Vertretung in den Parlamenten nur unter großen Anstrengungen halten konnte. Enttäuschend war für die sich als „Europapartei“ verstehende FDP das Ergebnis von 6 Prozent der Wählerstimmen bei der Europawahl 1979 und ein herber Schlag das erneute Scheitern an der 5-Prozent-Grenze im „Stammland der FDP“, Nordrhein-Westfalen, im Jahre 1980. Den Bundestagswahlen im Oktober 1980 kam daher existenzielle Bedeutung zu. Die FDP-Führung konzipierte den Wahlkampf für ihre Partei als – wie es der damalige Generalsekretär im Nachhinein formulierte – „reine Überlebensstrategie“. Wieder einmal wurde gezielt auf die Funktion als Partei der zweiten Wahl gesetzt, ähnlich wie 1961: Umfragen hatten ergeben, daß es 1980 zahlreiche Wähler gab, die zwar Helmut Schmidt als Bundeskanzler, nicht aber die absolute Mehrheit für die SPD wollten, zugleich auch gegen Franz Josef Strauß waren, den die Union ja als Kanzlerkandidaten erkoren hatte. So kamen die Parolen der FDP diesen politischen Vorstellungen einer großen Wählergruppe entgegen: „Für eine Regierung Schmidt/Genscher – Gegen Alleinherrschaft einer Partei – Gegen Strauß – Diesmal geht's ums Ganze. Diesmal FDP.“ Verheugen erinnert sich: „Die Wähler wurden nicht mit einer langfristigen politischen Konzeption umworben, sondern ihnen wurde ein taktischer Ausweg aus einer von vielen als unangenehm empfundenen Polarisierungssituation angeboten.“[50] Die „Überlebensstrategie“ war, zunächst jedenfalls, für die FDP erfolgreich. Die Partei gewann 10,6 Prozent der Stimmen und verbesserte sich gegenüber 1976 um 2,7 Prozent; die SPD jedoch stagnierte bei rund 43 Prozent.

Dieses Wahlergebnis ist als eine der Ursachen für den zwei Jahre später erfolgenden Zerfall der sozial-liberalen Koalition zu sehen. Nach ihrem Erfolg in Nordrhein-Westfalen hatten viele Sozialdemokraten gehofft, auch im Bund die absolute Mehrheit erringen zu können. Nun waren sie wieder auf die FDP angewiesen, mußten sich in der Innen- wie Außenpolitik den pragmatischen „Sachzwängen“ beugen, die von der Regierung ausgingen. Dort verübelte es der Bundeskanzler selber den Freien Demokraten, daß sie in ihrem Wahlkampf seinen Popularitätsbonus ausgenutzt hatten. Dies alles führte dazu, daß die Koalitionsverhandlungen in gereizter Atmosphäre geführt wurden. In diesen Verhandlungen ging es um den Versuch, den Staatshaushalt zu konsolidieren, wobei die Freien Demokraten die auf Einsparungen Drängenden waren, was wiederum zu Lasten sozialpolitischer Institutionen ging, die den Sozialdemokraten wichtig waren. Der Bundeskanzler koppelte mit seiner eigenen Partei nicht ausreichend zurück, sodaß nicht erkennbar war, welches politische Gewicht die ge-

50 Günter Verheugen, a.a.O., S. 107 f.

troffenen Vereinbarungen tatsächlich hatten. Zunehmend war die Rede davon, daß das Reservoir an Gemeinsamkeiten zwischen FDP und SPD erschöpft sei. Der ehemalige Bundespräsident, Vizekanzler und Außenminister Walter Scheel vertrat dann auch sehr bald diese These in der Öffentlichkeit. In einem Zeitungsinterview bekannte er sich als „Erfinder der Theorie vom Abnehmen der Gemeinsamkeiten in Koalitionen" und fügte angesichts der bestehenden SPD/FDP-Koalition hinzu, daß in allen Fragen, in denen die Koalitionsparteien nicht mehr klar kämen, CDU und FDP fast einer Meinung seien.[51] Scheel beschrieb mit derartigen öffentlichen Äußerungen ein in der Bundesrepublik weit verbreitetes Klima: Das Wort von der „Endzeitstimmung" kam auf. Dazu gehörte, daß eine Persönlichkeit wie Golo Mann – einst Befürworter der von der sozial-liberalen Koalition durchgesetzten Ostverträge – voraussagte: „Diese Regierung wird keine vier Jahre halten." Die „Kargheit der Mittel" erlaubte keine fortschrittliche „sozialistische Politik" mehr, so daß sich viele Sozialdemokraten fragten: „Wozu regieren wir eigentlich, wenn unsere Politik nicht gemacht wird?" An die Adresse der FDP richtete Golo Mann – wie das konservative Lager in Publizistik und Wirtschaft insgesamt – die Forderung: „Wenn der Regierungswagen sich so weiter dahinschleppt, mit Pannen, muß die FDP den Schwenk machen, den ihre Führung so sehr fürchtet."[52] Nach den Bundestagswahlen und den schleppenden Koalitionsverhandlungen um die Haushaltskonsolidierung sank – wie Umfragen zeigten – die Popularität der SPD ab, was zusätzlich zu den genannten Faktoren auf die nun zunehmende Arbeitslosigkeit zurückzuführen war.

In dieser Situation verstärkte sich innerhalb der FDP die Distanz zur SPD. Die neue, größere Fraktion der FDP im Deutschen Bundestag setzte sich aus zahlreichen „rechten" Parteimitgliedern zusammen, die auf ursprünglich als aussichtslos eingestuften Listenplätzen ins Parlament gekommen waren. Diese Abgeordneten trafen sich im „Wurbs-Kreis", so genannt nach dem der FDP angehörenden Vizepräsidenten des Bundestages, Richard Wurbs. Verheugen schätzt, daß dieser Kreis mehr als die Hälfte der Mitglieder der FDP-Bundestagsfraktion mobilisieren konnte. Auch die „Linken" in der Fraktion trafen sich nun regelmäßig, und sogar eine Gruppe der gruppenlosen Abgeordneten soll es gegeben haben.[53] Diese Fraktionierung der Fraktion war Ausdruck der Unsicherheit über die Zukunft der FDP, die über alle Flügel der Partei hinweg bestand. Das kam auch im Verhalten des Parteivorsitzenden Genscher zum Ausdruck, der den Bruch mit den Sozialdemokraten explizit in keiner Weise forcierte, aber mit der Forderung nach einer Wende in der Politik implizit das Klima für einen solchen Bruch förderte und für diesen Fall die Schuld für das Scheitern der Koalition bei den Sozialdemokraten abladen wollte. So ist

51 Scheel denkt zu laut nach: Scheitert die Koalition?; in: Die Welt, 16.4.1981.

52 Golo Mann zur Lage der Nation: „Schmidts Zeit geht zu Ende"; in: Bild am Sonntag, 1.2.1981, Zum Ablauf der Koalitionskrise siehe Klaus Bohnsack, Die Koalitionskrise 1981/82 und der Regierungswechsel 1982; in: Zeitschrift für Parlamentsfragen, Jg. 14, 1983, H. 1, S. 5 ff.

53 Günter Verheugen, a.a.O., S. 112 f.

es zu verstehen, daß der Parteivorsitzende den Bundesparteitag der FDP im Mai 1981 in Köln beschwor, der „Nachrüstung" der NATO mit Mittelstreckenraketen im Falle des Scheiterns der Abrüstungsverhandlungen mit der Sowjetunion zuzustimmen („Doppelbeschluß"). Die Abstimmung hierüber verband Genscher für viele überraschenderweise mit seinem Verbleiben im Amte des Parteivorsitzenden. Dieses ungewöhnliche Engagement deuteten Beobachter koalitionspolitisch: Wenn Schmidt sich nicht in gleicher Weise bei der SPD durchsetzen würde, sei ein Beleg für die Regierungsunfähigkeit der Sozialdemokraten erbracht. Wie labil dennoch die innere Lage der FDP war, wurde in der „Frankfurter Allgemeinen Zeitung" sorgenvoll registriert, denn dort viel auf, daß die Abstimmung des Kölner Parteitages über die Nachrüstung „35 Prozent als Gegner der Nachrüstung auswies". Angesichts dieser Stärke des „linken Teils der Partei" sah der Kommentator die FDP nicht gerade in Verfassung für einen reibungslosen Koalitionswechsel.[54] Diese innere Verfassung der Partei mit zwei in Sach- wie in Koalitionsfragen konträr gegenüberstehenden Flügeln drückte sich im widersprüchlichen Verhalten Genschers zu dieser Zeit aus.

Nach dem Kölner Parteitag begannen Vorspiel und Hauptteil dessen, was als „Bonner Sommertheater" bezeichnet wurde. Der Parteivorsitzende forderte klare „Eckdaten" für den Haushalt des Jahres 1982, die Bundestagsfraktion beriet über Sparlisten, die auch die von Genscher so bezeichnete „soziale Hängematte" nicht verschonten und bei der SPD wie Hiobsbotschaften ankamen. Die Koalitionsverhandlungen kamen vor der Sommerpause zu keinem Abschluß, weder hinsichtlich der für 1982 zu erwartenden Arbeitslosenzahlen oder Wachstumsraten, noch hinsichtlich des Vorschlages des Bundeskanzlers, eine „Ergänzungsabgabe" auf alle Einkommen zur Förderung von Investitionen zu erheben. Aus dem Sommerurlaub schrieb Genscher dann an Funktionäre der FDP einen zweiten „Wendebrief", der in der FDP als Signal für den Koalitionswechsel begriffen wurde. Günter Verheugen erinnert sich: „Die „Rechten" lasen aus Genschers Brief die Erfüllung ihrer alten Hoffnung auf Koalitionswechsel heraus, die „Linken" lasen dasselbe, aber verstanden es als Drohung. Von diesem Tag an bekamen wir die Entwicklung der FDP nicht mehr unter Kontrolle."[55] Eine tiefe emotionale Polarisierung machte sich in der Partei breit, die Erörterung

54 Friedrich Karl Fromme in der Frankfurter Allgemeinen Zeitung vom 1. 6. 1981

55 Günter Verheugen, a.a.O., S. 125; Unter dem Datum 5. August 1982 schrieb Genscher u. a.: „Liebe Parteifreunde, ... Als ich im August 1981 die Notwendigkeit einer Wende unterstrich, waren auch bei uns viele kleinmütig. Inzwischen hat der Bundeskanzler kurz vor dem SPD-Parteitag, wie ich in meinem Brief vom 20. 8. 1981, von der Notwendigkeit einer Wende zum Realismus gesprochen. Und in diesen Tagen fordert Annemarie Renger eine innere Wende der SPD. Das alles dürfen wir als Bestätigung für eine richtige, weitsichtige und realistische, in ihrem Kurs von uns maßgeblich bestimmte Politik ansehen. Angesichts der Kritik, die aus der SPD an den Beschlüssen der Bundesregierung laut wird, vor allem auch aus den SPD-geführten Ländern, ist es jetzt an uns, als Garanten einer vorausschauenden, für Verbraucher und Investoren vertrauensbildenden Politik zu handeln. ..." Diese Formulierungen verdeutlichen, daß Genscher im Sommer 1981 in der Frage „Koalitionswechsel ja oder nein" explizit nicht entschieden war und geglaubt hatte, sich beide Möglichkeiten offen halten zu können.

von Sachfragen war in innerparteilichen Kreisen kaum mehr möglich. Es wurde hüben und drüben als Bestätigung der richtigen Interpretation des Wendebriefes angesehen, daß in der Öffentlichkeit Ende August 1981 Umfragen bekannt wurden, die sagten, die FDP würde auch bei einem Wechsel zur Union nicht unter die Fünf-Prozent-Grenze fallen.[56]

Die sich in der FDP verbreitende Existenzangst – die Flügel verbindend, in den Konsequenzen freilich trennend – rührte nicht nur aus der sich zuspitzenden Haushaltslage, der Arbeitslosigkeit und der Krise der SPD – in deren Sog man zu geraten fürchtete – her, sondern auch aus dem scheinbar unaufhaltsamen Aufstieg der Partei der Grünen[57]. 1979 war eine „grüne" Fraktion in die Bremer Bürgerschaft eingezogen, bei den Berliner Abgeordnetenhauswahlen 1981 wurde die FDP auf den vierten Platz verdrängt, und auch bei den Landtagswahlen 1982 in Niedersachsen schafften die Grünen den Sprung ins Parlament. Eine neue Partei schien geboren, und das Ende ihres Siegeszuges war noch nicht abzusehen. Die FDP fühlte sich in ihrer Funktion im Parteiensystem bedroht. Walter Scheel erinnerte an die seinerzeitigen Erfolge der NPD und die Tatsache, daß eine in die Opposition geratene Union das Wählerreservoir der rechten Protestpartei aufgesaugt hatte, was nunmehr im Verhältnis zwischen SPD und Grünen geschehen müsse. Die Ereignisse des Jahres 1985 zeigten im Nachhinein, daß diese These einiges für sich hat, denn sowohl bei den Landtagswahlen im Saarland als auch in Nordrhein-Westfalen scheiterten die Grünen – von der SPD „aufgesaugt" –, während die FDP ihren traditionellen Platz – nunmehr im Lager der Union – als dritte Partei wieder einnehmen konnte.[58] Die Furcht vor den Grünen verstärkte das Unbehagen an der sozial-liberalen Koalition.

Nach dem „Sommertheater" raufte sich die Koalition noch einmal zusammen. Das Bundeskabinett beschloß Maßnahmen zur Beseitigung von erkannten Finanzierungslücken im Bundeshaushalt 1982, und im November 1981 verabschiedete der Bundestag unter der Bezeichnung „Operation '82" ein Bündel von Spargesetzen zur Sanierung des Haushaltes. Der Riß in der Koalition saß jedoch schon sehr tief, was daran zu erkennen war, daß zahlreiche zum linken Flügel gehörende SPD-Abgeordnete den Koalitionskompromissen in der fraktionsinternen Abstimmung hierüber ihre Zustimmung versagten und mehr und mehr einen Austritt aus der Koalition befürworteten. Auch der Bundesgeschäftsführer der SPD, Peter Glotz, dachte an einen Bruch, denn er erklärte im Oktober, die SPD müsse damit rechnen, „über kurz oder lang in die Opposition zu gehen", wenn das Tief nicht überwunden werde.[59] Auf der anderen Seite, bei der FDP,

56 Die FDP sieht sich auch nach einem Wechsel zur Union nicht unter fünf Prozent; in: Frankfurter Allgemeine Zeitung, 26. 8. 1981.

57 Siehe Lilian Klotzsch/Richard Stöss, Die Grünen; in: Richard Stöss (Hrsg.), Parteien-Handbuch, Bd. 2, a.a.O., S. 1509 ff.

58 Siehe ebd. sowie Günter Verheugen, a.a.O., S. 127 ff.

59 Glotz warnt vor Auseinanderbrechen von Partei und Koalition; in: Der Tagesspiegel, 1. 10. 1981.

wurde vom rechten Flügel das vorzeitige Ende entweder herbeigewünscht oder mindestens prognostiziert. Die Kräfte, welche das Bündnis zusammenhalten wollten – der Kanzler, seine sozialdemokratischen Minister, die Mehrheit der SPD-Fraktion und der linke Flügel des FDP – gerieten immer mehr in die Defensive. Ende des Jahres 1981 kam eine weitere klimatische Belastung hinzu: Vor allem FDP-Politiker, insbesondere der Wirtschaftsminister Graf Lambsdorff, waren in die Parteispenden-Affäre im Zusammenhang mit dem Flick-Konzern verwickelt. Im Dezember nun wurde in Gesprächen zwischen Politikern der CDU/CSU, der SPD und der FDP versucht, durch ein Amnestiegesetz diese Affäre aus der Welt zu schaffen. Daß dies neben dem Einspruch einiger FDP-Abgeordneter am Widerstand der SPD-Fraktion scheiterte, förderte die Animosität einflußreicher FDP-Politiker gegenüber den Sozialdemokraten beträchtlich.

In der ersten Hälfte des Jahres 1982 geriet die Parteiführung unter Hans-Dietrich Genscher zunehmend unter Druck. Es waren vor allem folgende Ereignisse, die einen Zerfall der Partei zu signalisieren schienen: Im Februar trafen sich etwa 700 „linke" FDP-Funktionäre zu einem Kongreß in Köln unter dem Motto „Noch eine Chance für die Liberalen". Bei den Wahlen zum niedersächsischen Landtag im März wurde die FDP von den Grünen überflügelt und wie im Berliner Abgeordnetenhaus die „vierte Partei". Anfang Juni scheiterte die FDP gar bei den Wahlen zur Hamburger Bürgerschaft. Und am 17. Juni schließlich beschloß der hessische Landesparteitag der FDP für die im September anstehenden hessischen Landtagswahlen eine Koalitionsaussage zugunsten der CDU, obwohl man in Wiesbaden noch gemeinsam mit den Sozialdemokraten unter Holger Börner die Regierung führte.[60] Auf der anderen Seite hatte im April dieses Jahres der lange schon erwartete Münchener Parteitag der Sozialdemokraten stattgefunden, dessen finanz- und beschäftigungspolitische Beschlüsse im konträren Gegensatz zu den marktwirtschaftlichen Vorstellungen der FDP standen. Entweder, so wurde die Lage der Koalition damals allgemein analysiert, die SPD besteht auf der Umsetzung ihrer Parteitagsbeschlüsse in Bonn, dann wäre das das Ende der Koalition, oder die SPD-Führung verzichtet auf den Umsetzungsversuch, dann wäre das der Auslöser für einen Zerfallsprozeß bei den Sozialdemokraten.

Auf dem Kölner Kongreß wurde deutlich, daß der linke Flügel der liberalen Partei einen Wechsel zur CDU/CSU – unter welchen Bedingungen immer – nicht wollte und daß die Politik Genschers als „Verrat" an den Freiburger Thesen angesehen wurde. Dem Parteivorsitzenden mußte damit klar sein, daß ein „geordneter" Wechsel zur Union innerhalb der laufenden Legislaturperiode nicht möglich sein würde. Demgegenüber drängte der Beschluß der hessischen

60 Wie sehr derartige Vorgänge die Emitionen der Beteiligten ansprachen, wurde den Teilnehmern der Fraktionsvorsitzendenkonferenz der FDP deutlich, die am 11. und 12. Juni in Wiesbaden tagte: Der hessische Ministerpräsident Börner begrüßte die Konferenz persönlich, er und sein freidemokratischer Ministerkollege Gries versicherten sich gegenseitig höchsten persönlichen Respekt, und den Tränen nahe kündigten sie – die zu erwartende Entscheidung des FDP-Landesparteitages vorwegnehmend – ihre Zusammenarbeit auf. Es war eine Szene, die alle Anwesenden stark berührte.

Parteitagsdelegierten in die andere Richtung. Die Hilfslosigkeit der Parteiführung angesichts dieses Auseinanderfallens und -driftens der Partei wurde daran deutlich, daß man den hessischen Wählern die Wahl der FDP mit dem Argument nahelegen wollte, die FDP werde als Bündnispartner der CDU in Wiesbaden über den Bundesrat dafür sorgen, daß die Bonner SPD/FDP nicht gefährdet würde. Diese Argumentation wurde von nicht nur einem Kommentator als „Schwachsinn" bezeichnet.[61] Noch einmal legte die Koalition im Sommer einen Entwurf für den Haushalt des Jahres 1983 vor, der aber nicht mehr ernst genommen wurde. Das „Handelsblatt" sprach von einer „Mogelpackung", denn der Bundeswirtschaftsminister Lambsdorff kündigte schon für den Herbst neue, regidere, Eckdaten an.[62] Verheugen, damals noch einer der engsten Mitarbeiter Genschers, stellt fest: „Was Genscher im Sommer 1982 genau im Sinn hatte, blieb allen Beteiligten verborgen. Mir schien, daß er beides wollte: die Koalition erhalten und sie auch wechseln. Sicher war, daß er keine Operation im Sinn hatte, bei der die FDP in einen Strudel gerissen worden wäre."[63] Der einst gerade wegen seiner taktischen Fähigkeiten so geachtete Bundesaußenminister mußte sich nun den Spott der Öffentlichkeit gefallen lassen. Genscher sei wie ein Maikäfer, schrieb Wilfried Hertz-Eichenrode: „Seit letztem Sommer hat auch er gepumpt, gepumpt, gepumpt – nur geflogen ist er nicht. Genscher hat so lange gemaikäfert, bis ihm ... das Gesetz des Handelns entglitten ist."[64]

Das „Gesetz des Handelns" ergriffen nun zwei andere Politiker: Otto Graf Lambsdorff und Helmut Schmidt. Lambsdorff erklärte im August öffentlich, die Hessen-Wahlen seien der Test auf die Wende der FDP hin zur Union, woraufhin er vom Bundeskanzler in einer Kabinettssitzung getadelt und zur Vorlage seiner wirtschaftspolitischen Vorstellungen aufgefordert wurde. Am 9. September legte der Wirtschaftsminister das als „Lambsdorff-Papier" bekannt gewordene „Konzept für eine Politik zur Überwindung der Wachstumsschwäche und zur Bekämpfung der Arbeitslosigkeit" vor, in dem rein marktwirtschaftliche Vorgehensweisen empfohlen wurden, wie sie mit der SPD nicht realisierbar waren. Obwohl dieses Papier vielfach als Fehdehandschuh begriffen wurde, war der Bundeskanzler zunächst zum Weiterregieren entschlossen – unter anderem darauf hinweisend, daß die Abgeordneten von SPD und FDP ihm noch im Februar das Vertrauen ausgesprochen hätten. Dahinter stand die Absicht, die Krise des Jahres 1982 durchzustehen, weil je näher die Wahlen des Jahres 1984 rücken würden, desto geringer der Handlungsspielraum der FDP wäre. Warum Schmidt dann am 17. September vor dem Bundestag doch die Koalition aufkündigte und den Rücktritt der FDP – Minister mitteilte, wird auch von unmittelbar Beteiligten nicht überzeugend nachvollzogen.[65] Möglicherweise wollte

61 Wilfried Hertz-Eichenrode, Maikäfer, pump!; in: Die Welt, 2.7.1982.
62 Ohne Kurs und Kompaß; in: Handelsblatt, 2.7.1982.
63 Günter Verheugen, a.a.O., S. 135.
64 Wilfried Hertz-Eichenrode, a.a.O.
65 Ralf Dahrendorf, Die Chancen der Krise. Über die Zukunft des Liberalismus, Stuttgart 1983, S. 44: „Die Historiker werden in den Prozeß des Wechsels gewiß ihre eigenen Erklärungen hineintragen; aber wer die Ereignisse aus der Nähe verfolgt hat, weiß, daß

er einem Rücktritt der FDP-Minister zuvorkommen, der – wie Zeitungen meldeten – unmittelbar bevor stand. Richtig ist, daß die FDP den Austritt aus der Koalition immer wieder hinausschob, um das hessische Wahlergebnis abzuwarten. In seiner Rede vor dem Deutschen Bundestag ging Schmidt darauf ein und sagte, „ein Prozent mehr oder ein Prozent weniger in Wiesbaden ist keine solide Grundlage für eine Bundesregierung." Der Bundeskanzler setzte auf Neuwahlen nach Art. 68 des Grundgesetzes, die stattfinden konnten, wenn eine Vertrauensfrage des Kanzlers negativ beschieden würde. Die Sozialdemokraten suchten eine entsprechende Vereinbarung mit der Union, ein Vorhaben, das nicht unrealistisch war, denn auch in der CDU/CSU hatte sich aufgrund des ewigen Taktierens der FDP-Spitze Unmut angesammelt. Wegen der unnachgiebigen Haltung der „linken FDP" hielten viele Unionspolitiker darüber hinaus die Partei Genschers für einen unbrauchbaren Partner.

Daß die FDP für viele Unionspolitiker nicht nur der umworbene Wunschpartner der Wende, sondern zugleich auch organisierter Opportunismus war, wurde in einer Analyse deutlich, die der CDU-Generalsekretär Heiner Geißler bereits im Oktober 1979 vorgelegt hatte: „Selbstverständnis und Strategie der FDP sind von ihrer Position im politischen Wettbewerb mit SPD und CDU/CSU entscheidend geprägt." Die FDP habe nur eine Stammwählerschaft von 3–4 Prozent und versuche, die restlichen wenigstens 2 Prozent zu gewinnen, indem sie sich „zugleich als Regierung und als ‚Opposition in der Regierung'" darstelle. Lediglich das Freiburger Programm sei eine bedeutende programmatische Äußerung der FDP, allerdings nur zu dem Zweck, „die Koalition mit der SPD ideologisch zu stützen." Die FDP versuche, die SPD mit „Sozialismus" und die CDU mit „Konservativismus" zu identifizieren, um so selber die politische Mitte besetzen zu können. Das seien aber ebenso wie die eigene Identifizierung mit „Liberalismus" Wunschbilder, denn auch die anderen Parteien seien in der Lage, „liberale Werte überzeugend umzusetzen". Typischer Ausdruck der „Ermangelung eines festen Profils" der FDP seien ihre „Anbiederungen" bei den Grünen und die Profilierungsversuche zum Steuer- und Entbürokratisierungsthema (s. Kapitel 6).[66]

Nach dem faktischen Hinauswurf aus der Koalition war die FDP in höchster Existenznot. Sie war darüber hinaus – wie Ralf Dahrendorf es formulierte – „eine mutlose", vor allem aber „orientierungslose Partei".[67] Das liberale Schisma präsentierte sich nun faktisch in der Existenz zweier verfeindeter Par-

Fortsetzung Fußnote 65

sie, wie das so zu gehen pflegt, aus einer Serie von nicht ganz zufälligen Zufälligkeiten bestanden: dem Zeitpunkt des Lambsdorff-Papiers zur Wirtschaftspolitik, dem plötzlichen Adrenalinstoß in Helmut Schmidt und ähnlichem mehr." Demgegenüber Günter Verheugen, a.a.O., S. 135: „Er (Schmidt – J. D.) wollte sich mit seiner Regierung nicht auf dem Rost braten lassen, bis er nach Meinung der FDP gar war."

66 Strategie und Selbstverständnis von SPD und FDP. Eine Bilanz. Vorgelegt von Dr. Heiner Geißler – Generalsekretär der CDU –. Redaktion: Planungsgruppe und Hauptabteilung Politik der CDU-Bundesgeschäftsstelle, Bonn Oktober 1979 (unveröffentlicht).

67 Ralf Dahrendorf, a.a.O., S. 44.

teien unter dem nur noch formalen Firmendach der FDP. Die sozialliberalen Mitglieder und Funktionäre sahen sich von der eigenen Führung enttäuscht und getäuscht, ihre Sympathien lagen bei Helmut Schmidt, eine realistische Perspektive innerhalb der FDP konnten sie nicht erkennen. Die anderen Mitglieder und Funktionäre waren zum großen Teil ebenfalls erzürnt über das Verhalten der Parteiführung, hätten wohl lieber die Wähler über das Ende der sozial-liberalen Koalition entscheiden lassen, sahen aber nun den einzigen Rettungsanker für die Partei darin, daß sich Helmut Kohl innerhalb der Union durchsetzen und ein konstruktives Mißtrauensvotum gemeinsam mit der FDP wagen würde. Bitter – teilweise haßerfüllt – wurde im Bundesvorstand und in der Bundestagsfraktion diskutiert. Am 26. September gingen die Wahlen für die FDP in Hessen verloren, nur 3,1 Prozent der Wähler gaben der vom Bundeskanzler Schmidt des „Verrats" gescholtenen „Wendepartei" ihre Stimme; vierzehn Tage später geschah das gleiche in Bayern: Mit 3,5 Prozent war der FDP das Maximilianeum in München versperrt. Derweil wurden in Bonn „Koalitionsverhandlungen" mit der CDU/CSU geführt, die wie Kapitulationsverhandlungen wirkten. Die Union verwehrte dem als sozialliberal eingestuften Gerhart Baum nicht nur die Rückkehr in sein Amt als Bundesinnenminister, sondern akzeptierte ihn nicht einmal als Mitglied der Verhandlungsdelegation der FDP. So schwach war die liberale Partei, daß sie dies am 28. September akzeptieren mußte. Fraktion (32 Ja-, 20 Neinstimmen, 2 Enthaltungen) und Bundesvorstand (mit 18 zu 17 Stimmen!) akzeptierten am Ende das Verhandlungsergebnis. Am 1. Oktober 1982 wurde Helmut Schmidt mittels des konstruktiven Mißtrauensvotums durch Helmut Kohl ersetzt. Die Mehrheit der FDP-Abgeordneten trug diese Entscheidung mit. Die Zeit des Bündnisses mit der SPD gehörte der FDP-Parteigeschichte an.

Die politischen und gesellschaftlichen Rahmenbedingungen für die Wende von 1980 bis 1982 und dem damit verbundenen Wechsel der FDP vom sozialdemokratischen ins Unionslager sind vielfältig. Es ist nicht ein Faktor allein, der den Zerfall der sozial-liberalen Koalition bewirkte, sondern das Zusammentreffen mehrerer, teilweise voneinander unabhängiger Faktoren:

– Auf der parteipolitischen Ebene spielte zweifellos der durch den Abschluß der Ostverträge, durch die Verwirklichung einer Reihe innerer Reformen bewirkte Abbau der programmatischen Gemeinsamkeiten zwischen SPD und FDP eine Rolle im Erosionsprozeß der Koalition. Bei den Sozialdemokraten fand gleichzeitig ein Entfremdungsprozeß zwischen der Parteibasis und den Funktionsträgern im Regierungsapparat statt, wodurch die Entscheidungsfähigkeit der Koalition zunehmend beeinträchtigt wurde. Auf Seiten der FDP wurde der Widerspruch zwischen den „Freiburger Ideen" und der wirtschaftsliberalen Politik der Mehrheit der Bundestagsfraktion und der FDP-Minister zunehmend offensichtlicher, so daß am Ende für die sozialliberal orientierten Mitglieder der formale Bestand der Koalition zum ideologisch überhöhten Selbstzweck wurde. Diese Faktoren trübten das persönliche Verhältnis zwischen den wichtigsten Bonner Akteuren der Koalition, worin eine weitere Ursache für den Verfall zu sehen ist.

– Im allgemeinen politischen Umfeld der Koalition taten sich Schwierigkeiten des Gesellschaftsklimas einerseits und der Wirtschaftslage andererseits auf. Die sozial-liberale Koalition war gegründet worden während einer innenpolitischen Aufbruchsphase, in der es möglich und notwendig schien, die Gesellschaft durch mehr Demokratie, mehr Freiheit und eine größere soziale Gerechtigkeit aufzufrischen. Ende der siebziger Jahre waren wichtige Reformvorhaben – zum Beispiel die Reform des Abtreibungsparagraphen 218 StGB oder die Mitbestimmung – entweder auf „halber Strecke" stehengeblieben oder hatten zu unvorgesehener Bürokratisierung geführt – so bei der Bildungsreform. Eine Ernüchterung trat ein, teilweise verbunden mit einer Verbürgerlichung der einst so reformeuphorischen Jungwähler von 1969. Die Jungwähler von 1980 aber sahen Widersprüche zwischen Anspruch und Wirklichkeit auch bei „den Sozialliberalen", beispielsweise in der Spendenaffäre oder in der Unfähigkeit, die weitere Zerstörung der Umwelt zu beenden. Viele dieser neuen Jungwähler unterstützten die Protestbewegung der „Grünen", die vor allem von der FDP als existenzielle Gefahr geortet wurde. Aus dem Reformklima von einst war eine Polarisierung zwischen dieser Protestbewegung einerseits und einem an Werten wie Leistung, Eigeninitiative und Sparsamkeit orientierten neokonservativen Denken andererseits geworden. Am wichtigsten aber war, daß der allgemeine wirtschaftliche Wohlstand gefährdet erschien und die Regierung keine wirksamen Maßnahmen gegen die wachsende Staatsverschuldung und die zunehmende Arbeitslosigkeit ergreifen konnte. Die in dieser Situation wieder völlig marktwirtschaftlich denkenden Freien Demokraten und die eher auf staatliche Maßnahmen setzenden Sozialdemokraten fanden keinen Konsensus mehr; FDP und CDU/CSU schienen sich näher zu sein als die Koalitionsparteien. Für die FDP bewirkte dies einen zunehmenden Erwartungsdruck zum „Handeln"; – ihre Funktion an der Seite der SPD war nicht mehr erkennbar. Die Wende fand auch deswegen statt, weil die FDP ihre Existenz gefährdet sah und ihren Fortbestand sichern wollte.

2.8. Die FDP nach der Wende

Nachdem sich die FDP durch Beteiligung am konstruktiven Mißtrauensvotum vor dem drohenden Untergang in der sozial-liberalen Koalition ans andere Ufer gerettet hatte, konnte sie sich auch dort keineswegs in Sicherheit wägen. Beobachter von „rechts" bis „links" warfen dem FDP-Vorsitzenden Genscher nicht nur politisch-handwerkliches Versagen vor, sondern überschütteten ihn und damit die Parteiführung insgesamt mit moralischen Vorwürfen. Die „Frankfurter Rundschau", eine zeitlang das Leib- und Magenblatt vieler Liberaler, forderte schon gleich nach der für die FDP so negativen Hessen-Wahl den Rücktritt Genschers, weil er beim Wähler kein Vertrauen mehr gewinnen könne.[68] Auf

68 Roderich Reifenrath, Warum Genscher zurücktreten muß; in: Frankfurter Rundschau, 28.9.1982.

der anderen Seite schrieb der einstige Prophet der Wende, Golo Mann, alles sei zu spät gekommen. Der „Schuldige" hieran sei Genscher, der – „dumm zuletzt aus zögernder Überschlauheit" – eine rechtzeitige Entscheidung verhindert habe. Aber es sei in Wirklichkeit nicht um einen Neuanfang gegangen, sondern um Bewahrung der administrativen Macht der FDP-Führung. „Denn Minister sind sie sehr gern, Herr Genscher besonders, und hätte ihnen die Union keine Sicherheit geboten, dann wären sie der SPD wahrscheinlich treu geblieben." Nun laute die Reaktion der Wähler: „Dreizehn Jahre lang habt ihr alles mitgemacht und gutgeheißen, und plötzlich war alles falsch, plötzlich seid ihr die Gegner derer, deren Freunde ihr gestern noch wart, und die Freunde derer, deren Gegner ihr gestern noch wart."[69] Durch ihr Verhalten in Bonn schien die Partei tatsächlich sämtliche Sympathien verspielt zu haben: Ende September 1982 wurden repräsentative Umfragen bekannt, die der FDP bescheinigten, „in der Wählergunst auf einen absoluten Tiefpunkt von 2,3 Prozent gesunken" zu sein.[70] Das Tief der FDP um die Zeit des Kanzlerwechsels herum ist jedoch nicht nur auf das vermeintliche oder tatsächliche taktische und moralische Versagen zurückzuführen. Daß die Lage der FDP so wenig attraktiv war, hatte ebenso mit der durch den Koalitionswechsel verloren gegangenen politischen Handlungsfreiheit sowie mit der inneren Zerstrittenheit der Partei zu tun. Durch den – auch emotional tief gehenden – Bruch mit den Sozialdemokraten waren die Freien Demokraten zu Abhängigen von der Union geworden, der gegenüber sie keinerlei „Drohpotential" hatten. Wie eine Gnade erschien es, daß Helmut Kohl sich gegenüber der CSU durchsetzte und Neuwahlen zum Deutschen Bundestag erst für den März 1983 statt für einen früheren Termin ermöglichte. Mehr noch als in den letzten Tagen der Wende selbst war die FDP in den Monaten danach von einem entscheidenden Subjekt der Politik zu deren Objekt geworden.

In dieser Situation kam es zu den heftigsten innerparteilichen Konfrontationen. William Borm (Ehrenvorsitzender der Berliner FDP und Bundesvorstandsmitglied), Günter Verheugen (Generalsekretär), Andreas von Schoeler (Parlamentarischer Staatssekretär), sowie die Bundestagsabgeordneten Hildegard Hamm-Brücher, Helga Schuchardt, Ingrid Matthäus-Meier und Friedrich-Wilhelm Hölscher sind wohl die prominentesten der innerparteilichen Kritiker des Wechsels zur Union gewesen. Bis auf Frau Hamm-Brücher haben sie alle die Partei verlassen. In den Ortsverbänden, Bezirks- und Landesgremien fanden heftige Debatten über die Bonner Politik statt, und insbesondere die Angehörigen des linken Flügels versuchten immer wieder, sich zu organisieren. So fand kurz vor dem Kanzlersturz in Norderstedt ein Treffen linksliberaler Mitglieder aus norddeutschen Bundesländern statt. Dort war man übereingekommen, den Kampf gegen die neue Linie innerparteilich zuende zu führen, also die Partei nicht zu verlassen. Vor dem für November bereits geplanten 33. ordentlichen

69 Golo Mann, „Man hätte nicht tun dürfen, was man am 1. Oktober in Bonn tat"; in: Weltwoche, 6.10.1982.

70 Neue Züricher Zeitung, 24.9.1982 („FDP-Sonderparteitag über den Koalitionswechsel").

Bundesparteitag wurde ein Sonderparteitag angestrebt, der über die Politik der Wende beschließen sollte. Tatsächlich beantragten die Landesverbände Schleswig-Holstein, Hamburg, Berlin und Bremen einen Sonderparteitag, was nach der Satzung ein ausreichendes Quorum darstellte. Dennoch fand dieser Sonderparteitag nicht statt, auch deswegen nicht, weil er technisch zu keinem entscheidend früheren Termin hätte einberufen werden können als der ohnehin vorgesehene Berliner Parteitag. So konzentrierten sich die Vorbereitungen auf die innerparteilichen Weichenstellungen, die sich Freund und Gegner der Parteiführung von dem Kongreß erwarteten, auf diesen Parteitag.

Auf der „linken" Seite des Parteispektrums formierte sich die Fraktionsminderheit, die „Gruppe William Borm/Jungdemokraten" und gleichgesinnte Landesverbände unter diesen drei Zielen für den Bundesparteitag:

„– klare Mißbilligung des Koalitionswechsels und des ganzen Vorgehens,
– personelle Erneuerung (‚Genscher muß weg'),
– programmatische, radikal-liberale Perspektiven."[71]

Aushängeschild der personellen Erneuerung sollte Uwe Ronneburger sein, stellvertretender Bundesvorsitzender und Landesvorsitzender der Schleswig-Holsteinischen FDP. Er hatte zu jenen 18 Bundestagsabgeordneten gehört, die gegen den Koalitionswechsel gestimmt hatten. Ronneburger war als Gegenkandidat zu Hans-Dietrich Genscher im Amte des Parteivorsitzenden als Kompromiß zu sehen, denn der ehemalige DP-Politiker zählte eher zu den konservativen Liberalen als zur „Linken". Für ihn als Kandidaten in der besonderen Situation Ende 1982 sprachen zum einen moralische Kategorien – er galt als „anständig" und „ehrlich" –, zum anderen reine Parteitagstaktik – als Mann des Ausgleichs hatte er die Chance, auch Stimmen „nicht-linker" Delegierter auf sich zu ziehen.[72] Die eigentliche personelle Flügelentscheidung sollte an anderer Stelle gesucht werden: Graf Lambsdorff galt als Kandidat für einen stellvertretenden Bundesvorsitzenden. Gegen ihn meldete nun der von der Union als Innenminister nicht akzeptierte Gerhart Baum seine Kandidatur an. – Die programmatischen Perspektiven schließlich sollte ein Manifest liefern, dessen Entwurf im wesentlichen vom zurückgetretenen Generalsekretär Verheugen stammte und von mehr als 100 Delegierten eingebracht wurde.

Eine ähnlich systematische Vorbereitung auf den Parteitag wie bei der „Linken" gab es bei den „ungebundenen" oder „rechten" Delegierten nicht. Zwar wurde in den Parteikreisen, die sie vertraten, die Art und Weise des Koalitionswechsels in Bonn kritisiert; man war aber der Meinung, daß kurz vor der entscheidenden Bundestagswahl ein Führungswechsel unangemessen sei. Im übrigen waren viele dieser Delegierten mit einer gegen „die Linken" gerichteten

71 Günter Verheugen, a.a.O., S. 153.

72 Eine Schwäche bei der Kandidatur Ronneburgers bestand darin, daß der Bundesvorsitzende Ronneburger die Koalition mit der CDU/CSU nicht mehr rückgängig machen konnte. So erklärte der Kandidat vor dem Parteitag, auch unter seiner Führung werde die Koalition fortgeführt – bis zum 6. März 1983, dem Tag der vereinbarten Bundestagswahlen. Nach dem 6. März müsse es dann zu intensiven Koalitionsverhandlungen kommen.

Kampfstimmung nach Berlin gekommen, wo man es nach unzähligen Fernsehauftritten der innerparteilichen Opponenten einmal zeigen wollte, wie die „Basis wirklich denkt". Die Bundesminister Genscher und Lambsdorff machten sich dererlei Stimmungen zunutze. Sie bereiteten sich intensiv auf den Berliner Kongreß vor. Als besonders geschickter Schachzug wurde dabei angesehen, daß Lambsdorff kurzfristig auf seine Kandidatur als Stellvertreter von Genscher verzichtete und Baum damit den Platz „überließ".

Der Parteitag zeigte, daß Genscher und Lambsdorff die Mehrheit hinter sich hatten. Bei der Wahl des Bundesvorsitzenden erhielt Genscher 222 Delegiertenstimmen, während Ronneburger auf 169 kam. Auch Baum wurde gewählt, wenn auch mit weniger als der Hälfte der abgegebenen Stimmen. Neben ihm kamen noch Andreas von Schoeler, Wolfgang Lüder und Hinrich Enderlein als Linksliberale in den Bundesvorstand, der im übrigen mit Befürwortern des Koalitionswechsels besetzt wurde. Das vom linken Flügel eingebrachte Manifest fand in seinen wesentlichen Teilen keine Mehrheit auf dem Parteitag.

Die Konsequenzen, welche die linksliberal eingestellten Mitglieder und Delegierten aus den Entscheidungen des Parteitages zogen, waren nicht einheitlich. Die Bundestagsabgeordnete Ingrid Matthäus-Maier erklärte – wie eine Reihe anderer Delegierter – noch auf dem Parteitag ihren Austritt aus der FDP und kündigte ihren Beitritt zur SPD an. Am Rande des Kongresses gab es tränenreiche und dramatische Szenen. Neben dem Übertritt zur SPD entschieden sich andere innerparteilichen Opponenten für eine der folgenden Möglichkeiten: Gründung einer neuen, dezidiert linksliberalen Partei, wie sie dann am 28. November 1982 unter dem Namen „Liberale Demokraten" erfolgte (s. S. 125); Kooperation mit den „Grünen", was der ehemalige Landesvorsitzende der Berliner FDP, Jürgen Kunze, 1984 durch seinen Beitritt als Abgeordneter zur Fraktion der AL im Berliner Abgeordnetenhaus tat sowie – neben dem nur von wenigen gewählten Rückzug aus der Politik – Verbleib in der FDP, wie es bei den meisten Wendegegnern war. Es gab darüber hinaus den Versuch, die verstreuten Linksliberalen unter dem lockeren organisatorischen Dach der „Liberalen Vereinigungen" zusammen zu halten, jedoch führte dies nicht zum erwünschten Erfolg. Der ehemalige Generalsekretär schätzt die Wanderungsbewegungen wie folgt ein: „Von den etwa 15 000, die die FDP verließen, werden zunächst etwa 2 000 zur SPD gegangen sein, etwa 1 000 schlossen sich den Liberalen Demokraten an..."[73] Diesen Mitgliederschwund kompensierte die Partei teilweise durch zahlreiche – meist gezielt zur Veränderung von Mehrheitsverhältnissen gesteuerte – Neueintritte aus dem mittelständischen Bürgertum. Die Makler, Rechtsanwälte, Bauunternehmer, Handwerksmeister und mittleren Unternehmer, welche um die Zeit der Wende zur FDP stießen, sahen offensichtlich ihre existenziellen ökonomischen Interessen durch eine CDU/CSU/FDP-Koalition besser gewahrt als durch eine SPD/FDP-Koalition. Wie schon 1969, so vollzog sich auch 1982 mit dem Standortwechsel der FDP im Parteiensystem eine Mitgliederumschichtung, welche die dem jeweili-

73 Günter Verheugen, a.a.O., S. 162.

gen Standort adäquate Interessenstruktur in der Mitgliederschaft stärker zur Geltung brachte.

Nach dem „Parteitag der Tränen" in Berlin war die Zukunft der FDP völlig unsicher. Um die Jahreswende 1982/83 befand sich die Partei wieder einmal in einer bedrohlichen Lage. Nach den im Oktober verloren gegangenen Landtagswahlen in Bayern schaffte die FDP im Dezember auch nicht den Wiedereinzug in die Hamburger Bürgerschaft. Sie kam dort lediglich auf 2,6 Prozent der Wählerstimmen. Die Parteiführung konzentrierte sich vollkommen auf die bevorstehende Bundestagswahl. In diesem Wahlkampf setzte die Partei auf die Zweitstimmen gerade auch von CDU/CSU-Anhängern, die so die „Koalition der Mitte" gegenüber einer „rot-grünen Negativmehrheit" retten sollten. Daß die FDP die Bundestagswahlen am 6. März überstand, ist allein der Zweitstimmenkampagne zu verdanken, denn bei den vorher und nachher durchgeführten Landtagswahlen scheiterte die FDP fast „in Serie": Zugleich mit den Bundestagswahlen hatten in Rheinland-Pfalz Landtagswahlen stattgefunden; dort ging die FDP mit 3,5 Prozent unter. Kurz nach den Bundestagswahlen, ebenfalls noch im März 1983 wurde in Schleswig-Holstein gewählt. Hier hatte die FDP eine Koalitionsaussage zugunsten der SPD beschlossen. Die Partei erhielt 2,2 Prozent der Wählerstimmen. Im September dann wurde erneut in Hessen gewählt, nachdem Holger Börner als amtierender sozialdemokratischer Ministerpräsident keine Mehrheit im Landtag gefunden hatte: CDU und FDP kämpften hier gemeinsam gegen eine „rot-grüne" Zusammenarbeit. Zwar erzielte die FDP 7,6 Prozent der Wählerstimmen, aber zu Lasten der CDU, so daß CDU und FDP zusammen in Wiesbaden immer noch nicht über die Mehrheit verfügten. Verloren gingen schließlich mit 4,59 Prozent die ebenfalls im September durchgeführten Bürgerschaftswahlen in Bremen. Ende 1983 also war die FDP in den Landtagen von Bayern, Hamburg, Rheinland-Pfalz, Schleswig-Holstein und Bremen als Folge der Wende nicht vertreten. Es ging das Wort von der „Dame ohne Unterleib" um.

Daß es in dieser kritischen Zeit wie gezielt gelang, wenigstens die Repräsentanz im Deutschen Bundestag zu halten, hat offensichtlich damit zu tun, daß die Rolle der FDP in der Bundespolitik anders eingeschätzt wurde als in der Landespolitik. Wegen der Zuständigkeit des Bundes in der Außen- und in der Verteidigungspolitik – wobei die Verteidigungspolitik in der Frage der Nachrüstung mit Mittelstreckenraketen besonders aktuell war –, aber auch aus Furcht vor politischer Labilität gaben viele der FDP als Partei der zweiten Wahl auf der Bundesebene ihre Stimme. Im Lande war dies aus der Sicht zahlreicher Wähler offensichtlich nicht notwendig, weil entweder die Stabilität durch die Vorherrschaft einer Partei (Hamburg: SPD, Rheinland-Pfalz: CDU) ohnehin gesichert war oder aber das Wirken Grüner in der Landespolitik weniger gefährlich eingeschätzt wurde als in der Bundespolitik.

Die Serie der Wahlniederlagen brachte die Parteiführung, obwohl die Koalition in Bonn erst einmal gesichert war, in innerparteiliche Bedrängnis. Hinzu kam, daß die staatsanwaltlichen und allgemein-öffentlichen Vorwürfe insbesondere gegen den Wirtschaftsminister Lambsdorff wegen der Parteispendenaffäre in Verbindung mit dem Flick-Konzern die gesamte Parteiführung belasteten.[74] Und schließlich hatten die einst „rechten" und gemäßigten Parteitagsdelegierten die Artikulation ihrer Kritik an der Form der Wende für die Zeit nach der Bundestagswahl nur aufgehoben, nicht etwa vergessen. Das alles entlud sich auf dem Bundesparteitag, der vom 1. bis 3. Juni 1984 in Münster zusammentrat. Zwar hatte die FDP/FVP zuvor im März die Serie der Abwahlen aus den Parlamenten mit 7,2 Prozent der Wählerstimmen unterbrochen, aber dieses Ergebnis war unter den Erwartungen geblieben. Offensichtlich trug diese Gesamtkonstellation schon vorab zur Verunsicherung insbesondere des Parteivorsitzenden bei, denn in einer wichtigen Personalentscheidung schätzte Genscher die innerparteiliche Stimmung falsch ein – etwas bei ihm sonst völlig Ungewohntes: Für den vakant werdenden Posten des Generalsekretärs – die bisherige Amtsinhaberin Irmgard Adam-Schwaetzer wollte auf den Posten des Schatzmeisters wechseln – schlug Genscher zunächst den in der Partei weithin unbekannten früheren Staatssekretär im nordrhein-westfälischen Innenministerium, Karl-Friedrich Brodeßer vor. Als der Parteivorsitzende merkte, daß er mit seinem Vorschlag nicht durchkommen würde, zog er den Kandidaten zurück und präsentierte statt dessen den Bundestagsabgeordneten Helmut Haussmann, der dann vom Parteitag in Münster auch gewählt wurde. Gewichtiger noch war eine sachliche Fehleinschätzung, die sich die Parteiführung im Mai 1984 leistete. Nach Absprache mit der CDU/CSU wurde ein Gesetzentwurf zur Amnestie für alle mit der Parteispendenaffäre verbundenen Delikte vorgelegt. In der Öffentlichkeit, gerade aber auch in der FDP-Parteiorganisation löste dieses Projekt einen Sturm der Entrüstung aus. Schon zwei Wochen nachdem die Fraktion der Regierungsparteien dem Gesetzentwurf zugestimmt hatten, zogen Helmut Kohl und Hans-Dietrich Genscher die Amnestie-Vorlage zurück. Eine Abstimmung darüber hätte – so war die allgemeine Einschätzung – eine Niederlage für Genscher gebracht.

Gerade das durch den Widerstand aus der Partei gescheiterte Amnestieprojekt wurde vielfach als Beweis dafür angesehen, daß die FDP ihr rechtsstaatliches Gewissen" wiederentdeckt hatte. Auf dem Parteitag selber mußten sich die Vorstandsmitglieder heftige Kritiken einzelner Delegierter anhören. Bei den Vorstandswahlen dann erzielte – wohl in erster Linie wegen des „Amnestie-Projektes" – der Fraktionsvorsitzende Wolfgang Mischnik ein äußerst knappes Ergebnis und daß dies Genschers letzte Wahl zum Bundesvorsitzenden war, war nicht nur spürbar, es wurde auch ausgesprochen.

Eine große Enttäuschung für die Partei war es, als unmittelbar nach dem Parteitag die Europawahl der FDP nur 4,8 Prozent der Wählerstimmen brachte. Das hatte nicht nur zur Folge, daß die FDP nicht länger im Europäischen Parlament vertreten war und daß der Europa-Spitzenkandidat Martin Bangemann vorübergehend politisch „arbeitslos" geworden war, sondern auch, daß die Partei die erwarteten Wahlkampfkostenerstattungen nicht erhielt und 1985 ihren

74 Hans Werner Kilz/Joachim Preuss, Flick – Die gekaufte Republik, Hamburg 1983.

Mitgliedern eine Verschuldung in einer Höhe von acht Millionen DM mitteilen mußte.

Für Martin Bangemann aber führte der Verlust des Europamandats zu politischem Aufstieg. Nachdem Otto Graf Lambsdorff wegen der gegen ihn im Zusammenhang mit der Parteispendenaffäre erhobenen Anklage vom Amte des Bundeswirtschaftsministers zurücktrat, wurde Bangemann am 28. Juni 1984 sein Nachfolger. Gleichzeitig kündigte Genscher an, er werde auf dem kommenden Parteitag in Saarbrücken sein Amt als Parteivorsitzender niederlegen, und Bangemann solle sein Nachfolger sein. Tatsächlich wurde Bangemann dann im Februar 1985 mit großer Mehrheit zum neuen Parteivorsitzenden gewählt. Von den Delegierten wurde der Saarbrücker Kongreß als Parteitag der Konsolidierung empfunden, denn die innerparteilichen Auseinandersetzungen um den Koalitionswechsel hatten ihr Ende gefunden, und Umfrageergebnisse für die bevorstehenden Landtagswahlen zeigten, daß auch wieder mehr Wähler der FDP ihre Stimme geben wollten.

Diese im Februar 1985 bevorstehenden Landtagswahlen in Berlin, im Saarland und in Nordrhein-Westfalen brachten allesamt für die FDP gute Ergebnisse. In Berlin erzielte die FDP im März nach der Phase der Tolerierung der CDU und dann der Koalition mit ihr 8,4 Prozent, an der Saar am gleichen Wahltage 10 Prozent und in Nordrhein-Westfalen im Mai 6 Prozent, womit die hier besonders wichtige Rückkehr in den Landtag verbunden war. Anfang 1985 scheint somit die mit der Wende verbundene Krise der FDP überwunden zu sein. Aber die drei letztgenannten Wahlergebnisse werfen auch Probleme auf: In Berlin konnte das überraschend hohe Stimmergebnis für die FDP dank einer von der Partei kaum beeinflußten Wählerinitiative mittelständischer Provenienz erzielt werden, die sich für die Wiederwahl des Regierenden Bürgermeisters Eberhard Diepgen (CDU) und gegen die Mehrheit eines „rot-grünen“ Bündnisses einsetzte. Die von dieser Wählerinitiative entfachte Zweitstimmenkampagne brachte der FDP als Funktionspartei, Partei der zweiten Wahl, den Erfolg für das Landesparlament. Die Gruppe der Stammwähler der FDP betrug am gleichen Tage weniger als die Hälfte jener 8,4 Prozent, denn bei den zugleich stattfindenden Wahlen zu den Bezirksverordnetenversammlungen in Berlin – also den Kommunalvertretungen – wählten nur 4 Prozent der wahlberechtigten Berliner die FDP. Die Wahlen im Saarland und in Nordrhein-Westfalen waren für die FDP beim näheren Hinsehen ebenfalls nicht ohne Problematik, denn in beiden Fällen profitierte die Partei einerseits von der jeweiligen landespolitischen Schwäche der CDU-Verbände in Düsseldorf und in Saarbrücken. Langfristig wichtiger könnte jedoch sein, daß die CDU in beiden Bundesländern andererseits die Landtagswahlen wegen des zu dieser Zeit wenig überzeugenden Erscheinungsbildes der Bonner Koalition und des Bundeskanzlers Helmut Kohl verloren hatte. Vom Erfolg der Bonner Koalition hängt nun allerdings langfristig wiederum der Erfolg der FDP ab.

Die Hauptbelastung für die Koalition bestand in der Mitte der Legislaturperiode darin, daß es nicht gelungen war, die Arbeitslosenquote zu senken. Im Mai 1985 betrug die Arbeitslosenquote 8,8 Prozent – das entspricht 2 192 627 gemeldeten Arbeitslosen[75] und war die höchste Mai-Arbeitslosenquote seit der Währungsreform. Die Reaktionen hierauf waren klassisch: Während in der CDU/CSU mit der Verfestigung der Arbeitslosigkeit – derentwegen ja unter anderem die sozial-liberale Koalition auseinander gebrochen war – die Neigung zur Verabschiedung staatlicher Beschäftigungsprogramme stieg, lehnte die FDP diesen Weg strikt ab und forderte marktwirtschaftliche Lösungen. Insbesondere die Vereinigung der CDU-Sozialausschüsse und die bayerische CSU waren hier die koalitionsinternen Widerpartner der FDP.

Ein anderes – aus der Zeit der SPD/FDP-Koalition „geerbtes" – Thema konnte dagegen von der neuen Koalition rasch erledigt werden – die Stationierung neuer amerikanischer Mittelstreckenraketen („Nachrüstung") in der Bundesrepublik. Trotz heftigsten Widerstandes einer breiten Friedensbewegung stimmten die Koalitionsabgeordneten im November 1983 der Nachrüstung zu.

So sehr sich die FDP in der neuen Koalition wirtschaftspolitisch fast dogmatisch marktwirtschaftlich gebärdete, so verstand sie sich jedoch auf dem Felde der Außen- und Ostpolitik als Garant der Kontinuität. Die Westbindung der Bundesrepublik, die Stärkung der europäischen Zusammenschlüsse und der vertragliche Interessenausgleich mit dem Osten einschließlich der DDR sind die Säulen dieser Politik, wie sie sich vor allem Hans-Dietrich Genscher als Bundesaußenminister zueigen machte. Gerade in der einst von der CDU/CSU bekämpften Ost- und Deutschlandpolitik schien sich die Koalition tatsächlich sehr schnell auf die Linie der Kontinuität zu begeben. 1984 und 1985 dann kamen allerdings Irritationen auf, als der Bundeskanzler trotz eindeutig gegen die Anerkennung der Oder-Neiße-Grenze gerichteter Parolen dieses Verbandes auf einer Tagung der Landsmannschaft der Schlesier sein Erscheinen zusagte. Auch das Prinzip der engsten Abstimmung mit den europäischen Ländern innerhalb der Europäischen Gemeinschaft wurde in der Agrar- und in der Technologiepolitik nicht mehr streng eingehalten, so daß es zum Beispiel zu öffentlich erkennbaren Querelen zwischen dem französischen Staatspräsidenten und dem deutschen Bundeskanzler gekommen ist.

Ein Argument der Kritiker der Wende war, daß die FDP in der neuen Koalition gerade auf dem Felde der Rechts-, Innen- und Umweltpolitik ihren Anspruch als Freiheitspartei nicht verwirklichen könne. In der Tat schien der konservative CSU-Innenminister Friedrich Zimmermann der FDP in der Umweltpolitik am Beispiel der geplanten Katalysatoren-Pflicht für Autos den Rang abzulaufen, aber die forschen Initiativen auf diesem Sektor wurden im Maschennetz der europäischen EG-Bürokratie und der dahinter stehenden anderen Interessenlagen der Nachbarländer abgefangen. Beim Demonstrationsstrafrecht und in der Ausländerpolitik dagegen hatte die FDP Gelegenheit, ihre Positionen gegen die stark etatistische Union zu verdeutlichen. Hier taten sich besonders die Bundestagsabgeordneten Burkhard Hirsch und Gerhart Baum sowie Liselotte Funcke als Ausländerbeauftragte der Bundesregierung hervor. Innenpolitisch war die

75 Der Tagesspiegel, 6.6.1985.

FDP jedoch eher auf die Rolle des „Bremsers" beschränkt, gestaltungsfähige Konzeptionen waren hier nicht erkennbar.

Um die Jahreswende 1982/83 hatte die FDP keinen politischen Handlungsspielraum, ihr Schicksal war abhängig von den Entscheidungen anderer. Durch die Bundestagswahl 1983 verbesserte sich die Position der Partei: Die Wende war wenigstens formal, wenn auch nachträglich, legitimiert. Unzulänglichkeiten und Rivalitäten beim Koalitionspartner CDU/CSU verschafften der FDP dann nach und nach zusätzlichen politischen Spielraum, den sie braucht, um die Rolle des Juniorpartners spielen zu können. Als Hüterin der Marktwirtschaft, als Garant der außenpolitischen Kontinuität und als gelegentlicher Bremser in der Innenpolitik wurde die FDP den Wählern sichtbar. Ralf Dahrendorf spricht angesichts dieses mageren Ergebnisses davon, „daß die FDP die Sprache verloren hat." Am Ende des „sozialdemokratischen Jahrhunderts" herrsche die Erkenntnis vor, daß der Staat nicht mehr der „Wunderdoktor für alle Krankheiten der Zeit" sein könne. Zwar habe sich diese Erkenntnis in der FDP durchgesetzt, aber programmatisch habe die Partei nicht zu einem „aktiven und fortschrittlichen Liberalismus" gefunden, der in der Lage wäre, die Konsequenzen aus dieser Erkenntnis abzuleiten. Dahrendorf empfiehlt, die FDP sollte eine „Zeitlang zur Opposition verdammt" werden, damit sie zu sich finde.[76]

Der Vorschlag Dahrendorfs scheint faszinierend. Zu sehr ist die FDP mit dem Regieren, mit der alltäglichen Handhabung der Macht beschäftigt, als daß sie umfassende gesellschaftspolitische Konzeptionen entwickeln könnte. Zu egoistisch, karriereorientiert sind auch die Interessen vieler ihrer Mitglieder und Anhänger, als daß die Partei wirklich frei programmatische Visionen entfalten könnte. Sie kann da höchstens im Tagesgeschäft das eine oder andere aus der Diskussion der Zeit aufnehmen. Aber die FDP hat gar nicht die Möglichkeit, in die Opposition zu gehen. Das entspräche überhaupt nicht ihrer Rolle im Parteiensystem. Mittelfristig würde sie dabei überflüssig werden, zur politischen Bedeutung „Liberaler Vereinigungen" herabfallend. 1956 bis 1961 und 1966 bis 1969 war die FDP in Bonn Oppositionspartei. Abgesehen davon, daß diese Situationen von vielen ihrer Mitglieder als unnatürlich empfunden wurden, dienten sie doch nur der Vorbereitung auf den Wiedereintritt in eine Koalition. Das Dilemma der FDP ist: Sollte sie in absehbarer Zeit trotz ihrer Funktion im Parteiensystem zur Opposition „verdammt" werden, so muß sie – um ihrer Existenz willen, all ihre Energie darauf verwenden, möglichst bald wieder mit an die Regierung zu kommen, denn sonst könnte sie in den Augen allzu vieler Wähler überflüssig werden. Bleibt die Partei aber in der Koalition, so muß sie dort die Rolle des Juniorpartners mit eigenem Profil spielen und darauf achten, daß die Gemeinsamkeiten – wie zum Beispiel im Falle der Arbeitsmarktpolitik möglich – sich nicht zu schnell erschöpfen. So hat sie vor allem ein Interesse am Fortbestehen der Koalition – wäre diese ernsthaft gefährdet, so müßte sie um der eigenen Existenz willen einen erneuten Wechsel anstreben. Wie auch immer: Für die Rolle eines programmatischen Erneuerers ist die FDP zu schwach,

76 Ralf Dahrendorf, a.a.O., S. 130 und 228.

für die Rolle eines gouvernementalen Wandlers kann sie jederzeit schwach genug werden. Die Chancen, daß ihr ein erneuter Wechsel – sollte sich ein solcher anbahnen – jemals wiederum gelingen könnte, hängen nach aller Erfahrung davon ab, ob es die Partei schafft, zum Medium der dann diesen Wechsel erfordernden politisch-gesellschaftlichen Zeitereignisse zu werden: Zum Medium – die Aufgabe des Initiators eines Machtwechsels würde die FDP schon überfordern.

3. Die Berliner Wende

In vierzig Jahren Geschichte hat sich in der Bundesrepublik ein Parteiensystem herausgebildet, dessen Interdependenz zwischen Bundes-, Landes- und Kommunalpolitik beachtlich ist. Entwickelte sich das Parteileben in den Jahren nach 1945 landsmannschaftlich vielfältig und von der Basis – den Gemeinden und Ländern – her, so ist von den sechziger Jahren an eine Nivellierung der landsmannschaftlichen Besonderheiten, verbunden mit einer Zentralisierung zum Bund hin, festzustellen. Auch in der FDP wuchs die organisatorische Kraft des Bundesverbandes gegenüber den anderen Gliederungen – die bezeichnenderweise oft „nachgeordnet" genannt werden – permanent. Für die kleinste unter den traditionellen Parteien hat diese Entwicklung zur Folge, daß die Bundespartei letztenendes den Standort der FDP in einem der beiden Hauptlager des Parteiensystems vorgibt. Von der Bundeslinie abweichende Koalitionen in den Ländern werden nur in Ausnahmefällen als „deviant case" hingenommen, oder aber sie dienen der Vorbereitung auf einen Wechsel in der Bundespolitik. Die der Bonner Wende vorausgegangene und zunächst allgemein akzeptierte Koalition mit der CDU im Saarland, die Aussage für die CDU 1982 bei der hessischen Wahl und auch die Tolerierung der CDU in Berlin von 1981 bis 1983 hatten diese Vorbereitungsfunktion erfüllt. Freilich muß es dabei gar nicht die Absicht der Landespolitiker sein, solche Vorbereitungsrollen zu übernehmen; sie können subjektiv ausschließlich aus landespolitischer Sicht handeln. Wenn ihr Handeln dennoch objektiv über die jeweilige Region hinaus politische Wirkungen hat, hängt das damit zusammen, daß Koalitionswechsel der Gesamtpartei von gesellschaftlichen und politischen Rahmenbedingungen bestimmt werden, die für Landes- und Bundespolitiker gleichermaßen gelten. In der Öffentlichkeit und in der Wissenschaft werden dabei meist nur die Vorgänge auf der Bundesebene wahrgenommen und analysiert, obwohl solche Koalitionswechsel innerparteiliche Entwicklungsprozesse sind, die in den Orts-, Bezirks- und Landesverbänden ebenso durchkämpft und häufig durchlitten werden wie im Bundesverband, wo sich meist nur der letzte Akt des gesamten Vorganges abspielt. Zum Verständnis der Politik der FDP und als Basis der Analyse dieser Partei ist es daher auch erforderlich, wenigstens exemplarisch einen derart gravierenden Vorgang wie den Wechsel der FDP von der SPD hin zur CDU/CSU zu beschreiben. Daß als exemplarischer Fall die Berliner Wende des Jahres 1981 dargestellt wird, hat neben den erwähnten systematischen auch biographische Gründe: Der Verfasser war von 1975 bis 1985 Abgeordneter der FDP Berlin und hat aus dieser Zeit Primärerfahrungen über die innerparteilichen Entwicklungsprozesse der Berliner FDP.[77]

77 Der Verfasser ist von 1975 bis 1985 Mitglied des Abgeordnetenhauses von Berlin gewesen und dort mit nur kurzer Unterbrechung stellvertretender Fraktionsvorsitzender

3.1. Rahmenbedingungen

Der westliche Teil Berlins gilt vielfach als politischer „Mikrokosmus", in dem gesellschaftliche Entwicklungen der Zeit häufig früher – auf jedem Fall im überschaubaren Rahmen – stattfinden. Das Verhältnis zwischen Berlin und der späteren Bundesrepublik einerseits sowie zum zweiten deutschen Staat, der DDR andererseits, ist seit der Potsdamer Konferenz (17. Juli bis 2. August 1945) der drei Siegermächte USA, Großbritannien und UdSSR bis in die Gegenwart hinein ambivalent geblieben. Einerseits vollzog sich das Schicksal der Nation, die Teilung, an der ehemaligen Hauptstadt noch einmal mit historischer Konsequenz bis hin zum Bau der Mauer durch die Stadt am 13. August 1961; andererseits gilt der Viermächtestatus für ganz Berlin fort mit originären Rechten der USA, der UdSSR, Großbritanniens und Frankreichs. Die Integration der jeweiligen Teile Berlins in die beiden deutschen Staaten ist aufgrund der geographischen Lage bei Ost-Berlin, der „Hauptstadt der DDR", wesentlich weiter vorangeschritten als bei West-Berlin, das aufgrund seiner Lage inmitten des DDR-Territoriums den Schutz der westlichen Siegermächte zum Preise nicht vorhandener deutscher Souveränität braucht, um unter diesem Dach die Bindungen an die Bundesrepublik Deutschland in wirtschaftlicher, gesellschaftlicher und weitgehend auch politischer Hinsicht ausbauen und halten zu können. Der Status von Berlin (West) besteht in einem kunstvoll entwickelten Ausgleich zwischen der westdeutschen Position, wonach Berlin ein Land der Bundesrepublik Deutschland ist [78] und der Position der Westalliierten, die die Eingliederung Berlins in die Bundesrepublik zwar anerkennen, aber Berlin nicht als konstitutiven Teil der Bundesrepublik sehen. Daraus folgen die „Alliierten Vorbehalte", die beispielsweise den Sonderstatus der Berliner Bundestagsabgeordneten begründen. Der besondere Status Berlins macht es erforderlich, daß zur Erhaltung der Rechtsgleichheit zwischen der Bundesrepublik und Berlin (West) alle Bundesgesetze vom Berliner Abgeordnetenhaus übernommen werden müssen, was wegen der Vorbehalte im Falle der Wehrgesetze jedoch nicht geschah. Daß es infolgedessen die Allgemeine Wehrpflicht in Berlin nicht gibt, ist eine für die

Fortsetzung Fußnote 77

der FDP. Außerdem gehörte er in dieser Zeit meist dem Landesvorstand an, zum Zeitpunkt der Abgeordnetenhauswahlen 1981 als stellvertretender Landesvorsitzender der FDP Berlin.

Methodisch handelt es sich bei der Beschreibung der FDP Berlin in den Jahren 1981 bis 1985 durch einen aktiven Landespolitiker jener Zeit um ein durchaus schwieriges Problem. Die Gefahr der Selbstrechtfertigung kann nicht übersehen werden. Dagegen steht die methodische Vorbereitung des Parteiensoziologen, die Verbindlichkeit der Maximen der Nachvollziehbarkeit und der Überprüfbarkeit des Dargestellten, nicht zuletzt jedoch – ganz pragmatisch – die Chance der induktiven Hypothesenbildung. – S. hierzu René König, Die Beobachtung, in: René König (Hrsg.), Handbuch der empirischen Sozialforschung, Band 2, Grundlegende Methoden und Techniken der Sozialforschung, Erster Teil, 3. umgearbeitete und erweiterte Auflage, Stuttgart 1973, S. 1 ff.

78 Artikel 23 des Grundgesetzes für die Bundesrepublik Deutschland sowie Artikel 1 der Verfassung von Berlin.

innere Entwicklung der Stadt wichtige Rahmenbedingung, bewirkte sie doch über die Jahre hinweg den Zuzug vieler Bundesbürger, die so der Wehrpflicht entgehen konnten.

Mit Ausnahme der Vorbehalte sowie spezieller Machtbefugnisse wie z. B. gegenüber der Polizei („insoweit dieselbe zur Gewährleistung der Sicherheit Berlins notwendig ist") garantieren die Westalliierten in ihrer „Erklärung über Berlin vom 5. Mai 1955" Berlin „seine Rechte, Machtbefugnisse und Verantwortlichkeiten" entsprechend der Berliner Verfassung von 1950. Schließlich wurde diese Konstruktion als Ergebnis der sozial-liberalen Ost- und Deutschlandpolitik in dem Viermächte-Abkommen vom 3. September 1971 auch von der Sowjetunion sanktioniert, denn in diesem Abkommen werden einerseits die Rechte der drei Westmächte in Berlin (West) anerkannt, andererseits die Bindungen Berlins an die Bundesrepublik und deren Weiterentwicklung akzeptiert.

Das politisch-alltägliche Leben vollzieht sich unter diesem Dach in den Parteien und den parlamentarischen Gremien wie selbstverständlich unter den gleichen Grundstrukturen und mit den gleichen Themen wie in den entsprechenden Gremien irgendeines anderen Bundeslandes. Seitdem die Verordneten der SPD, CDU und FDP im Herbst 1948 die für ganz Berlin zuständigen Gremien Stadtverordnetenversammlung und Magistrat aufgrund der gewaltsamen Störungen ihrer Arbeit durch kommunistische Gruppen verlassen hatten, vom im sowjetischen Sektor gelegenen alten Berliner Rathaus schließlich ins im amerikanischen Sektor gelegene Rathaus Schöneberg umgezogen waren, entwickelte sich erstaunlich schnell eine eigene politische Stadtstaaten-Kultur in West-Berlin. Dies ist nicht nur wegen der Gefährdungen der Stadt durch die sowjetische Blockade (1948/49) oder durch den Mauer-Bau 1961 beachtlich, sondern auch deswegen, weil Berlin als ehemals brandenburgisch-preußische Residenz und als ehemalige Reichshauptstadt nicht auf eine eigene Stadtstaaten-Tradition zurückblicken kann, wie etwa Hamburg oder Bremen.

Parteipolitisch dominierte bis 1971 in Berlin die SPD. Traditionell galt Berlin schon in der Kaiser- und in der Weimarer Zeit als eine sozialdemokratische Hochburg. 1948, bei den 2. Wahlen zur Stadtverordnetenversammlung von Groß-Berlin erhielt die SPD 64,5 Prozent der Stimmen, – die LDP übrigens 16,1 Prozent. Der sozialdemokratische Bürgermeister Ernst Reuter war war während der Blockadezeit der in der Welt bekannte, unbestrittene Repräsentant der Berliner. Ähnlich war es später mit Willy Brandt. Unter seiner Führung erzielte die SPD 1963 den größten Wahlerfolg in West-Berlin mit 61,9 Prozent der Wählerstimmen. Der diesem Triumph in den nächsten 18 Jahren folgende Verlust an Wählerzuspruch für die SPD, die 1981 auf 38,3 Prozent und 1985 gar auf 32,4 Prozent sank, ist von mehreren sozialdemokratischen Autoren mittlerweile ausführlich als „Macht- und Demokratieverlust" oder als „Machtzerfall" beschrieben worden.[79].

79 Hervorzuheben ist hier die fundierte Arbeit von Hans-Jürgen Heß, Innerparteiliche Gruppenbildung. Macht- und Demokratieverlust einer politischen Partei am Beispiel der Ber-

Anders als im Bund war die SPD also in Berlin die Regierungspartei schlechthin, und es bedurfte nicht der FDP, um ihr zu dieser Rolle zu verhelfen. 1963, 1967 und 1971 errangen die Sozialdemokraten die absolute Mehrheit, und obwohl es zuvor in der Stadt schon Koalitionen zwischen SPD und CDU, zwischen CDU und FDP als auch zwischen SPD und FDP (1963–1971) gegeben hatte, kam es erst 1975 zu wirklichen Koalitionsverhandlungen zwischen der SPD und der FDP, denn zu diesem Zeitpunkt hatte die SPD ihre absolute Mehrheit verloren und war sogar von der CDU überflügelt worden (Wahlergebnis 1975: SPD 42,6 %, CDU 43,9 % und FDP 7,1 %). Der Berliner Machtzerfall der SPD ist also ein von der FDP unabhängiger Prozeß, so wie es auch von Hans-Jürgen Heß gesehen wird: Er spricht von einem „andauernde(n) Verschleißprozeß der Berliner SPD in der Regierungsverantwortung", und der sei „überwiegend auf innerparteiliche Faktoren zurückzuführen, die mit äußeren Einflüssen einen vielfach verschlungenen Wirkungszusammenhang bildeten".[80] Allerdings war die Hereinnahme der FDP in die Senatsregierung 1975 für den Regierenden Bürgermeister Klaus Schütz wie für die gesamte SPD eine zu den innerparteilichen Fraktionierungen hinzukommende Belastung. Unter ihrem jungen Landesvorsitzenden Wolfgang Lüder hatte sich die Berliner FDP zu dieser Zeit zu einer dezidiert linksliberalen Partei entwickelt. Wegen der Bonner Koalition galt die FDP zwar als „natürlicher" Bündnispartner der SPD, dennoch führten die Liberalen ihren Wahlkampf hart gegen die SPD, deren absolute Mehrheit sie brechen und der sie eine Reihe unangenehmer stadtpolitischer Forderungen – z. B. den Nulltarif bei der U-Bahn – aufzwingen wollte. Für die in innerparteiliche Flügel aufgespaltene SPD bedeutete die Beteiligung der FDP, daß die Macht nun mit einer zusätzlichen Größe austariert werden mußte.

3.2. Die fortschreitende Lähmung der sozial-liberalen Koalition

Die sechs Jahre der sozial-liberalen Koalition in Berlin von 1975 bis 1981 stellen sich im Nachhinein dar als eine Zeit sich immer stärker anhäufender stadtpolitischer Probleme, politisch-personeller Querelen und zunehmender Entscheidungsunfähigkeit. Infolge des Viermächteabkommens hatte die Stadt ihre heroische Rolle als „Schaufenster der freien Welt" ausgespielt, und nur schwer gelang es der Koalition, eine neue Perspektive für West-Berlin zu entwickeln. Es war die Rede davon, daß Berlin nun eine völlig normale europäische Großstadt sei, während die CDU von der nationalen Funktion der Stadt sprach.

Fortsetzung Fußnote 79

liner SPD in den Jahren von 1963 bis 1981, Bonn 1984. S. ferner Karl-Heinz Gehm, Der Machtzerfall der sozialliberalen Koalition in Berlin. Innenansicht einer Stadtpolitik, Berlin 1984 sowie Klaus Riebschläger, Vor Ort. Blicke in die Berliner Politik, Berlin 1983. (Heß ist ehemaliger sozialdemokratischer Abgeordneter des Berliner Landesparlaments, Gehm ehemaliger persönlicher Referent des seinerzeitigen Regierenden Bürgermeisters Dietrich Stobbe, und Riebschläger ist u. a. ehemaliger Finanzsenator Berlins.)

80 Hans-Jürgen Heß, a.a.O., S. 371.

Daß zukunftsweisende Perspektiven nicht gefunden werden konnten, lag auch an deprimierenden Rahmenbedingungen der Berliner Politik: Bevölkerungsprognosen beschworen eine scheinbar unvermeidliche Abnahme der Einwohner der Stadt. Die Zahl der Beschäftigten in der Berliner Industrie ging von 265 000 Menschen im Jahre 1970 auf 177 000 im Jahre 1977 zurück.[81] Neuansiedlungen von Behörden oder gar Wirtschaftsunternehmungen fanden nicht statt. Skandale wie der über den im Halblicht zwischen Politik und Geschäft erfolgten Errichtung des am Ende überflüssigen weil überdimensionierten Bürogebäudes „Kreisel" häuften sich. – Kurzum: Die Stadt schien auf einem absterbenden Ast zu sitzen. Der öffentliche Dienst der Stadt galt als qualitativ schlecht und von Parteikarrieristen durchwoben. Der Landeshaushalt mußte durch immer größer werdende Zuschüsse – am Ende zu über 50 % – aus dem Bundesetat ausgeglichen werden.

Die SPD war schon 1975 eine in Machtkartelle fraktionierte, um den Machterhalt ringende, politisch perspektivlose Partei. Mit dem Eintritt in die Koalition geriet die sich als „pfiffiger David" darstellende FDP in den Windschatten des wankenden Goliats. Das liberale Schisma manifestierte sich in Berlin darin, daß die Parteiorganisation zwar mehrheitlich eindeutig sozialliberal orientiert war, die Fraktion jedoch aufgrund des die konservativen Bezirke bevorzugenden Wahlsystems eher „rechtsliberal". Aus beiden Richtungen trug die FDP nun Forderungen an die SPD heran, die dort auf heftige Widerstände stießen. So setzte sich die FDP für eine Liberalisierung des Radikalenerlasses zur Einstellung sog. „Verfassungsfeinde" im öffentlichen Dienst ein. Der rechte Flügel der Berliner SPD hatte jedoch keinerlei Verständnis für diese Forderung. Ähnliche Fronten bildeten sich in der Bildungs- und Kulturpolitik. Aus der FDP-Fraktion dagegen kam eine Reihe von Forderungen, die sich gegen die DGB-Gewerkschaften richteten, besonders gegen die in Berlin starke und mit der SPD vielfach verwobene ÖTV. So war zum Beispiel die Zulassung des Beamtenberufsverbandes „Komba" als Tarifpartner verlangt worden. Auch hiergegen bildeten sich bei der SPD Fronten.

Ganz im Unterschied zu Bonn gab es in Berlin keine Phase der sozial-liberalen Euphorie, wie sie unter Willy Brandt und Walter Scheel anfänglich vorhanden war. Das hat zwei Ursachen: In Bonn hatten sich zum einen die beiden Parteien 1969 gemeinsam zur Zusammenarbeit gefunden und diese durchgesetzt. In Berlin dagegen war die SPD gezwungen, aufgrund des Wahlergebnisses die Macht mit der von ihr an und für sich wenig geliebten Berliner FDP zu teilen. Der gemeinsame programmatische Fundus war zum anderen nach Abschluß der Viermächteabkommen schon fast aufgebraucht, als in Berlin die Koalition gebildet werden mußte. Freilich hatte bis zur Wahl 1981 gar keine Alternative zur SPD/FDP-Koalition in Berlin bestanden. Als Großstadtpartei war die Berliner FDP – ähnlich wie die Hamburger Schwesterorganisation – eine linksliberale Partei „durch und durch". Da großbürgerliche Kreise ohnehin nicht mehr in Berlin lebten, gab es auch keinen wirklich wirtschaftsliberalen Flügel in dem

81 Klaus Riebschläger, a.a.O., S. 31.

Landesverband. Der rechte Flügel rekrutierte sich aus dem noch ansässigen Mittelstand – kleine und mittlere Unternehmer, Anwälte und Beamte des höheren Dienstes vorwiegend. Aber seit 1969 waren viele jüngere Mitglieder zur Berliner FDP gekommen, für die die SPD/FDP-Koalition im Bund wie in der Stadt die einzig denkbare Konstellation war. Diese Mitglieder, die ab 1970 die Partei beherrschten, kamen zum großen Teil von den Universitäten und waren dort zum Teil noch als Studenten oder Assistenten tätig. Es war jener Teil der „APO-Generation", der zur FDP gefunden hatte. Angesichts der starken „Rechtslastigkeit" der Berliner SPD meinten nicht wenige dieser Mitglieder, die politisch fortschrittlichste Partei Berlins gewählt zu haben. So selbstverständlich war mindestens bis 1979 das sozial-liberale Bündnis, daß auch die Vertreter des Minderheitenflügels es gar nicht wagten, über mögliche Koalitionswechsel zu reden. Die Mehrheit der Berliner FDP-Mitglieder hielt sich jedoch für so fortschrittlich und „links", daß man keinerlei Hemmungen hatte, der als „konservativ" und verspießert eingestuften SPD aggressiv und mit provozierenden Forderungen entgegen zu treten.

All dies hatte sich bereits in der Legislaturperiode 1975 bis 1979 gezeigt, jedoch nach 1979 wurde dann die Krise immer heftiger und mündete im Zusammenbruch. Schon in der ersten Periode gab es außergewöhnliche Turbulenzen. So mußte mit Harry Liehr ein SPD-Senator bereits im Februar 1976 wegen einer Postenaffäre bei der stadteigenen Staatlichen Porzellanmanufaktur (KPM) demissionieren; im Sommer 1976 mußte der Justizsenator der FDP, Hermann Oxfort, nach einem Ausbruch von vier Terroristinnen aus einem Frauengefängnis letztlich auf Druck der Bundes-FDP zurücktreten – auch sein Nachfolger Jürgen Baumann verlor vorzeitig sein Amt. Im April 1977 büßte der einstige „Kronprinz" der Berliner SPD, Innensenator Kurt Neubauer, seine Position wegen verspäteter Abführung von Aufsichtsratstantiemen an die Landeskasse ein, und infolge dieses Sturzes verweigerte die Berliner SPD auch Klaus Schütz ihre Loyalität, so daß er ebenfalls im April 1977 sein Amt als Regierender Bürgermeister räumen mußte. Zu seinem Nachfolger bestimmte die Berliner SPD den vorherigen Bundessenator Dietrich Stobbe, entgegen dem Wunsch der Bundes-SPD, die Hans-Jürgen Wischnewski vorgeschlagen hatte. Mit der Wahl Stobbes schien die Krise zunächst behoben; er machte die „Stadtpolitik" – das bedeutete die Kommunalpolitik – zu seinem Programm, und mit Wolfgang Lüder als Bürgermeister hatte er einen FDP-Partner, zu dem er ein enges Vertrauensverhältnis entwickelte.

Die Wahlen von 1979 bestätigten die Koalition, die SPD hatte sich von 42,6 auf 42,7 % „verbessert", die FDP von 7,1 auf 8,1 %. Allerdings hatte der aus Bonn importierte Spitzenkandidat der CDU (1979: 44,4 %) Richard von Weizsäcker doch die SPD und Dietrich Stobbe spürbar verunsichert. „Die intellektuelle Potenz Richard von Weizsäckers war für Stobbe einfach zu gefährlich.", stellt Hans-Jürgen Heß fest.[82] In den der Wahl folgenden Koalitionsverhandlungen wollte die FDP ihren Wahlerfolg ausspielen und zugleich die subjektiv

82 Hans-Jürgen Heß, a.a.O., S. 320.

empfundenen Versäumnisse der Legislaturperiode 1975 bis 1979 wettmachen. Aus ihrem Wahlprogramm präsentierte die FDP ihrem Partner einen 35 Punkte umfassenden Forderungskatalog, der unter anderem die Änderung des Eigenbetriebsgesetzes, die Kennzeichnung von Polizeibeamten mit Namensschildern, die Änderung des Bezirksverwaltungsgesetzes sowie personelle Forderungen enthielt. Die Verhandlungen wurden äußerst zäh geführt, und ihr Hauptergebnis war, daß zwischen der FDP und der SPD das Mißtrauen vertieft wurde. Zwar hatte sich die FDP insgesamt gut durchgesetzt, aber die zu Papier gebrachten Punkte stießen in der folgenden praktischen Parlamentsarbeit bei SPD-Funktionären immer wieder auf Verbitterung und Ablehnung, sie wurden großenteils nicht realisiert. Daß der kleinere Partner überzogen hatte – er errang nur einen Pyrrussieg – trug dazu bei, daß die Koalition später zunehmend entscheidungsunfähiger wurde. Hier – nicht in der von manchen seinerzeitigen Akteuren favorisierten Verschwörungstheorie[83] – liegt der Hauptteil der „Schuld" der FDP am Niedergang der sozial-liberalen Koalition in Berlin.

Wesentlich zum Prestigeverlust Stobbes trug bei der Senatorenwahl im Abgeordnetenhaus der „Fall Korber" bei. Der Senator Horst Korber von der SPD war zugleich Präsident des Landessportbundes. Aus der FDP heraus wurde diese Kombination immer wieder als inkompatibel bezeichnet. Zwei Abgeordnete der FDP-Fraktion hatten vor der Senatoren-Wahl 1979 erklärt,[84] sie würden Korber ihre Stimme nicht geben. Weder Stobbe noch Korber gingen darauf ein. Horst Korber ließ sich noch kurz vor der Senatswahl im Amte des Sportbundespräsidenten bestätigen. Er fiel dann bei der Senatorenwahl durch, bei 72 Koalitionsabgeordneten stimmten nur 65 Abgeordnete für ihn, 68 stimmten mit „Nein". In der Wiederholungswahl präsentierte Stobbe dann einen anderen Kandidaten, was ihm als politischer Fehler angerechnet wurde. Schlimmer war jedoch das aufkommende Mißtrauen in den Koalitionsfraktionen, denn außer den „erklärten" Gegnern der Wahl Korbers hatte es offensichtlich auch bei der SPD sogenannte „U-Boote" gegeben.

Der Fehlstart Stobbes in die neue Legislaturperiode war umso gravierender, als sich in der Stadt die Probleme häuften. Die Zahl der Ausländer war auf etwa 250 000 angestiegen, das waren mehr als ein Achtel der Berliner Bevölkerung. Ganze Stadtviertel hatten sich zu Ausländerquartieren, „Türkenvierteln", umge-

83 Siehe hierzu Karl Heinz Gehm, a. a. O.

84 Es handelt sich um die beiden stellvertretenden Fraktionsvorsitzenden. – Horst Korber hatte am 18. April 1979 einen Brief an den Regierenden Bürgermeister geschrieben, in dem er die Befürchtungen über eine Interessen-Kollision als grundlos bezeichnete. Als äußerstes Zugeständnis bot er an, sich im Senat bei Abstimmungen über den Sporthaushalt vertreten zu lassen.
Der Präsident des Deutschen Sportbundes, Willi Weyer, ehemals FDP-Innenminister in Nordrhein-Westfalen, schrieb am 24. April 1979 an einen der FDP-Abgeordneten u. a.: „ ... Das Koalitionsgerangel um den Herrn Kollegen Korber hat mir nicht gefallen. Das Vorgehen der Berliner F.D.P., so wie es mir zugetragen wurde, ist ein einmaliges Hineinreden in die freie Wahl einer staatsunabhängigen Organisation. Nicht zu denken, wie der DGB reagieren würde, wenn man einen seiner Repräsentanten vor die Wahl des ‚entweder – oder' stellen würde ..."

wandelt. Der Senat und die ihn tragenden Parteien hatten im Grunde keine politische Konzeption für diesen Zustand. In einer Kraftanstrengung verabschiedete der Senat dann Leitlinien für die Ausländerintegration, wobei die darin vorgesehenen Einzelmaßnahmen – etwa die Auflösung der „Ghettos" – nicht mehr in Angriff genommen werden konnten. Erst der nach 1981 eingesetzte CDU-Senat konnte seine Arbeit an diese Leitlinie anknüpfen. Weit brisanter noch war die Entwicklung am Wohnungsmarkt. Gab es auf der einen Seite Wohnungssuchende, so standen andererseits 10 000 zur Sanierung oder zum Abriß vorgesehene Wohnungen leer. Ab 1980 kam es dann zu den spektakulären Hausbesetzungen. Der „Wohnungsskandal" wurde zum Vehikel einer mächtigen jugendlichen Protestbewegung, die über Berlin hinaus Anziehungskraft entwickelte. Die in sich heterogene Hausbesetzerbewegung neigte zu illegalem Verhalten und zu offener Gewalttätigkeit. Die Behörden und der Senat reagierten unsicher, uneinheitlich. Sie schwankten zwischen einer Politik des Dialoges einerseits und des Einsatzes staatlicher Gewalt andererseits. In dieser Zeit zogen sich private Investoren aus der Stadt zurück. Bilder von Straßenschlachten und Plünderungen liefen bundesweit über die Fernsehschirme und erweckten den Eindruck, Berlin sei die Hauptstadt des Krawalls und der Alternativen Szene. Der SPD und auch der FDP – deren Mitglieder ja zum großen Teil einer anderen Jugendprotestbewegung entstammten – gelang es nicht, in einen wirklichen Dialog mit den Exponenten der neuen Jugendbewegung zu kommen – zu sehr waren in deren Augen die „Sozialen" ebenso wie die „Liberalen" mit dem Staatsapparat verwoben.

Angesichts derartiger Probleme kamen in der SPD immer häufiger Stimmen nach dem Gang in die Opposition auf. In der FDP aber artikulierte die rechte Minderheit allmählich den Wunsch nach einem Koalitionswechsel – wenn auch verschlüsselt, für Parteifunktionäre aller Flügel jedoch durchaus vernehmbar. Das hieß für den Senat und seinen Regierenden Bürgermeister, daß man sich der Loyalität aller Mitglieder der eigenen Fraktionen im Parlament nicht mehr sicher sein konnte. Dennoch mußte sich Stobbe an das Parlament wenden, denn Ende 1980 verließ der Wissenschaftssenator Peter Glotz den Senat, um auf Vorschlag Willy Brandts Bundesgeschäftsführer der SPD zu werden. Zur gleichen Zeit war der Bankrott der Firmengruppe des Berliner Architekten Garski bekannt geworden, für dessen Projekte der Senat in einer Höhe von über 100 Millionen DM gebürgt hatte. Die Senatoren Lüder (FDP/Wirtschaft) und Riebschläger (SPD/Finanzen) galten als die Hauptverantwortlichen. Sie traten – wie auch weitere Senatoren – zurück. Am 15. Januar 1981 schlug Stobbe dem Abgeordnetenhaus fünf Senatoren zur Wahl vor. Alle, bis auf den Kandidaten der FDP, Guido Brunner, fielen durch. In einer anschließenden Fraktionssitzung der SPD wurde Stobbe der Rücktritt nahegelegt, man wollte in Bonn nach einem neuen Politiker für das Amt des Regierenden Bürgermeisters Ausschau halten. In einer dramatischen Szene erklärte Dietrich Stobbe daraufhin dem Abgeordnetenhaus seinen Rücktritt. Hans-Jochen Vogel mit einer Mannschaft importierter Politiker wurde Stobbes Nachfolger. Er sollte die sozial-liberale Koalition in Berlin retten durch einen Erfolg bei den von allen Parteien offiziell gewünschten Neuwahlen.

Der „Wunsch" nach Neuwahlen entsprach einer aufgewühlten, gegen den Senat und „die Politiker" gerichteten Stimmung in der Stadt. Die CDU unter Richard von Weizsäcker sowie die nun die politische Szene betretende „Alternative Liste" (AL) betrieben ein Volksbegehren für die vorzeitige Auflösung des Abgeordnetenhauses und erhielten in wenigen Tagen 200 000 Unterschriften – Unterschriften gegen die sozial-liberale Koalition! Ende Januar bereits einigten sich die Parteien daraufhin auf den 10. Mai 1981 als Wahltermin.

3.3. Die Tolerierung des CDU-Senats: Phase der Umorientierung eines soziallliberalen Landesverbandes

10. Mai 1981: Die von der CDU und der AL gleichermaßen durch Volksbegehren erzwungenen Neuwahlen zum Berliner Abgeordnetenhaus hatten der sozial-liberalen Koalition die Mehrheit entzogen, aber der mit 48 % der Wählerstimmen siegreichen CDU auch nicht die absolute Mehrheit gebracht. Im neuen Abgeordnetenhaus verfügte die CDU nun über 65 Mandate, die SPD über 51, die FDP über 7, und die erstmals ins Landesparlament gewählte AL hatte 9 Sitze.[85]

Die Mehrheit der sozialliberal eingestellten FDP-Mitglieder hatte dieses Ergebnis befürchtet, eine Minderheit „rechter" Mitglieder hatte es erhofft: Gerechnet hatten die meisten damit. Denn nun richteten sich alle Augen auf die FPD, die kleinste Partei. In ihrer Wahlaussage – um die zwischen den Flügeln hart gerungen worden war – hatte die FDP die Situation schon in einer fein gesponnenen Formel antizipiert: Zwar war die Partei für die Fortsetzung der sozial-liberalen Koalition eingetreten, sie hatte aber zugleich betont, daß sie im Falle eines Scheiterns an diesem Ziel „auch" bereit sei, den Weg in die parlamentarische Opposition zu gehen. Diese Formulierung war ein Kompromiß zwischen dem in der Minderheit befindlichen rechten und dem linken Mehrheitsflügel der Berliner FDP gewesen. Denn während die Mehrheit der Partei die CDU nach wie vor als eine Negativkraft der deutschen Politik empfand, strebte der rechte Flügel seit einiger Zeit ein Ende der Zusammenarbeit mit der SPD an und sehnte sich einem Bündnis mit der CDU in Berlin.[86]

Das alles war der Öffentlichkeit, auch dank des Darstellungsdranges vieler Berliner FDP-Politiker, bekannt. Die SPD nun zog sich als Folge des Wahler-

85 Die Zweitstimmen verteilten sich wie folgt: CDU 48 %, SPD 38,3 %, FDP 5,6 %, AL 7,2 % und SEW 0,6 %. Siehe auch Horst W. Schmollinger, Die Wahl zum Berliner Abgeordnetenhaus vom 10. Mai 1981: Einbruch der Sozialliberalen; in: Zeitschrift für Parlamentsfragen, Jg. 14 1983, H. 1, S. 38 ff.

86 Diejenigen, welche zwar die Zusammenarbeit mit der SPD fortsetzen wollten, aber im Falle eines dies verhindernden Wählervotums die Zusammenarbeit mit der CDU nicht grundsätzlich ablehnten, konnten sich in der nun einsetzenden innerparteilichen Polarisierung nicht behaupten.

gebnisses in die Opposition zurück[87], die AL war als Bündnispartner der CDU ohnehin undenkbar. Nicht nur die Berliner, sondern die bundesdeutsche Öffentlichkeit war – immer eingedenk der Lage in Bonn – nun auf das Verhalten der Berliner Liberalen gespannt. Die gesamte Berliner FDP – ihre Mitglieder, Flügel, Kreise, Gruppen – war wie elektrisiert. Schon am Wahlabend wurden die Repräsentanten der Partei im Rathaus Schöneberg immer wieder gefragt, wie es denn weitergehe. Hinter verschlossenen Türen setzten CDU- und FDP-Politiker ihre schon seit längerem bestehenden Kontakte fort. Und gegenüber dem Rathaus in einem Restaurant namens „Vis-a-vis" tagte die linke Basisorganisation der Partei, die „Liberale Aktion", um ein Zusammengehen von CDU und FDP noch in der Wahlnacht zu vereiteln. Dazu wurden die der „Liberalen Aktion" zugerechneten Abgeordneten immer wieder zur Berichterstattung ebenso wie zur Immunisierung gegen CDU-Verlockungen ins „Vis-a-vis" gebeten.

Für die mit etwa 2 300 Mitgliedern (30. 9. 85: 2 064 Mitglieder) sehr kleine Berliner FDP begannen mit dem Wahltag hektische Wochen. Vorstands-, Fraktions-, Bezirks- und Ortsverbandssitzungen sowie diverse „Flügelbesprechungen" fanden am laufenden Band statt. Ungezählt sind die geführten Telefongespräche. Auf engem Raum, einem Gebiet, indem es nur Ortsgespräche gibt, gedeiht in Berlin ein eigenes Kommunikationsklima – gekennzeichnet durch Intimität in Freundschaft und Feindschaft gleichermaßen – in allen Parteien.

Auch auf dem Bundesparteitag in Köln Ende Mai spielte das Berliner Wahlergebnis eine Rolle: Am Ende des offiziellen Programms lud der Parteivorsitzende Hans-Dietrich Genscher die am Rhein anwesenden Berliner Landesvorstands- und Fraktionsmitglieder zu einer Besprechung mit Präsidiumsmitgliedern der Bundespartei. Dringend mahnte der Bundesvorsitzende, die Berliner FDP müsse Richard von Weizsäcker „eine faire Chance" geben. Fragen einiger Berliner nach einem sich daraus möglicherweise ergebenden Dissens zwischen der Abgeordnetenhaus-Fraktion und dem Landesparteitag beantwortete er nicht; gegen seinen Rat gerichtete Diskussionsbeiträge reizten ihn. Zweifellos hatte Genscher mit seinem Rat der vorherrschenden Stimmung in der innerparteilichen wie der allgemeinen Öffentlichkeit Ausdruck verliehen: Wenn die FDP schon nicht – so wurde argumentiert – zu einer Kooperation mit dem liberalen „Aushängeschild" der CDU Richard von Weizsäcker, bereit wäre, dann würde sich das von Gegnern der sozial-liberalen Koalition in Umlauf gesetzte Wort von der „Blockpartei" FDP wohl bestätigen. Und daß dies nicht geschah, daran war Genscher mit seinen Präsidiumskollegen aus bundespolitischen Gründen damals sehr interessiert.

Die Berliner FDP-Mitglieder freilich werteten in ihrer Mehrheit den Rat Genschers als unerbetene und unzulässige Einmischung in die Autonomie des Landesverbandes. Sie sahen in diesem Rat einen Verstoß gegen den Anspruch

87 Vor der Wahl zwischen dem FDP-Landesvorsitzenden Jürgen Kunze und dem Bundesgeschäftsführer der SPD, Peter Glotz, geschmiedete Pläne einer gemeinsamen Tolerierung galten nichts mehr: Kunze fühlte sich getäuscht.

einer innerparteilichen Willensbildung von unten nach oben, denn vor der Kölner Besprechung hatte ein außerordentlicher Landesparteitag der Berliner FDP mit 134 gegen 93 Stimmen bei 3 Enthaltungen bereits folgenden Antrag beschlossen:

„1. Die F.D.P. lehnt eine Koalition mit der CDU ab.
2. Die F.D.P. wird sich gegen eine Regierungsbildung durch die CDU unter allen Umständen einsetzen.
3. Die F.D.P. wird in keiner Form einen CDU-geführten Senat unterstützen oder dulden und deshalb
4. keine Koalitionsverhandlungen mit der CDU führen.“

Mit diesem Beschluß war auch der Landesvorstand in seinem vorausgegangenen Bemühen, eine Duldung eines CDU-Senats zu ermöglichen, um abermalige Neuwahlen – die die FDP weder finanziell, noch organisatorisch, noch wahrscheinlich politisch überstanden hätte – zu verhindern, gescheitert. Der Landesvorstand hatte folgenden Antrag gestellt:

„1. Der Landesparteitag bedauert, daß die F.D.P. ihr Wahlziel, die sozialliberale Koalition mit dem Senat Vogel/Brunner fortzusetzen, nicht erreicht hat.
2. Er stellt fest, daß das Wahlergebnis für die F.D.P. keine Rechtfertigung bietet, eine Beteiligung in einem CDU-Senat anzustreben. Die Berliner F.D.P. wird daher in der kommenden Legislaturperiode keine Koalition mit der Berliner CDU eingehen.
3. Er fordert daher die Fraktion der F.D.P. im Abgeordnetenhaus auf, ihre parlamentarische Verantwortung in der Opposition wahrzunehmen.
4. Der Landesparteitag stellt weiterhin fest, daß die seit Jahren in den Berliner Bezirken bestehenden schwarz-roten Koalitionen Mehrheitsbildungen auch ohne die F.D.P. möglich machen.“

Über die Argumente, welche diesem Landesvorstandsantrag zugrunde gelegen hatten, gibt ein Ergebnisprotokoll einer Landesvorstandssitzung vom 19. Mai Aufschluß. Der Landesvorsitzende Jürgen Kunze berichtete dem Landesvorstand, daß er ein Gespräch mit Richard von Weizsäcker geführt habe, in dem dieser der FDP eine Koalition angeboten hätte. Der CDU-Politiker habe eine Reihe von Punkten, u. a. die Hausbesetzerfrage als „einigungsfähig“ bezeichnet. Im Anschluß an diesen Bericht sprach sich der Landesvorsitzende gegen eine Koalition mit der CDU aus, aber auch gegen abermalige Neuwahlen. Die Berliner FDP sei „weder organisatorisch noch finanziell und vom Erscheinungsbild her wahlkampffähig“. Eine Duldung eines CDU-Senats sei daher, so Kunze, möglich. „Ein Minderheitensenat, der sich im parlamentarischen Raum stets die Mehrheiten erarbeiten müsse, wäre eine Chance für den Parlamentarismus.“[88] Dieser Linie des Landesvorsitzenden hatte sich die große Mehrheit des überwiegend als „links“ eingestuften Landesvorstandes angeschlossen. Dabei hatte der erwähnte Gedanke einer abermaligen Neuwahl und die Furcht, dies könne das parlamentarische „Aus“ der Berliner FDP bedeuten, eine erhebliche

88 F.D.P.-LV Berlin, Landesgeschäftsführerin, Ergebnisprotokoll der 14. Sitzung des LaVo am 19. 5. 1981. (unveröffentlicht)

Rolle gespielt, denn von Weizsäcker drohte offen: „Meine Aufgabe ist es, eine Regierung zu bilden. Wenn das im Parlament nicht klappt, werde ich mich an die Berliner Bevölkerung wenden."[89]

Nach dem stark emotionalisierten Landesparteitag, zu dem der Bundesvorsitzende Genscher übrigens nicht selber erschienen war, sondern sich durch seinen Generalsekretär Verheugen hatte vertreten lassen,[90] war es nun an der Fraktion, über ihr Verhalten im Abgeordnetenhaus zu befinden, denn die Senatswahl war für den 11. Juni festgelegt. Die entscheidende Sitzung der Fraktion fand am 2. Juni statt. Neben dem Gespräch am Ende des Bundesparteitages in Köln hatte es natürlich zahlreiche Beratungen zwischen dem Ende des Landesparteitages und dem 2. Juni gegeben, Beratungen in offiziellen Parteigremien ebenso wie informelle Zusammenkünfte. So trafen sich am Tag nach dem Parteitag, einem Sonntag, vier der sieben gewählten Abgeordneten der FDP[91] geheim mit Richard von Weizsäcker und verabredeten bereits die Wahl eines CDU-Senats.

Brisant waren die innerparteilichen Auseinandersetzungen vor allem im Bezirksverband Wilmersdorf, dessen Abgeordneter in den Augen der Mitglieder noch schwankte.[92] Dem dortigen Bezirksausschuß wurde am 1. Juni über den Rat des Bundesvorsitzenden berichtet. Das Gremium jedoch war ganz überwiegend gegen eine Duldung eines CDU-Senats eingestellt. Eine Mehrheit des obersten Beschlußgremiums des traditionell linksliberal eingestellten Bezirksverbandes war grundsätzlich gegen jede Zusammenarbeit mit der CDU – jedenfalls ohne eine vorherige klare Wahlaussage – eine Minderheit von „rechten" und auch „linken" Delegierten lehnte die Duldung als faulen Kompromiß, als „Wischi-Waschi-Lösung" ab und hielt demgegenüber eine Koalition mit der CDU für das kleinere Übel.

Die Fraktion trat dann am 2. Juni im Rathaus Schöneberg zusammen. Drei Abgeordnete wurden dem rechten Flügel der Partei zugerechnet, zwei dem linken, während zwei Abgeordnete sich eher in einer Mittelposition befanden – durch ihre vorhergehenden Rücktritte aus dem Landesvorstand jedoch ihre kritische Haltung dem Landesparteitagsbeschluß gegenüber deutlich gemacht hatten. Der Fraktion lagen zwei Texte zur Abstimmung vor: Ein Antrag, der jedem Abgeordneten bei der Wahl des Senats seine Entscheidungen freistellen lassen wollte,[93] und ein Antrag, der die Wahl des CDU-geführten Senats aus-

89 BZ, 27. 5. 1981. (Die „BZ" ist die größte Berliner Boulevardzeitung.)

90 Verheugen empfahl dem Landesparteitag in seiner Rede nach dem Vortag vieler Vorwürfe gegen die CDU, aber auch gegen die SPD (die er wegen ihrer strikten Oppositionshaltung nach den Berliner Wahlen „Aussteiger des Tages" genannt hatte), eine Duldung eines CDU-Senats zu ermöglichen.

91 Diese wie eine Reihe folgender Informationen stammen aus persönlichen Aufzeichnungen des Verfassers.

92 Siehe Fußnote 91.

93 „1. Die Wahlentscheidung vom 10. März hat bei den bisherigen Regierungsparteien zu erheblichen Verlusten geführt. Die SPD/F.D.P.-Koalition ist damit beendet.

2. Entsprechend der Wahlaussage sowie dem Parteitagsbeschluß der F.D.P. Berlin geht

drücklich vorsah („konstruktive Opposition").[94] Mit 4 zu 3 Stimmen wurde der letzte Antrag angenommen, und damit war die parlamentarische Vorentscheidung für den Machtwechsel in Berlin von den Sozialdemokraten zu den Christlichen Demokraten gefallen, nachdem die Wahlen zuvor dem sozial-liberalen Bündnis die Basis entzogen hatten.

Unmittelbar nach der Fraktionssitzung am 2. Juni tagten der Landesvorstand und der Landesausschuß der Berliner FDP. Der Landesausschuß forderte die vier Abgeordneten, welche dem angenommenen Antrag in der Fraktion zugestimmt hatten, auf, ihre Mandate niederzulegen.

Die Senatswahl erfolgte dann am 11. Juni. Zuvor hatte ein fünfter FDP-Abgeordneter erklärt, er werde nun dem Votum der Fraktionsmehrheit folgen[95]. Im Abgeordnetenhaus wurden für den Kandidaten für das Amt des Regierenden Bürgermeisters, Richard von Weizsäcker, von 132 Stimmen 69 „Ja"-Stimmen abgegeben, 61 Abgeordnete stimmten mit „Nein", und zwei enthielten sich der Stimme. Sämtliche von der CDU vorgeschlagenen Senatoren wur-

Fortsetzung Fußnote 93

die F.D.P.-Fraktion im Abgeordnetenhaus den Weg in die parlamentarische Opposition. Eine Koalition mit der CDU kommt in dieser Wahlperiode nicht in Betracht.

3. Ihr Abstimmungsverhalten in der Opposition wird die F.D.P.-Fraktion in jeder Einzelfrage sachlich und an der Programmatik der F.D.P. orientieren.
4. Die F.D.P.-Fraktion gibt an ihre Abgeordneten keine Empfehlung für ihr Verhalten bei den Wahlen zum Regierenden Bürgermeister und zu den Mitgliedern des Senats. Die Regierungsbildung ist allein Sache der stärksten Fraktion, der CDU.
5. Sollte ein neuer Senat vom Abgeordnetenhaus gewählt werden, so wird die F.D.P.-Fraktion nach sachlich-programmatischen Kriterien prüfen, ob sie der Regierungserklärung zustimmt oder sie ablehnt.
6. Die F.D.P. sagt ihre Unterstützung zu, wenn der Senat im Abgeordnetenhaus einen Haushalt vorlegt, der den gegebenen Einsparzwängen entspricht und Grundlagen liberaler Politik nicht widerspricht."

94 „Die F.D.P.-Fraktion im Abgeordnetenhaus von Berlin hat in ihrer Sitzung am 2. Juni 1981 beschlossen:
Gemäß dem Parteitagsbeschluß geht die F.D.P. in die Opposition. Die Fraktion erstrebt keine Koalition und auch keine koalitionsähnlichen Verbindungen. Im Interesse der Stabilität und der Regierungsfähigkeit der Stadt wird die F.D.P.-Fraktion ihre Oppositionsrolle in konstruktiver Weise wahrnehmen. Sie wird deshalb die Wahl eines CDU-geführten Minderheitensenats ermöglichen. Die F.D.P.-Fraktion wird auch der Regierungserklärung zustimmen und den Haushalt passieren lassen, um diesem Senat eine faire Chance einzuräumen.
Voraussetzung ist, daß die CDU ihr Sach- und Personalkonzept konkretisiert und zur öffentlichen Erörterung stellt."

95 Der Abgeordnete begründete seinen Schritt in einem Schreiben an die Mitglieder „seines" Bezirksverbandes am 9. Juni u. a. wie folgt: „Das 4 : 3-Votum der Fraktion bindet mich als Abgeordneten ebenso wie mich die entgegengesetzten Beschlüsse der Partei als deren Mitglied binden. In diesem Entscheidungskonflikt entscheide ich mich schließlich für die Fraktionslinie, weil sie meiner politischen Überzeugung näherkommt und weil mir schon der Verlauf der Sitzung des Landesausschusses vom 2. 6. gezeigt hat, daß eine Orientierung an der Partei gegen die eigene Überzeugung den Konflikt zwischen Partei und Fraktion ohnehin nicht zu entschärfen vermag."

den mit variierenden Mehrheiten ebenfalls gewählt, wenn auch der Kandidat Elmar Pieroth erst im 2. Wahlgang als Senator für Wirtschaft durchkam. Ganz offensichtlich waren die neuen Senatoren mit den Stimmen der CDU-Abgeordneten und von FDP-Abgeordneten gewählt worden, wobei in den einzelnen Wahlgängen zwischen 3 und 5 FDP-Abgeordnete ihre Stimme den CDU-Kandidaten gegeben hatten.

Mit diesen Entscheidungen des Abgeordnetenhauses war, ausgelöst durch die vorgezogenen Neuwahlen und deren Ergebnis, der Machtwechsel – die Wende – im Gemeinwesen Berlin vollzogen (klar vor den entsprechenden Bonner Ereignissen also), aber längst noch nicht innerhalb jener Partei, welcher aufgrund ihrer Rolle im Parteiensystem und aufgrund des Drucks der öffentlichen Meinung die Aufgabe aufgebürdet wurde, den Machtwechsel konkret zu vollziehen – auch im Interesse der Selbsterhaltung. Im Unterschied zu den späteren Bonner Ereignissen ist bei der Berliner Wende geradezu auffällig, wie sehr sich die in diesem Punkt fast einhellige öffentliche Meinung – die FDP habe die Funktion des Mehrheitsbeschaffers für von Weizsäcker zu erfüllen – und der Widerstand dagegen innerhalb der FDP widersprachen. Die Mehrheit der Parteimitglieder war nicht bereit, die von der FDP erwartete Funktion im Parteiensystem zu erfüllen. Sehr viele von diesen Mitgliedern waren der FDP wegen des sozial-liberalen Bündnisses beigetreten, und politisch interessant war die FDP für sie nur innerhalb dieses Bündnisses. Unter diesen Voraussetzungen ist es verständlich, warum weder der Hinweis auf die Abwahl der SPD/FDP-Koalition noch auf die existenzielle Gefährdung der FDP sie vom Tolerierungskurs der Fraktion überzeugen konnten. Als der Kampf gegen die Tolerierung des CDU-Senats sich als erfolglos herausgestellt hatte, zeigten die sozialliberalen Mitglieder – ähnlich wie im gesamten Bundesverband – unterschiedliche Reaktionen:

- Etwa ein Drittel dieser Mitglieder blieb in der Partei. Die meisten von ihnen zogen sich auf passive Mitgliederrollen zurück. Andere konzentrierten sich in bestimmten Gliederungen (z. B. in den Bezirksverbänden Charlottenburg und Tiergarten).
- Diejenigen Mitglieder, welche aus der Partei austraten, gingen zum kleineren Teil zur SPD, nur vereinzelt kam es zur Integration bei der AL. – Der Landesvorsitzende Kunze ist insofern die große Ausnahme. Ein größerer Teil – etwa 300 Personen – organisierte sich in der neugegründeten linksliberalen Konkurrenzorganisation der FDP, den Liberalen Demokraten (LD). Wohl die meisten der ausgetretenen Mitglieder organisierten sich zunächst in keiner weiteren Partei.

Angefügt werden muß allerdings, daß die große Austrittswelle auch in Berlin erst nach dem Bundesparteitag im November 1982 stattfand, als die Bonner Wende innerparteilich legitimiert wurde.[96] Im November 1982 waren von den

96 Die Stimmung vieler, die die Partei damals verließen, kommt gut in dem Abschiedsbrief zweier Bezirksverordneter (Kommunalparlamentarier) von der FDP zum Ausdruck. Darin heißt es u. a.: „ ... In einer Partei, in der die eigenen Wahlaussagen und Programme mit Füßen getreten werden und dies im Nachhinein auch noch mit der Weihe des Partei-

nicht viel mehr als 2 300 Mitgliedern der Berliner FDP etwa 310 ausgetreten, während es rund 80 Neueintritte zu verzeichnen gab. Damals hatte der Landesvorsitzende Kunze bemerkt: „Die Situation: Weitermachen wie bisher ist unmöglich. Der Berliner Bundesparteitag ist kein Betriebsunfall. Er hat die FDP grundsätzlich verändert. Die Mehrheiten für den Wortbruch haben die moralische Integrität der FDP nachhaltig erschüttert ... Ich bekunde ausdrücklich meinen Respekt vor den Entscheidungen von Ingrid Matthäus-Meier und Andreas von Schöler. Die Mitgliedschaft in der SPD ist für einen Liberalen in dieser Situation eine glaubwürdige Antwort ...“[97]

Zwischen den verbliebenen Mitgliedern jedoch entbrannte ein Machtkampf um die Zukunft des Landesverbandes. Die noch vorhandene linksliberale Mehrheit bekämpfte dabei die Fraktionsmehrheit, während die sich noch in der Minderheit befindlichen rechteren Mitgliedergruppen bereits um ein Personalkonzept für den ordentlichen Landesparteitag 1983 bemühten, denn bis zu diesem Zeitpunkt planten sie, die innerparteiliche Mehrheit zu erringen. Dazu wurden zahlreiche neue Mitglieder geworben, deren Aufnahme in einigen Schlüsselverbänden – in bezug auf die Mehrheit beim Landesparteitag – jedoch von den noch amtierenden Vorständen verzögert oder gar abgelehnt wurde, was eine Reihe endloser Querelen in den betroffenen Orts- und Bezirksverbänden zur Folge hatte.

Zum Verhalten der Fraktion wurden zunächst auf Orts-, dann auf Bezirks- und schließlich auf Landesverbandsebene zahlreiche Beschlüsse gefaßt, – meist solche, die das Verhalten der Fraktion verurteilten. So tadelte der Bezirksausschuß Wilmersdorf am 22. Juni 1981 das Verhalten „seines“ Abgeordneten mit 14 zu 6 Stimmen bei 2 Enthaltungen. In diesem Schlüsselbezirk, ebenso wie im Bezirksverband Zehlendorf, bahnten sich zu dieser Zeit schon die heftigsten Auseinandersetzungen an. Am 27. Juni 1981 faßte der außerordentliche Landesparteitag mit 143 gegen 93 Stimmen folgenden Beschluß:

„1. Der Landesparteitag verurteilt das Verhalten der 5 FDP-Mitglieder der Abgeordnetenhausfraktion, die den CDU-Senat mitgewählt haben.
2. Der Landesparteitag hält die ungewöhnliche Einmischung des Präsidiums in die Entscheidungsfindung des Berliner Landesverbandes für wenig hilfreich und fordert das Präsidium auf, die Eigenständigkeit des Landesverbandes Berlin der F.D.P. in Fragen der Zusammenarbeit mit anderen Parteien auf Landesebene zu respektieren.

Fortsetzung Fußnote 96

tages versehen wird, können wir ... nicht länger mitarbeiten ... Diejenigen, die noch immer glauben, gegen die Interessen des Managements und der Millionäre in einer liberalkonservativen, um ihre Glaubwürdigkeit gebrachten F.D.P. standhalten zu können, möchten wir wünschen, daß sie dies ohne Schaden für ihr Rückgrat überstehen. ...“ Brief der Bezirksverordneten, in denen sie nicht nur den Austritt aus der FDP, sondern die Rückgabe ihrer Mandate begründen. (unveröffentlicht)

97 Jürgen Kunze, Die Situation nach dem Bundesparteitag der FDP und notwendige politische Konsequenzen, Berlin d. 23. November 1982 (unveröffentlicht)

3. Der Landesparteitag fordert die F.D.P.-Fraktion im Abgeordnetenhaus auf, geschlossen gegen die Regierungserklärung des CDU-Senats zu stimmen.
4. Der Landesparteitag fordert den Landesvorstand auf, Schiedsgerichtsverfahren gegen die fünf Fraktionsmitglieder ... einzuleiten."

Die Schiedsgerichtsverfahren beherrschten danach die innerparteiliche und öffentliche Diskussion für ein dreiviertel Jahr bis zu ihrer Einstellung durch den Landesvorstand am 5. April 1982. Diese Verfahren brachten die „angeklagten" Abgeordneten in eine taktisch gute Position, denn insbesondere die auflagenstarke Presse stellte sie als Opfer blinden Funktionärsdenkens dar,[98] was einigen von ihnen ermöglichte, eine überaus erfolgreiche Mitgliederwerbung in traditionell mittelständischen Kreisen der Bevölkerung durchzuführen, wodurch nicht nur die Austritte „Linksliberaler" kompensiert, sondern am Ende die innerparteiliche Legitimation des Fraktionshandelns ermöglicht wurde.

Zunächst setzte sich die Fraktion am 30.6.1981 mit dem Parteitagsbeschluß auseinander und beschloß mit 5 : 2 Stimmen eine Erklärung, in der vom Recht auf eine freie Mandatsausübung die Rede war, die Entscheidung für die Tolerierung des CDU-Senats mit der „Regierbarkeit der Stadt" und der „Funktionsfähigkeit des parlamentarischen Systems" sowie der Wahrung der „Überlebenschancen der F.D.P. Berlin" begründet, gleichzeitig aber der CDU-Senat gewarnt wurde, in der damals besonders aktuellen Hausbesetzerfrage eine harte Linie zu verfolgen.

Der Landesvorstand beantragte nach dem Parteitagsbeschluß jetzt Ordnungsmaßnahmen gegen vier Abgeordnete,[99] und am 18. September 1981 stellte das Landesschiedsgericht den Abgeordneten den Antrag zu. Der Landesvorstandsantrag umfaßte 27 Seiten und warf den Abgeordneten vor, als FDP-Mitglieder durch die Verletzung von Parteitagsbeschlüssen „gegen die Grundsätze und die Ordnung der Partei verstoßen und ihr damit schweren Schaden zugeführt" zu haben. Vor Ordnungsstrafen schütze den Abgeordneten auch nicht das freie Mandat, denn hier gehe es um die „vereinsrechtliche Stellung als Mitglied seiner Partei". Welche Sanktionen zu verhängen seien, überließ der Antragsteller dem Schiedsgericht.[100] Die Rechtsanwälte der Abgeordneten griffen in ihrem Ablehnungsantrag vom November 1981 die zentrale Argumentation des Landesvorstandes an, indem sie vom Spannungsverhältnis zwischen Artikel 21 (Parteiendemokratie) und Artikel 38 des Grundgesetzes („freies Mandat") ausgingen und argumentierten: „In den Fällen, in denen Parteimitglieder zugleich Abgeordnete sind, überschneiden sich zwar die Regelungskreise der Art. 21, 38 GG.

98 Überschrift in der Boulevardzeitung „BZ" am 5. März 1982 nach Verhängung von Parteistrafen: „Vier FDP-Abgeordnete dürfen keine Parteiämter haben, weil sie ihrem Gewissen folgten".

99 Der Antrag gegen den Abgeordneten Guido Brunner wurde nicht weiter verfolgt, nachdem dieser sein Berliner Mandat aufgegeben hatte, um sein Amt als deutscher Botschafter in Madrid anzutreten.

100 Antrag des Landesvorstandes der Freien Demokratischen Partei (F.D.P.) – Landesverband Berlin – (Adresse), *Antragsteller*, (es folgen Berufsbezeichnungen, Namen und Anschriften der Abgeordneten – J. D.) *Antragsgegner*, wegen: Ordnungsmaßnahmen.

Die Antragsteller verkennen deren Bedeutungsgehalt aber, wenn sie meinen, es lägen hier auch in diesen Fragen gleichgewichtige Verfassungsgrundsätze vor. Die Bestimmung des Art. 38 ist insoweit eindeutig, sie schließt eine Gebundenheit des Abgeordneten an Weisungen und Aufträge ohne Ausnahme – also auch solcher seiner Partei – aus."[101] Nach einer Verhandlung am 3. März 1983 schloß sich das Schiedsgericht im wesentlichen der Argumentation des Landesvorstandes an und stellte fest, die Abgeordneten hätten der FDP „schweren Schaden" „mit der Stimmabgabe im Parlament für die Bildung eines CDU-Senats und dessen fortdauernde Duldung" zugeführt. Den Vorrang des Art. 38 GG vor Art. 21 GG akzeptierte das Schiedsgericht nicht, denn die Abgeordneten hätten „sich mit ihrem Eintritt in die Freie Demokratische Partei der Parteiordnung *freiwillig* unterworfen ... und sie können auf ihr Mandat verzichten und/oder aus der Partei austreten, ohne ihr Mandat zu verlieren." Zwei Abgeordneten erkannte das Schiedsgericht die Fähigkeit, Parteiämter zu bekleiden, für zwei Jahre ab, zwei Abgeordneten für ein Jahr.

Die betroffenen Abgeordneten beriefen für den nächsten Tag eine Pressekonferenz ein. Sie erklärten, der Vorwurf des Schadens für die Partei sei materiell falsch, und auch formal hätten sie nicht gegen die Satzung verstoßen, weil im Parlament ja keine Koalition vereinbart worden sei. „Koalitionsähnliche Verhältnisse sind weder ein politischer noch ein rechtlicher Begriff ... Der Parteitagsbeschluß, auf den sich das Landesschiedsgericht bei seinen Entscheidungen bezieht, hat unzulässiger Weise versucht, die Abgeordneten auf ein konkretes Abstimmungsverhalten festzulegen. Die Stimmabgabe ist jedoch gemäß Artikel 38 des Grundgesetzes frei." Die Abgeordneten kündigten an, sie wollten „alle rechtlichen Möglichkeiten ausschöpfen, um das vorliegende Schiedsgerichtsurteil anzufechten."[102] Möglicherweise hätte die Einschaltung ordentlicher Gerichte eine parteienrechtlich interessante Frage – wie das Spannungsverhältnis zwischen den zitierten Grundgesetzartikeln zu interpretieren ist – geklärt; der Landesvorstand zog jedoch – wie berichtet – seinen Antrag zurück. Offensichtlich wurden damit drei Ziele verfolgt: Erstens sollte den Abgeordneten die Möglichkeit genommen werden, mittels der Ordnungsverfahren für sich und ihre Position zu werben, zweitens wollte man mit dem Spruch des Landesschiedsgerichtes den errungenen Punktsieg nicht durch möglicherweise entgegengesetzte Entscheidungen anderer Gerichte gefährden, und drittens sollten nicht sämtliche Chancen für eine mögliche Kooperation in der Partei vertan werden.

In der Zeit zwischen dem Landesparteitag im Juni 1981 und dem Frühjahr 1982 startete vor allem der Fraktionsvorsitzende Vetter eine großangelegte Eintrittskampagne für die FDP, die insbesondere auf mittelständische Interessen zielte. Hauptwerbemittel war dabei eine als Tageszeitungsbeilage gestreute Post-

101 Rechtsanwälte (Namen der Rechtsanwälte – J. D.), Schreiben an das Landesschiedsgericht der FDP Berlin vom November 1981.

102 Erklärung der F.D.P.-Abgeordneten vom 4. 3. 1982.

karte mit „F.D.P.-Aufmachung“ (d. h. blaue Schrift auf gelbem Grund), die folgenden Text hatte:

„Es geht auch ohne Sie!
Ohne Sie wird die F.D.P. Berlin weiterhin konstruktive Politik verweigern.
Ohne Sie wird die Regierung in Berlin schwach bleiben müssen.
Ohne Sie verkümmert die F.D.P. zur Al-Sumpfblüte.
Ohne Sie wird die CDU weiterhin Urlaub machen, wenn in Bonn entschieden wird.
Ohne Sie werden die sozialen Kostgänger weiterhin uns allen zur Last fallen.
Mit Ihnen aber sind wir in der Lage, der F.D.P. wieder konstruktive Politik zu ermöglichen.
Hans-Dietrich Genscher und Otto Graf Lambsdorff stehen für eine liberale Politik, die auch Berlin braucht.
Melden Sie sich mit der nebenstehenden Karte – Absender und Telefonnummer genügen. Der Fraktionsvorsitzende der F.D.P. im Berliner Abgeordnetenhaus, Horst Vetter, wird ihnen einen Gesprächspartner vermitteln, der Ihnen die Politik der F.D.P. erläutern wird und Ihnen zeigen, was Sie tun können.“

Und auf der einzusendenden Postkarte stand:

„Ich möchte
unverbindlich über die Politik der F.D.P. Berlin und über Möglichkeiten der Mitwirkung informiert werden.“

Die Aktion, insbesondere aber die Formulierungen „Al-Sumpfblüte“ und „soziale Kostgänger“ bewirkten helle Empörung in der Parteiorganisation und brachten dem Fraktionsvorsitzenden ein weiteres Parteiordnungsverfahren ein.

Neben der „Postkartenaktion“ gab es weitere systematische Mitgliederwerbungen mit dem Ziel, die innerparteilichen Mehrheitsverhältnisse zugunsten der Fraktionsmehrheit zu ändern. So warb ein Berliner Bauunternehmer und Kunstmäzen in seinem Geschäfts- und Bekanntenkreis Mitglieder besonders für die beiden Schlüsselbezirke Wilmersdorf sowie Zehlendorf und trat selber der Partei bei.[103] Um die Aufnahme der so Geworbenen fanden dann besonders in den „auserwählten“ Schlüsselbezirken heftigste Kontroversen statt. In ihren Mehrheiten gefährdete Ortsverbände lehnten die Mitgliedschaft der Bewerber ab oder verzögerten Aufnahmeentscheidungen.

Der Ortsverband Wilmersdorf-Nord beispielsweise teilte einem Bewerber am 13.12.81 mit:

„Sehr geehrter Herr ...,
der Vorstand des Ortsverbandes Wilmersdorf-Nord sieht sich nicht in der Lage, Ihrem Antrag zu entsprechen.
Wir bedauern, Ihnen keinen anderen Bescheid geben zu können.
Mit freundlichen Grüßen
...“

103 Am 16. Februar 1982 versammelten sich in einem Restaurant am Kurfürstendamm auf Initiative des Unternehmers zahlreiche Personen, die sich von eingeladenen Funktionären des noch in der Minderheit befindlichen Flügels der FDP beraten ließen, in welche

Der Vorsitzende des Ortsverbandes Grunewald schrieb einem anderen Bewerber am 31.12.1981:

> „Über Aufnahmeanträge befindet zunächst der zuständige Ortsverbandsvorstand. Dem liegt ihr Antrag nicht vor, da ich ihn zurückgereicht habe."

Mit der Aufnahmeaffäre mußte sich der Landesvorstand wiederholt befassen, auch das Präsidium in Bonn wurde eingeschaltet. Schließlich war jedoch der Einstrom der neuen Mitglieder nicht zu verhindern, denn im Januar/Februar fanden in den Ortsverbänden Jahreshauptversammlungen statt, die in einigen Fällen zur Nichtwiederwahl der alten Vorstände führten, so daß die Bewerber nun dort – neben Gliederungen, die von vornherein aufgenommen hatten – in die Partei kamen. Damit waren die Weichen für den innerparteilichen Mehrheitswechsel gestellt: Einerseits schmolz beim linksliberalen Teil der Partei die Basis durch die Austritte, andererseits gewann die Minderheit quantitativ an Gewicht durch die Neueintritte. Beim Landesparteitag im April 1982 hatte der linke Flügel noch die knappe Mehrheit – eine entscheidende Sachabstimmung endete mit 125 : 122 Delegiertenstimmen –; ein Jahr später dann im März 1983 dominierte die sich „Mitte-Rechts-Bündnis" nennende bisherige Minderheit. Die Aus- und Eintritte verteilten sich auf die Jahre 1981 bis 1983 wie folgt:

Aus- und Eintritte bei der FDP Berlin 1981–1983*

	Austritte	Eintritte
1981	266	472
1982	504 (davon 257 im Dez.)	202 (davon 120 im Jan./Febr.)
1983	227	111

* Erfaßt sind sämtliche Zu- und Abgänge beim Landesverband, also auch Verluste durch Tod oder Veränderungen durch regionale Mobilität von FDP-Mitgliedern.

Im Umbruchsjahr 1982 befanden sich auch die innerparteilichen Flügel der Partei in einem Wandlungsprozeß. Die Ursache hierfür ist, daß die die Partei bewegende Grundfrage nach der Position im Parteiensystem letztenendes, auch in den beiden liberalen Lagern, jeweils unterschiedliche Antworten fand. Der linke Flügel der Partei orientierte sich an der „Liberalen Aktion", einem relativ fest organisierten und schon über Jahre bestehenden Funktionärskreis. 1982 war zu beobachten, daß mehr zur politischen Mitte der Partei tendierende Mitglieder aus diesem Kreis abgestoßen wurden oder sich von ihm zurückzogen. Nun versammelten sich dort neben konsequenten Sozialliberalen schwärmerische Idealisten des Liberalismus, aber auch eigentliche Anhänger der alternativen Szene

Fortsetzung Fußnote 103

Bezirks- oder Ortsverbände man eintreten sollte. In der Folgezeit bildete sich aus dieser Gruppierung ein fester Kreis, dessen Einfluß auf innerparteiliche Entscheidungsprozesse im personellen Bereich groß war. Der Unternehmer selber wurde 1985 zum Mitglied des Landesvorstandes der FDP Berlin gewählt.

einerseits und des orthodoxen Sozialismus andererseits sowie schließlich solche Parteimitglieder, die den Linksliberalismus machtpolitisch instrumentalisieren wollten.

Heterogenität und Widersprüchlichkeit charakterisierten auch die innere Situation der „Rechten". Dieser Flügel war weniger fest als die „Liberale Aktion" organisiert und nannte sich „Liberales Forum".

Ihm gehörten im wesentlichen zwei Gruppen an: die aus langjährigen Mitgliedern bestehende „alte Rechte" der Berliner FDP und die häufig der Baubranche zugehörigen neueingetretenen Mitglieder. Zusätzlich gab es noch eine Gruppe stark national ausgerichteter junger FDP-Mitglieder. Die langjährigen Mitglieder der „Rechten" kamen meist aus dem öffentlichen Dienst, die Neueingetretenen waren überwiegend in Freien Berufen tätig, und die Jungen waren zumeist Studenten. – Neben „Liberaler Aktion" und „Liberalem Forum" hatte sich noch ein lockerer Gesprächskreis vorwiegend höherer Funktionäre der Partei gebildet, der sich selber der Mitte der Partei zuordnete, aber keine eigentliche Basis hatte. Dieser Kreis wurde spöttisch „Schlaumeier-Runde" genannt, und diesen Namen machte er sich daraufhin zueigen.

Die Bemühungen in der Partei liefen darauf hinaus, daß sich die Mitte und die heterogene Rechte auf ein politisches und personelles Konzept einigten, um die Macht der „Linken" brechen zu können. Hierzu bedürfte es der Klärung von zwei Fragenkomplexen: Erstens mußte für den im Jahre 1983 zu wählenden Landesvorstand sowie für andere Führungspositionen ein Personalkonzept gefunden werden, zweitens aber kam nun immer mehr die Frage ins Spiel, ob es alleiniges Ziel sein sollte, die Tolerierung des CDU-Senats durch einen Parteitagsbeschluß zu legitimieren oder aber 1983 – in der Mitte der Legislaturperiode – mit Unterstützung durch die Partei von der Tolerierung zur Koalition überzugehen.

Beide Fragen wurden zunächst nicht parteiöffentlich, sondern in unterschiedlichen „Gesprächsrunden" erörtert. Aber natürlich war die Frage nach der Koalition ein Thema, das allenthalben in der Luft lag. Innerparteilich schien es so, als würde es nach der Schlacht um die Tolerierung eine weitere um die Koalition geben. Die Mehrheit des „Mitte-Rechts-Lagers" war ganz offensichtlich für eine Koalition. Die Gründe hierfür wurden bereits in einem internen Diskussionspapier vom März 1982 genannt:

„Die gegenwärtige Lage der Berliner F.D.P. erfordert eine Verfestigung der Zusammenarbeit mit der CDU noch in dieser Legislaturperiode – diese latent vorhandene Erkenntnis wird in der innerparteilichen Diskussion manifest werden. Das ist die einzige Überlebenschance für die Partei – es ist aber auch die Möglichkeit, eine Epoche der Alleinherrschaft der CDU in Berlin vom nächsten Wahltag an zu verhindern. ... Der CDU-Senat ist zur Zeit ein Minderheiten-Senat, der die Tatsache, daß er im Parlament keine feste Mehrheit hat, immer mehr verdrängt. Es ist gerade die Aufgabe der der F.D.P.-Fraktion im Berliner Abgeordnetenhaus, aufkommende Selbstherrlichkeiten der CDU im Keime zu ersticken. Das geht aus der konstruktiven Opposition heraus – wirksamer jedoch in einem etablierten Bündnis, das nach Ablauf des Jahres 1982 geschlossen werden müßte."[104]

Für eine Koalition sprach die sich ausbreitende Auffassung, daß die Partei die Rolle des liberalen Korrektivs besser als mittels der Tolerierung würde spielen können, daß der Einfluß der Partei innerhalb des Senats steigen würde und natürlich auch der Wunsch infrage Kommender, Senatorenämter zu übernehmen. Je mehr sich im Mitte-Rechts-Flügel der Partei der Wunsch nach einer Koalition verankerte, desto schwieriger wurden die Personalprobleme dieses Bündnisses. Im August 1982 trafen sich Funktionäre des kommenden Mehrheitskreises. Dabei stellte sich heraus, daß sowohl der stellvertretende Funktionsvorsitzende Rasch als auch der frühere Justizsenator Oxfort das Amt des Landesvorsitzenden anstrebten, wobei Oxfort zusätzlich für sich ein Senatorenamt „beanspruchte." Diese Rivalität beherrschte immer wiederkehrende Diskussionen in überwiegend nicht offiziellen Gremien der Partei[105]. Am 18. November 1982 dann gab es zwischen den „Tolerierungsbefürwortern" der Fraktion und Oxfort eine Einigung, daß Rasch Landes- und Fraktionsvorsitzender werden solle, Oxfort und Vetter Senatoren. Dieses Konzept wurde dann am 6. Dezember einer Versammlung von über 45 Parteifunktionären aus dem Mitte-Rechts-Lager vorgetragen und von dieser akzeptiert. Es war die Marschroute für die bevorstehenden Jahreshauptversammlungen und den Landesparteitag am 12. März 1983. Als Folge des Berliner Bundesparteitages erreichte in den gleichen Tagen die Welle der Austritte sozialliberaler Mitglieder ihren Höhepunkt: Im Dezember 1982 verließen 257, im Januar 1983 118 Personen die Berliner FDP. Die dadurch erfolgende indirekte Stärkung des Mitte-Rechts-Bündnisses war den Beteiligten bewußt: Die Kulmination der Berliner und der Bonner Ereignisse zu diesem Zeitpunkt bewirkte den Abschluß des Prozesses der Umorientierung des Landesverbandes Berlin der FDP von einem sozialliberalen zu einem bürgerlich-liberalen Verband, vom Koalitionspartner der SPD zum Koalitionspartner der CDU.

Bei den Jahreshauptversammlungen in den Orts- und Bezirksverbänden im Januar und Februar 1983 wirkte es sich aus, daß fast 1 000 überwiegend sozialliberale Mitglieder von 1981 bis 1983 die Partei verlassen hatten und rund 800 bürgerlich-liberale Mitglieder neu in die 2 244 Personen umfassende Partei (März 1983) aufgenommen waren. Die bürgerlich-liberalen Mitglieder stellten die Mehrheit der Delegierten auf dem Parteitag. Unter Walter Rasch wurde am 12. März ein neuer Landesvorstand gewählt – hier hatte es Querelen mit den national orientierten Gruppen junger Mitglieder gegeben – und der Wunsch

104 Jürgen Dittberner, Zur gegenwärtigen Lage der Berliner F.D.P., März 1982, (unveröffentlicht); siehe hierüber: Volker Skierka, Ein Torso in Umbruchstimmung; in: Süddeutsche Zeitung, 26. 3. 82.

105 So fand am 26. August 1982 ein Essen in einem Berliner Hotel statt, an dem die die Tolerierung des CDU-Senats tragenden Abgeordneten und der mittlerweile der FDP beigetretene Bauunternehmer teilnahmen. Für seinen „Kreis" schlug der Parteineuling vor, Rasch solle Landesvorsitzender und Senator werden, Oxfort Bürgermeister und Senator.

nach einer Koalition mit der CDU verabschiedet. Daraufhin wurde der an einem Sonnabend tagende Parteitag unterbrochen, um am darauf folgenden Sonntag und Montag Koalitionsverhandlungen zu ermöglichen. Diese Verhandlungen unter dem Regierenden Bürgermeister Richard von Weizsäcker waren weitgehend problemlos, da die bisherige Senatspolitik weder nach dem Wunsch der CDU noch der FDP grundlegend geändert wurde. Am 14. März billigte der Landesparteitag das Ergebnis der Koalitionsverhandlungen, und das Abgeordnetenhaus wählte die FDP-Politiker Oxfort und Vetter am 17. März zusätzlich zu den CDU-Mitgliedern in den Senat. Wie in Bonn hatte die FDP in Berlin am Machtwechsel mitgewirkt, ebenfalls aus Existenzangst, wenn auch in Berlin infolge eines Wählervotums, eines Votums, das in Bonn erst nachträglich eingeholt werden mußte. Jedenfalls hatten Landes- und Bundesverband nun an der Seite der Union den gleichen Standort im Parteiensystem. Die Interdependenz der Landes- und Bundespolitik ist unverkennbar.

4. Organisation

4.1. Organisationsstruktur

Die formale Organisationsstruktur der FDP ist in ihrer dem Parteiengesetz entsprechenden Satzung geregelt. Oberstes Organ ist der jährlich zusammentretende und aus 400 Delegierten bestehende *Parteitag*. Weitere Organe der Bundespartei sind der 144 Mitglieder zählende *Bundeshauptausschuß* („kleiner Parteitag") sowie der *Bundesvorstand*, der sich aus den Mitgliedern des *Präsidiums*, 24 Beisitzern und den der Partei angehörigen Bundesministern, Länder-Regierungschefs und EG-Kommissaren zusammensetzt. *Bundesvorsitzende* der FDP waren Theodor Heuss (1948–49)[106], Franz Blücher (1950–54)[107], Thomas Dehler (1954–57)[108], Reinhold Maier (1957–60)[109], Erich Mende (1960–68)[110], Walter Scheel (1968–74)[111] und Hans-Dietrich Genscher (1974–85)[112]. Seit 1985 amtiert Martin Bangemann[113] als Vorsitzender.

106 Dr. Theodor Heuss, geb. am 31. 1. 1884 in Brackenheim (Württemberg); Journalist und Schriftsteller; Anhänger Friedrich Naumanns, 1905–12 Redakteur der nationalsozialen Zeitschrift „Die Hilfe", 1912–1918 Chefredakteur der „Neckarzeitung", 1918 Leiter der Zeitschrift „Deutsche Politik"; 1920–33 Tätigkeit an der Hochschule für Politik in Berlin; 1903–33 Mitglied der „Freisinnigen Vereinigung", der Fortschrittlichen Volkspartei (FVP) und der Deutschen Demokratischen Partei (DDP), 1924–28 und 1930–33 MdR; nach 1945 Mitbegründer der DVP in Württemberg-Baden und zeitweilig Kultusminister, 1946 Vorsitzender der Liberalen in der Amerikanischen Zone, 1948 Bundesvorsitzender der FDP, 1949–59 Bundespräsident der Bundesrepublik Deutschland; gest. am 12. 12. 1963; Theodor Heuss ist (Mit-)Verfasser zahlreicher Bücher und Schriften; im Herbst 1963 erschien der erste Teil seiner Memoiren: Erinnerungen 1905–1933, der zweite Teil konnte nicht vollendet werden (Internationales Biograph. Archiv (Munzinger-Archiv), Lieferung 4/64 v. 25. 1. 1964).

107 Franz Blücher, geb. am 24. 3. 1896 in Essen; Abitur, 1914–18 Soldat, 1921 kaufmännischer Leiter eines Industrieunternehmens; 1938 Direktor eines Bankhauses in Essen; 1945 Mitbegründer der FDP in Essen, zeitweise Finanzminister in der nordrhein-westfälischen Regierung; Mitglied des Wirtschaftsrats der Bizone und FDP-Fraktionsvorsitzender; 1949–54 FDP-Bundesvorsitzender; 1949–58 MdB; 1949–57 Vizekanzler und Bundesminister; 1956 Austritt aus der FDP und Mitbegründer der FVP, bis 1958 DP-MdB, dann Mitglied der Hohen Behörde der Montanunion; gest. am 26. 3. 1959 (Internat. Biograph. Archiv [Munzinger-Archiv], Lieferung 22/59 v. 30. 5. 1959).

108 Dr. Thomas Dehler, geb. am 14. 12. 1897; im Ersten Weltkrieg Soldat, Studium der Rechtswissenschaften und Promotion zum Dr. jur.; Vorstandsmitglied des Republikanischen Studentenbundes, Gründungsmitglied des Reichsbanners Schwarz-Rot-Gold in München, Vorstandsmitglied der DDP/DSP; während des Nationalsozialismus Mitarbeit in einer Oppositionsgruppe; mehrere Verhöre, vorübergehende „Schutzhaft" und Internierung in einem Zwangsarbeitslager, nicht zuletzt wegen seiner Ehe mit einer Jüdin (Frau Irma geb. Frank); nach 1945 Mitbegründer der FDP in Bayern und Landesvorsitzender 1946–56; Mitglied des Bundestages von 1949 bis zu seinem Tode 1967, seit 1960 einer der Bundestagsvizepräsidenten; seit 1949 Bundesjustizminister, 1953 wegen

Fortsetzung Fußnote 108

1960 einer der Bundestagsvizepräsidenten; seit 1949 Bundesjustizminister, 1953 wegen Auseinandersetzungen mit der Justizverwaltung und Adenauer durch Fritz Neumayer ersetzt; 1953 Fraktionsvorsitzender der FDP-Fraktion im Bundestag; 1954–57 Bundesvorsitzender der FDP; danach kein hohes Parteiamt mehr; 1965 Leiter der Koalitionsgespräche seiner Partei mit der CDU/CSU; gest. am 21. 7. 1967, (Munzinger Archiv/Internat. Biograph. Archiv, Lieferung 38/67 v. 23. 9. 1967; Interpress, Internationaler Biographischer Pressedienst, Nr. 417 v. 30. 11. 1962, Nr. 237 v. 9. 12. 1957).

109 Dr. Reinhold Maier, geb. am 16. 10. 1889 in Schorndorf (Württemberg); Jurist; 1914–18 Soldat, 1920–29 Rechtsanwalt in Stuttgart; 1924 Vorsitzender der Deutschen Demokratischen Partei (DDP) in Stuttgart und später für Württemberg, Mitglied des Württembergischen Landtages und MdR bis 1933, 1930–32 württembergischer Wirtschaftsminister; während des Nationalsozialismus Rechtsanwalt; 1945 zum Ministerpräsidenten von Württemberg-Baden ernannt, 1946–52 gewählter Ministerpräsident von Württemberg-Baden, 1952/53 Ministerpräsident von Baden-Württemberg, bis 1953 auch Ausübung verschiedener Ministerämter; 1952–63 MdL in Baden-Württemberg, 1953–56, 1957–59 MdB; gest. am 19. 8. 1971; der erste Teil seiner Memoiren erschien 1964 („Ein Grundstein wird gelegt"), der zweite Teil 1966 („Erinnerungen 1948–1953") (Munzinger Archiv/Internat. Biograph. Archiv, Lieferung 38/71 v. 25. 9. 1971).

110 Dr. Erich Mende, geb. am 28. 10. 1916 in Groß-Strelitz (Oberschlesien); 1936 Berufssoldat, bei Kriegsende Major und Ritterkreuzträger; nach dem Krieg Studium und Promotion zum Dr. jur.; 1945 Mitbegründer der FDP im Rheinland, 1946 Landesgeschäftsführer, 1949 Bundesvorstandsmitglied; 1949–80 MdB; 1963–66 Vizekanzler und Bundesminister für Gesamtdeutsche Fragen; 1967–70 Manager bei der IOS; 1969/70 heftiger Kritiker des „neuen Kurses" der FDP, 1970 Übertritt zur CDU/CSU-Fraktion im Bundestag und Mitglied der CDU (Munzinger Archiv/Internat. Biograph. Archiv, Lieferung 45/78 v. 11. 11. 1978).

111 Walter Scheel, geb. am 8. 7. 1919 in Höhscheid bei Solingen; Banklehre; 1939–45 Soldat, zuletzt Oberstleutnant; nach 1945 Prokurist, Geschäftsführer und Wirtschaftsberater; 1946 Eintritt in die FDP, 1950 MdL in Nordrhein-Westfalen, 1953–74 MdB, 1955–69 Mitglied des Europa-Parlaments; 1961–66 Bundesminister, 1969–74 Vizekanzler und Bundesminister; 1974–79 Bundespräsident; 1979 Ehrenvorsitzender der FDP. (Munzinger Archiv/Internat. Biograph. Archiv, Lieferung 45/79 v. 10. 11. 1979).

112 Hans-Dietrich Genscher, geb. am 21. 3. 1927 in Reideburg bei Halle; Rechtsanwalt; nach 1945 Mitglied der LDPD der SBZ, 1952 Übersiedelung in die Bundesrepublik und Mitglied der FDP, stellv. Landesvorsitzender der DJD in Bremen und Mitglied des FDP-Landesvorstandes; 1966 Mitglied des Landesvorstandes der FDP in Nordrhein-Westfalen; 1956 Wissenschaftlicher Assistent und 1959–65 Geschäftsführer der FDP-Bundestagsfraktion; seit 1965 MdB; 1968 stellv. Bundesvorsitzender; 1969–74 Bundesinnenminister, seit 1974 Vizekanzler und Außenminister (Munzinger Archiv/Internat. Biograph. Archiv, Lieferung 9/80 v. 1. 3. 1980).

113 Martin Bangemann, geb. am 15. 11. 1934 in Wanzleben/Sachsen-Anhalt; Abitur in Emden; Studium der Rechtswissenschaft in Tübingen und München, Promotion über ein rechtsphilosophisches Thema; 1964 Rechtsanwalt in Metzingen; Mitglied im LSD und bei den DJD während des Studiums, 1963 Mitglied der FDP; 1969 stellv. Landesvorsitzender der FDP Baden-Württemberg, 1969 Mitglied des Bundesvorstandes der FDP; 1972 Wahl in den Deutschen Bundestag, 1973 Mitglied im Europäischen Parlament in Luxemburg; 1974 Landesvorsitzender der baden-württembergischen FDP und am 1. Oktober 1974 Generalsekretär der Bundes-FDP, 1975 Rücktritt als Generalsekretär, 1978 Rücktritt als Landesvorsitzender, 1980 Rückzug aus dem Bundestag; 1979 erfolgreicher Spitzenkandidat der FDP für das EG-Parlament, dort Fraktionsvorsitzender der Liberalen, 1984 Ausscheiden aus dem EG-Parlament wegen des 4,8 %-Wahlergebnisses der FDP; 28. Juni 1984 als Nachfolger von Otto Graf Lambsdorff Bundeswirtschaftsminister, Februar 1985 Bundesvorsitzender der FDP (Munzinger Archiv/Internat. Biograph. Archiv 19/85).

1971 wurde das Amt des Generalsekretärs eingeführt, das bis 1973 von Karl-Hermann Flach, 1974/75 von Martin Bangemann, (nach einer Interimszeit), 1978/82 von Günter Verheugen, 1982/85 von Irmgard Adam-Schwätzer und seit 1985 von Helmut Haussmann bekleidet wurde bzw. wird.

Der Bundesvorstand setzt für politische und organisatorische Aufgaben Bundesfachausschüsse und andere Gremien ein, deren Vorsitzende er bestimmt. 1983 existierten 12 Bundesfachausschüsse, zwei Beiräte, sieben Kommissionen und eine Arbeitsgruppe, die die inhaltliche Arbeit von Partei und Fraktion vorbereiten sollten.[114]

Die FDP untergliedert sich regional in elf Landesverbände, entsprechend den elf Bundesländern. Weitere Organisationsebenen sind die Bezirke, die Kreise und schließlich die Ortsverbände. Die Mitgliederzahlen in diesen Gliederungen schwanken erheblich: So bei den Kreisen zwischen 14 und über 1 200 (Durchschnitt 1983: 201 Mitglieder). Im August 1977 war die Partei in 1 930 von insgesamt etwa 9 000 Gemeinden der Bundesrepublik vertreten; 1983 gab es 2 300 Ortsverbände.[115]

114 Die *Bundesfachausschüsse*: 1. Außen-, Deutschland-, Europa- und Sicherheitspolitik (Vorsitzender: Martin Bangemann), 2. Bildung, Wissenschaft und Kultur (V. Walter Rasch), 3. Innen und Recht (V. Gerhart Rudolf Baum), 4. Wirtschaft, Verbraucher und Verkehr (V. Dieter Fertsch-Röver), 5. Finanzen und Steuern (V. Horst-Jürgen Lahmann), 6. Ernährung und Landwirtschaft (V. Erwin Holsteg), 7. Städtebau und Wohnungswesen (V. Rolf Bialas), 8. Soziales, Jugend, Familie und Gesundheit (V. Hansheinrich Schmidt/Kempten), 9. Umweltpolitik, Landesplanung und Raumordnung (V. Peter Menke-Glückert), 10. Entwicklungspolitik (V. Hartmut Hoeppel), 11. Forschung und Technologie (V. Karl-Hans-Laermann), 12. Kommunalpolitik (V. Helmut Bentz). Die *Beiräte*: 1. Sport und Freizeit (V. Berno Wischmann), 2. LDP (V. Wolfgang Mischnik). Die *Kommissionen*: 1. Programm (V. Irmgard Adam-Schwaetzer), 2. Europa (V. Martin Bangemann), 3. Gleichberechtigung und Familienpolitik (V. Hedda Heuser-Schreiber/Barbara Bludau-Krebs), 4. Jugend, Bildung und Beschäftigung (V. Carola von Braun), 5. Föderalismus und Finanzverfassung (V. Karl-Heinrich Hansmeyer), 6. Medien (V. Hinrich Enderlein), 7. Familienlastenausgleich (V. Winfried Wachter). *Arbeitsgruppe*: Bildungsfinanzierung (V. Eberhard Böning). Siehe F.D.P. Die Liberalen, Geschäftsbericht 1983/84, S. 13 ff. Dort heißt es:

„Der Bundesvorstand kann zur Unterstützung seiner Arbeit Fachausschüsse und Arbeitsgruppen einrichten. In der Regel wird über die Bildung von Fachausschüssen und Arbeitsgruppen auf der konstituierenden Sitzung des Bundesvorstandes beschlossen. Gleichzeitig werden die Ausschußvorsitzenden und die Vorsitzenden von Arbeitsgruppen, Kommissionen und Beiräte berufen. Die Mitglieder der Bundesfachausschüsse werden anschließend von den Landesverbänden, den Jungen Liberalen und der Auslandsgruppe Europa benannt. Auf der konstituierenden Sitzung wählt der Ausschuß aus dem Kreis aller stimmberechtigten Mitglieder zusätzlich stellvertretende Vorsitzende, deren Wahl anschließend vom Bundesvorstand bestätigt wird. Alles Nähere über die Zusammensetzung, die Organisation und das Verfahren der Bundesfachausschüsse und Arbeitsgruppen regelt die vom Bundesvorstand erlassene Geschäftsordnung der Bundesfachausschüsse. Die Amtszeit der Bundesfachausschüsse und Arbeitsgruppen endet mit der Neuwahl des Bundesvorstandes. Wegen der Bundestagswahlen 1983 erfolgte die Konstituierung einiger Bundesfachausschüsse und Arbeitsgruppen erst nach dem Wahltermin 6. März 1983.“

115 Siehe Heino Kaack, a.a.O., S. 70, sowie „Die F.D.P. von innen“; in: Die neue Bonner Depesche, Nr. 3/März 1984, S. 4.

Genaue Mitgliederzahlen liegen erst ab 1968 vor. Im Jahre 1951 soll die FDP 82 890, 1959 etwa 80 000 Mitglieder gehabt haben. Für Februar 1981 gab die Bundesgeschäftsstelle 84 757 Mitglieder an, und für das Jahr 1984 wurden 68 477 Mitglieder registriert. Dieser Verlust von rund 16 000 Mitgliedern ist der quantitative Ausdruck der Mitgliederumschichtung infolge der Wende: Das bürgerlich-etablierte Publikum hat bei der FDP zugenommen gegenüber den aufstiegsorientierten abhängig Beschäftigten, deren Organisationsbereitschaft höher lag als bei den Anhängern der liberal-konservativen Konstellation. Grundsätzlich sind die offiziellen Mitgliederzahlen überhöht. Insbesondere die Ortsvereine und Kreise führen stets „Karteileichen", das heißt völlig inaktive und nicht zahlende Mitglieder, in ihren Listen, um auf diese Weise möglichst viele der auf Mitgliederbasis berechneten innerparteilichen Delegiertenmandate zu höheren Gremien zu erhalten. Die Partei hat aus diesem Grunde mindestens zehn Prozent weniger echte Mitglieder als offiziell angegeben. Traditionell der mitgliederstärkste Landesverband der FDP ist Nordrhein-Westfalen, was dessen Dominanz in der Bundespolitik erklärt (s. Tabelle zur Mitgliederentwicklung im Anhang).[116]

Insgesamt ist die FDP eine mitgliederschwache Partei mit folglich geringem Organisationsgrad und schwacher bürokratischer Ausstattung. Das macht sich vor allem auch in ihrer Finanzlage bemerkbar. Die Partei befindet sich unablässig in einer finanziell angespannten Situation. So mußte beispielsweise zwischen Sommer 1974 und Herbst 1978 die Zahl der hauptamtlichen Mitarbeiter der Bundesgeschäftsstelle von 63 auf 26 verringert werden, und auch nur 37,9 % der Kreisverbände verfügten 1983 über einen eigenen Geschäftsführer. 1980 wurde der Haushaltsplan der Bundespartei in Höhe von DM 14 068 573 um DM 5 Millionen überzogen, wie der Bundesvorstand am 7. 12. 1981 feststellte. Die Mitgliederbeiträge spielen für die Bundespartei fast keine Rolle, wie eine Aufstellung der Einnahmen durch den Bundesschatzmeister Richard Wurbs an das Präsidium der FDP im Februar 1982 für den Haushalt 1981 zeigte: Mitgliedsbeiträge: DM 3 210, Wahlkampfkostenerstattung: DM 1 615 340, sonstige öffentliche Mittel: DM 133 000, Auflösung der Rücklagen: DM 5 598 618, sonstige Einnahmen: DM 298 255. Da die Mitgliederbeiträge überwiegend in den unteren Gliederungen der Partei bleiben, finanziert sich die Bundespartei in erster Linie aus Wahlkampfkostenerstattungen sowie aus – von Wurbs in der zitierten Aufstellung nicht erwähnten – Spenden.[117] Daß die Spenden meist

116 Siehe Jörg Michael Gutscher, a.a.O., S. 76, sowie Michael Bretschneider, Mitgliederzahlen der Parteien und ihre räumliche Verteilung 1977, Berlin 1978, S. 41.

117 Die Entwicklung der Spenden für alle Bundestagsparteien geht aus deren Rechenschaftsberichten für 1984 hervor. Die Veränderungen von 1983 auf 1984 sahen bei den einzelnen Parteien wie folgt aus. CDU: 40,3 Millionen DM/24 Millionen DM; SPD: 11,2 Millionen DM/16,2 Millionen DM; CSU: 17 Millionen DM/12,4 Millionen DM; FDP: 13,4 Millionen DM/8,7 Millionen DM; Grüne: 2,24 Millionen DM/5,5 Millionen DM. Siehe der Tagesspiegel, 19. 10. 1985.

Wie gering das Spendenaufkommen in den Landesverbänden, zumal in den sozialliberal orientierten, gegenüber dem Bundesverband sind, zeigt eine interne Aufaus „der Wirtschaft“ stammen, wird von der FDP nicht in Abrede gestellt, es wird aber – auch nach der Flick-Affäre – bestritten, daß sich darauf wirtschaftliche Abhängigkeitsverhältnisse gründeten. Infolge der Flick-Affäre versiegte die wichtige Spendenquelle für die FDP ab Mitte der achtziger Jahre fast völlig, so daß sich die Finanzlage der Partei auf Bundesebene ebenso wie in den Landesverbänden katastrophal entwickelte. Allein für den Bundesverband soll im Herbst 1985 eine Schuldenlast von 8 Millionen DM entstanden sein. Eine Folge dieser Entwicklung ist, daß die Bundespartei den Mitgliedern keine Reisekosten mehr für Bundesfachausschüsse und ähnliche Gremien erstatten konnte, so daß die innerparteiliche Willensbildung noch stärker auf die Bonner Führungsgremien – insbesondere die Bundestagsfraktion – konzentriert wurde. In seiner Sitzung vom 23. September 1985 hatte der Bundesvorstand der FDP ein derartige Sparmaßnahmen beinhaltendes Sanierungskonzept beschlossen, das bis 1989 Haushalte in der Größenordnung von 6,4 bis 7 Millionen DM vorsah. Bis zu diesem Jahre sollten die Bankschulden der Partei zurückgeführt sein. Das Sanierungskonzept ging von einem Stimmenanteil von 8 % bei der Bundestagswahl 1987 und von 6 % bei der Europawahl 1989 aus. Eine Initiative der Bundespartei für eine Mitgliederumlage hatte zuvor nur ein mäßiges Echo gefunden: Bis September 1985 waren bei der Bundesschatzmeisterin DM 350 000 eingegangen.[118]

Mit ihren 26 Mitarbeitern verfügt die Bundesgeschäftsstelle der FDP („Thomas-Dehler-Haus“) nur über ein Achtel der Mitarbeiterstärke von CDU und SPD. Bundesgeschäftsführer war über lange Jahre Fritz Fliszar, bis er 1983 zum Vorsitzenden der Geschäftsführung der Friedrich-Naumann-Stiftung avancierte.

Fortsetzung Fußnote 117

stellung des Landesverbandes Berlin über die dort von 1977 bis 1980 eingegangenen Spenden: „11. 1. 1977 DM 300 Heinz Kaschke/24. 6. 1977 DM 70 000 über Notar Wollmann/29. 8. 1977 DM 5 000 Schindler GmbH/1. 6. 1978 DM 3 000 Borsig GmbH/ 9. 6. 1978 DM 20 000 BMW München/19. 7. 1978 DM 10 000 Sylter Hof/3. 8. 1978 DM 15 000 Schering AG/9. 8. 1978 DM 3 000 Andreae-Noris Zahn AG, Frankfurt/ 26. 9. 1978 DM 3 000 Schworm & Co/28. 9. 1978 DM 20 000 Schleicher GmbH/4. 10. 1978 DM 1 000 Dr. Brönner/4. 10. 1978 DM 1 000 E. Bade/18. 10. 1978 DM 10 000 Borsig GmbH/15. 11. 1978 DM 3 000 Leonhard Mohnheim, Aachen/28. 12. 1978 DM 50 000 über Notar Wollmann ???/28. 12. 1978 DM 10 000 Dto. Tempelhof/25. 1. 1979 DM 5 000 Konsul Sandner/29. 1. 1979 DM 5 000 Leonhard Monheim, Aachen/ 6. 2. 1979 DM 5 000 GBW Bautechnik Wartungsgesellschaft/6. 02. 1979 DM 5 000 BT Bautechnik GmbH/8. 2. 1979 DM 5 000 DGAE, Dietrich Garski/26. 2. 1979 DM 50 000 BBG Bubis Baubetreuung GmbH/2. 3. 1979 DM 5 000 Werner Egerland/12. 3. 1979 DM 15 000 Schindler GmbH/12. 10. 1979 DM 1 000 ???/1979 DM 5 000 Foitzik/ 1979 DM 10 000 Intergrund/8. 9. 1980 DM 1 000 Dr. Brönner/27. 3. 1980 DM 1 000 ???/24. 6. 1980 DM 20 000 Eternit AG (Die Hälfte für Bundestagswahlkampf nach Bonn)“.

118 Heino Kaack, a.a.O., S. 76, sowie „Protokoll der Sitzung des Bundesvorstandes am 1. September 1981, Bonn, Bundeshaus“ (unveröffentlicht). Ferner „Sanierungskonzept verabschiedet“. Dr. Irmgard Adam-Schwaetzer zur Finanzlage der Partei; in: Die neue Bonner Depesche, Nr. 10/Oktober 1985, S. 44.

Sein Nachfolger wurde Rolf Berndt. Die Bundesgeschäftsstelle gliedert sich in eine „Abteilung Politik", eine „Abteilung Presse- und Öffentlichkeitsarbeit", eine „Abteilung Organisation" sowie ein „Büro für Internationale Beziehungen".

Die organisatorische Lage der FDP zeichnet sich dadurch aus, daß sie im Unterschied zu den anderen Bonner Parteien nicht über ein Netz von starken Neben- oder Suborganisationen verfügt. Besondere Bedeutung kam in der Vergangenheit den Deutschen Jungdemokraten[119] zu, die zwar nach ihrer Satzung nur ein der FDP nahestehender unabhängiger Jugendverband waren, de facto aber die Jugendorganisation der FDP darstellten. Gegründet am 26./27. April 1947 in Heidelberg, waren sie mit etwa 26 000 Mitgliedern (1977) – davon etwa 50 Prozent Parteigänger – eine wichtige Einrichtung zur Nachwuchsrekrutierung für die Partei (DJD-Vorsitzende waren z. B. Mischnik und Baum). In den fünfziger Jahren galt der Verband noch als durchaus parteikonform und konservativ, wenn er auch bereits damals wichtige Impulse für die Ostpolitik der FDP lieferte. Erst unter dem Eindruck der Studentenbewegung entfernten sich die DJD bewußt von der Mutterpartei und verstanden sich als ein radikaldemokratischer Jugendverband, der auch offen für sozialistische Kräfte war. Verbindungen zur Außerparlamentarischen Opposition ebneten seither den Weg für parlamentarismus- und kapitalismuskritische Positionen innerhalb der Jungdemokraten, was angesichts der koalitionspolitischen Umorientierung der Mutterpartei ab 1980 zu heftigen innerparteilichen Konflikten führte. Die politischen Kontroversen innerhalb der FDP prägten jedoch auch ihren Jugendverband. Im November 1980 bildete sich ein bundesweiter Arbeitskreis unter der Bezeichnung *Junge Liberale* („Julis"), der sich als neue Jugendorganisation der FDP herauskristallisierte und seit 1983 die Nachfolge des DJD angetreten hat. (S. S. 121 ff.)

Im Wintersemester 1945/46 entstanden die ersten Hochschulgruppen des *Liberalen Studentenbunds Deutschlands* (LSD)[120], der Ende 1961 über 800 Mitglieder verfügt haben soll. Er war, wie die DJD, formal unabhängig von der Partei und zunächst auch durchaus parteikonform ausgerichtet. Bereits im Herbst 1960 kam es zu Auseinandersetzungen zwischen FDP und LSD um dessen angeblichen „Linkskurs", die sich im Laufe der sechziger Jahre noch verschärften. Der LSD spielte damals die Rolle des Protagonisten eines Volkspartei-Kurses und nahm gedanklich vieles von dem vorweg, was später programmatisch, konzeptionell und koalitionspolitisch den „neuen Kurs" der FDP ausmachen sollte. Die Ereignisse nach 1966, der Wandlungsprozeß der FDP also und die Außerparlamentarische Opposition, überrollten den LSD. Der 1972 als Nachfolgeorganisation gegründete *Liberale Hochschulverband* (LHV) führte jedoch neben seinen sozialistischen und spontaneistischen Kon-

119 Siehe Jürgen Kunze, Die Jungdemokraten zwischen Liberalismus und Sozialismus; in: Jürgen Dittberner/Rolf Ebbighausen (Hrsg.), Parteiensystem ..., a.a.O., S. 307 ff.

120 Vgl. hierzu Jörg Michael Gutscher, a.a.O., S. 50 ff., sowie Kurt J. Körper, a.a.O., S. 46 ff.

kurrenten ein Schattendasein, wenn er sich auch bemühte, antikapitalistische und ökologische Elemente der „Jugendbewegung" aufzugreifen.

Die im Mai 1958 gegründete *Friedrich-Naumann-Stiftung* (FNS)[121] ist mit der FDP politisch und personell auf das Engste verbunden. Über die staatlich finanzierte FNS wickelt die Partei ihre gesamte politische Bildungsarbeit sowie internationale Kontakte und Entwicklungshilfe ab. 1967 entstand die „Theodor-Heuss-Akademie" in Gummersbach als Schulungs- und Bildungsstätte der FNS. 1979 erhielt die Stiftung ca. 25 Millionen DM an staatlichen Zuwendungen, mehr also, als die FDP an Gesamteinnahmen verbuchen konnte. Der Haushalt des Jahres 1983 umfaßte Gesamtausgaben in der Höhe von 57,2 Millionen DM. Die Mittel waren veranschlagt für „Projekte in Ländern der Dritten Welt": 27,7 Millionen DM, „Zentrale Aufgaben im In- und Ausland": 8,9 Millionen DM, „Seminare und Veranstaltungen einschließlich Theodor-Heuss-Akademie": 6,5 Millionen DM, „Projekte in Industrieländern": 5,3 Millionen DM, „Studienförderung/Stipendienprogramm": 4,7 Millionen DM, „Forschung und Publikationen": 2,1 Millionen DM und „Archiv des Deutschen Liberalismus": 2,0 Millionen DM. Ende 1983 wurde mit dem Margarethenhof in Königswinter ein repräsentatives Verwaltungs- und Veranstaltungszentrum eingeweiht, so daß die Stiftung seit dieser Zeit vom etwas abseits gelegenen Gummersbach, wo sich seitdem die Theodor-Heuss-Akademie, die Studienförderung und das Archiv des Deutschen Liberalismus befinden, näher an die Bundeshauptstadt herangerückt ist. Organe der Stiftung sind der Vorstand (Vorsitzender 1983 Ralph Dahrendorf), das Kuratorium (Vorsitzender 1983 Walter Scheel), der Stiftungsbeirat sowie die Geschäftsführung. Außer in Königswinter und in Gummersbach unterhält die Stiftung die „Europäische Begegnungsstätte Berlin" sowie die „Europäische Begegnungsstätte Saarbrücken". Die FNS ist in den neun Bundesländern neben Berlin und dem Saarland durch Landesstiftungen vertreten und unterhielt 1984 31 Auslandsprojekte, vor allem in Afrika, Südostasien und Lateinamerika.

Außer den genannten Neben- oder Suborganisationen sind noch die folgenden Institutionen erwähnenswert: Der „Verband liberaler Akademiker e. V./ Seniorenverband liberaler Studenten" (VLA) hat den LSD, aus dem er 1955 als „Altherrenvereinigung" hervorgegangen ist, überlebt, führt aber eher ein bescheidenes organisatorisches Dasein. Die „Wirtschaftspolitische Vereinigung e. V." (WSV) wird als Verband „zur Förderung marktwirtschaftlicher Interessen" bezeichnet und hat überwiegend Funktionen bei der Parteienfinanzierung zu erfüllen. Die nur in Berlin existierende „Freie Demokratische Wohlfahrt e. V." (FDW), die ebenfalls regional auf Nordrhein-Westfalen, Hessen und Berlin beschränkte „Bundesarbeitsgemeinschaft liberaler Eltern und Erzieher

121 Siehe Henning Konrad v. Vieregge, Parteinahe Stiftungen und ihre Parteien. Zur Rolle der parteinahen Stiftungen im Parteiensystem der Bundesrepublik Deutschland unter besonderer Berücksichtigung der Friedrich-Naumann-Stiftung, Baden-Baden 1977 sowie Werner Stephan, Die Friedrich-Naumann-Stiftung. Entstehung und Entwicklung; in: Jahresbericht 1983. Jubiläumsausgabe 25 Jahre Friedrich-Naumann-Stiftung, St. Augustin 1984.

e. V." (BALEE), die „Vereinigung liberaler Juristen e. V.", die „Vereinigung liberaler Kommunalpolitiker e. V." (VLK) und der „Liberal-Katholische Arbeitskreis e. V." spielen allesamt innerparteilich sowie nach außen äußerst bescheidene Rollen, wenn sie überhaupt aktiv sind.[122]

Die FDP ist Mitglied der „Liberalen Weltunion" und der Föderation der liberalen und demokratischen Parteien in der Europäischen Gemeinschaft (ELD).[123]

Einen bestimmten Interessenverband primär der FDP organisatorisch oder politisch zuzuordnen, ist nicht möglich. Das Schema „Der DGB steht der SPD nahe" oder „Die Katholische Kirche steht der CDU/CSU nahe" läßt sich analog auf die FDP nicht übertragen. Obwohl die FDP häufig als „Unternehmer"- oder „Beamtenpartei" bezeichnet wurde, wäre es falsch, den BDI oder den Deutschen Beamtenbund (DBB) als FDP-nahe Organisationen einzustufen. Die großen Verbände in der Bundesrepublik sind weder formal noch politisch-ideologisch eindeutig bestimmten politischen Parteien zuzuordnen, wohl auch deshalb nicht, weil sie ihre Einflußchancen unabhängig von Regierungswechseln wahrnehmen wollen. Anhand bestimmter Kriterien wie personelle Verflechtung oder Parteienfinanzierung lassen sich allerdings Affinitäten beobachten. Aufgrund der quantitativen Gegebenheiten ist die FDP hierbei aber stets der „zweite Adressat", obwohl aus der Sicht der Partei heraus eine FDP-Orientierung insbesondere von „Mittelschichten-Verbänden" (z. B. DBB, DAG, Union der leitenden Angestellten) angestrebt wird. Die personelle Interessenvertretung von „Industrie" und „Mittelstand" fällt innerhalb der FDP relativ stärker ins Gewicht als in der CDU/CSU, obwohl sie dort absolut höher ist. Insofern ist das Bild von der Industrie- und Mittelstandsorientierung der FDP zutreffend, obwohl die entsprechenden Verbände ihren Schwerpunkt der Einflußnahme in der Union sehen.

4.2. Mitglieder und Führung

Die innerparteilichen Machtverhältnisse und Willensbildungsprozesse unterlagen im Laufe der Entwicklung der FDP immer wieder Veränderungen. War schon die Entstehung einer Bundesorganisation vergleichsweise spät erfolgt – ein zentraler Parteiapparat entstand überhaupt erst im Zusammenhang mit der ersten Bundestagswahl –, so beharrten vor allem die süddeutschen Landesverbände der Partei lange Zeit auf einem ausgesprochen föderalistischen Parteiaufbau mit nur schwacher Parteiführung als reinem Koordinationsorgan. Daß die FDP bis

122 Siehe Friedrich Henning, F.D.P., Die Liberalen, Porträt einer Partei, München 1982, S. 82–85.

123 Siehe Thomas Jansen/Volkmar Kallenbach, Die europäischen Parteien. Strukturen – Personen – Programme. Materialien zur Europapolitik, Bd. 2, hrsg. v. Institut für Europäische Politik, Bonn 1977, S. 58 ff.; Theo Stammen, Parteien in Europa. Nationale Parteiensysteme – Transnationale Parteienbeziehungen – Konturen eines europäischen Parteiensystems, hrsg. v. d. Bayerischen Landeszentrale für politische Bildungsarbeit, München 1977, insbes. S. 241 ff.

weit in die fünfziger Jahre hinein nur einen lockeren Verbund von elf Landesparteien[124] darstellte, beruhte gleichermaßen auf der Tatsache, daß für den zum ersten Bundespräsidenten gewählten Theodor Heuss als Parteivorsitzender kein Nachfolger gefunden wurde, der die politisch heterogenen Kräfte und Interessen integrieren und wirksam nach außen vertreten konnte.

Es darf aber auch nicht übersehen werden, daß gerade der föderalistische Parteiaufbau der FDP die notwendige Flexibilität gab, um ein Auseinanderfallen der divergierenden Strömungen zu verhindern. Anstelle eines einflußreichen Bundesvorstands gewann zunächst die Bundestagsfraktion an innerparteilicher Bedeutung, die sich allmählich fast unangefochten zum „Spitzengremium" der Partei entwickelte[125].

Erst nach der Abspaltung der FVP und dem Scheitern der Bemühungen um eine rechte Sammlung waren – auch unter dem Eindruck der absoluten Mehrheit der CDU/CSU im Bundestag – die Voraussetzungen für eine Straffung und Vereinheitlichung der Organisation, für eine Stärkung des Bundesvorstands und für die Koordination der Tätigkeit der Bundestagsfraktion und des Bundesvorstands geschaffen. Unter der Führung von Reinhold Maier wuchsen die Landesverbände stärker zusammen. Und mit dem Amtsantritt seines Nachfolgers Erich Mende rückte eine jüngere Generation von Führungskräften nach, die die „Gründergeneration" ablöste[126] und sich bemühte, den Honoratiorencharakter der FDP durch eine Parteireform zu überwinden. Ihr „Korpsgeist"[127] hat es freilich nicht vermocht, die Gegensätze zwischen den Landesverbänden völlig zu beseitigen und alle beabsichtigten organisatorischen Reformen durchzusetzen.

Die Durchsetzung des „neuen Kurses" nach dem Ende der Bürgerkoalition war mit einem neuerlichen Wechsel in der Parteiführung verbunden. Die dritte Generation von FDP-Politikern hatte erhebliche Integrationsleistungen vor allem hinsichtlich des rechten Parteiflügels zu erbringen. Viele Funktionsträger trennten sich im Laufe der Parteikrise Anfang der siebziger Jahre von der FDP. Vor allem aber fand ein umfassender Austausch innerhalb der Mitgliederschaft statt.

1977 wurde im Auftrag einer „Projektgruppe Organisationsreform" innerhalb der FDP eine repräsentative Mitgliederbefragung durchgeführt. Danach waren damals 22 % der Mitglieder Frauen; bei der Altersstruktur waren die Jahrgänge zwischen 26 und 40 am stärksten besetzt (40 % der Mitglieder), während nur 3 % der Mitglieder zwischen 16 und 20 Jahre alt waren; jedes zweite Mitglied hatte das Abitur und 25 % ein abgeschlossenes Hochschulstudium. Die Mitgliederstruktur nach Berufsgruppen verteilte sich wie folgt: Arbeiter/Facharbeiter 5 %, Angestellte 30 %, Beamte 14 %, Selbständige und Freiberufler 19 %, Hausfrauen 11 %, Rentner/Pensionäre 12 % und in der Aus-

124 Vgl. Jörg Michael Gutscher, a.a.O., S. 43 und S. 70.
125 Vgl. ebd., S. 70f.
126 Heino Kaack, a.a.O., S. 25.
127 Kurt J. Körper, a.a.O., S. 96.

bildung Befindliche 9 %. Von 1969, dem ersten Jahr der FDP/SPD-Koalition bis 1977 waren zwei Drittel aller FDP-Mitglieder in die Partei eingetreten, während die Partei im gleichen Zeitraum 29 000 Mitglieder verloren hatte. Ähnlich wie nach 1982 auch hatte die FDP nach ihrem ersten Standortwechsel im Parteiensystem erhebliche Teile ihrer Mitgliederschaft ausgewechselt und so eine innerparteiliche Basis für den jeweils neuen politischen Standort gewonnen.[128] Erste Einblicke in die Entwicklung der Sozialstruktur der FDP-Mitgliederschaft nach der Wende gewährte eine Befragung der Kreisvorsitzenden im Herbst 1983. Danach waren damals 23,4 % der Mitglieder Frauen, jedoch seien unter den Kreisvorsitzenden selbst nur 5,7 % weiblich gewesen. Von 1980 auf 1983 hatte sich der Anteil jüngerer Mitglieder unter 35 Jahre von 24,9 % auf 22,3 % leicht verringert. In diesem Zeitraum hatte ebenfalls der (ohnehin schwindend geringe) Arbeiteranteil unter den Mitgliedern abgenommen wie auch der Anteil der mittleren Angestellten und Beamten. Hingegen hatte sich der Anteil bei den höheren Angestellten und Beamten erhöht, desgleichen bei den mittleren Selbständigen: Deren Anteil bei allen Austritten von 8,1 % habe ein Anteil von 15,9 % bei den Neueintritten gegenübergestanden. Da eine ähnliche Entwicklung bei den Freien Berufen zu verzeichnen gewesen sei, hatte die FDP unter ihren Neueintritten seit der Wende zu über 30 % Angehörige des alten Mittelstandes hinzugewonnen. Die Folge: Nach der Einschätzung der Kreisvorsitzenden habe sich seit der Wende in ihren Verbänden der politische Standort in 29,3 % der Fälle nach rechts, in 0,9 % nach links verschoben, während es in fast 60 % der Kreisverbände keine politische Standortveränderung gegeben habe.[129]

Im allgemeinen vollzieht sich der Willensbildungsprozeß innerhalb der FDP in dem für die westdeutschen Parteien typischen und obligatorischen Rahmen der regional übereinandergeschichteten Mitglieder- und Vertreterversammlungen sowie Vorstände. Die geringe Mitgliederdichte bringt insbesondere jedoch für die Kreisverbände Probleme, weil auch Verbände mittlerer Größenordnung ihre spezifischen Aufgaben (Kommunalpolitik, Veranstaltungen, Mitgliederaktivierung, Sympathisantenbetreuung, Wählerwerbung) nur unzulänglich bewältigen können. Andererseits bewirkt die geringe Mitgliederdichte zusammen mit der starken Föderalisierung und geringen Bürokratisierung der Parteiorganisation aber auch eine relativ große personelle und politische Flexibilität der Partei. Typische „Blitzkarrieren" (Werner Maihofer, Ralf Dahrendorf) sind so nur in der FDP denkbar, und die Verbände der Partei sind bei veränderter politi-

128 Siehe dazu Theo Schiller, Wird die F.D.P. eine Partei?; in: Wolf-Dieter Narr (Hrsg.), Auf dem Wege zum Einparteienstaat, Opladen 1977, S. 122. Siehe „Die F.D.P. von innen", a.a.O. Auch „Projektgruppe Organisationsreform", Vorschläge zur Reform der Parteiarbeit, 30. Juni 1977 (unveröffentlicht).

129 Zweifellos weist die Befragung von 1983 methodische Mängel auf, so daß ihre Zuverlässigkeit nicht sicher ist. So ist es problematisch, sich auf die schriftlichen Angaben der Kreisvorsitzenden – ohne kontrollierte Interviewsituation – zu verlassen und Angaben zu übernehmen, welche die Kreisvorsitzenden über Dritte – die Mitglieder – gemacht haben. Grundstrukturen jedoch werden schon deutlich.

scher Gesamtlage rasch in der Lage, von „überholten“ Beschlüssen abzurücken. Für den Kreis der aktiven Mitglieder sind die unteren und mittleren Meinungsbildungs- und Entscheidungsgremien relativ offen. Am Bundesparteitag kann jedes Mitglied teilnehmen. Nichtdelegierten kann auf Antrag das Rederecht eingeräumt werden; die Fachausschüsse auf Bundes- und Landesebene prägen vor allem die programmatische Willensbildung und sind auf Landesebene praktisch jedem interessierten Mitglied offen; die kommunalen Parteivorstände und -fraktionen tagen vielfach parteiöffentlich. Gleichzeitig sind jedoch in den engeren Führungsspitzen (Präsidium, Minister, Fraktionsvorstand) wie auch bei den anderen Parteien starke Verharschungstendenzen zu beobachten. Wegen dieser Machtkonzentration in den Führungsspitzen und der häufigen Regierungsbeteiligung der FDP wird diese oft auch als „Ministerpartei“ bezeichnet.

Die innerparteiliche Opposition gegen die Wende der FDP, die große Austrittswelle 1982/83 (s. Kapitel 3 und Anhang) und das schlechte Image der Partei in der Öffentlichkeit zu dieser Zeit machen jedoch deutlich, daß die Organisation der FDP so schwach ist, daß sie allein in existenziellen Krisen das Überleben der Partei nicht sicherstellen kann.

4.3. Presse und Propaganda

In der Presse- und Öffentlichkeitsarbeit der FDP[130] spiegelt sich ein Stück Organisationsgeschichte wider: Zunächst war die liberale Presse eine Angelegenheit der Landesorganisationen; der Bundesverband verfügte nur über einige Pressedienste. Erst 1956 entstand mit dem Wochenblatt „Das freie Wort“ ein Zentralorgan der FDP, und allmählich schlief die Pressearbeit der meisten Landesverbände ein. Als „Das freie Wort“ 1964 aus finanziellen Gründen eingestellt werden mußte, existierten kaum noch liberale Landesorgane. Erst 1975 entstand mit der „Neuen Bonner Depesche“ eine zentrale Mitgliederzeitung der FDP.

Im Gegensatz z. B. zu den Unionsparteien und den Sozialdemokraten haben es die Liberalen nach 1945 weder verstanden, nennenswerten Einfluß in der Tagespresse zu erringen, noch eine schlagkräftige eigene Parteipresse aufzubauen. Auch ist es ihnen trotz langjähriger Regierungsarbeit im Bund und in den Ländern nicht hinreichend gelungen, ihren parteipolitischen Einfluß in den Presseämtern des Bundes und der Länder und in den Massenmedien geltend zu machen, obwohl die Partei eine Vielzahl namhafter Publizisten zu ihren Mitgliedern zählt. „Daß die allemal vorhandenen Möglichkeiten der Partei zumindest auf dem Pressesektor nicht genutzt wurden, gehört – auf längere Sicht betrachtet – zu einer der folgenschweren Unterlassungen der FDP. Sie erwies sich auf dem Pressesektor als eine Partei der ungenutzten und verpaßten Möglichkei-

130 Siehe Heinz-Dietrich Fischer, Parteien und Presse in Deutschland seit 1945, Bremen 1971, S. 347 ff.; Horst W. Schmollinger/Richard Stöss, Die Parteien und die Presse der Parteien und Gewerkschaften in der Bundesrepublik Deutschland 1945–1974, München 1975, S. 123 ff.

ten."[131] Möglicherweise ist diese Aussage etwas dramatisiert. An Bemühungen um Einfluß auf die Medien fehlt es jedenfalls nicht, wenn auch FDP-intern immer wieder eine vermeintliche „Große Koalition" in den öffentlich-rechtichen Rundfunkanstalten beklagt wird. Immerhin gab es aber in der sozialliberalen Ära einen der FDP nahestehenden stellvertretenden Bundespressesprecher. Und 1985 hat die FDP die gleiche Konstellation innerhalb des konservativ-liberalen Bündnisses durchgesetzt.

Die regionalspezifische Entstehungsgeschichte der FDP brachte es mit sich, daß nach 1945 zunächst in allen Ländern bzw. darüber hinaus in vielen Landesteilen liberale Blätter erschienen, die freilich kaum über die Mitgliederschaft der Partei hinaus bekannt wurden. Nur wenige Tages- bzw. Wochenzeitungen konnten dem Einzugsbereich der Liberalen zugerechnet werden. Die Währungsreform brachte zwar die Massenmedien insgesamt in eine schwierige finanzielle Situation, wirkte sich aber auf die bescheidene liberale Tagespresse besonders nachteilig aus. Im Bundestagswahljahr 1949 bestanden sieben FDP-nahe Tageszeitungen:

„Abendpost", Hannover (Auflage 86 000 Exemplare);
„Hamburger Freie Presse" (Auflage 100 000 Exemplare);
„Das Neue Baden", Lahr (Auflage 56 600 Exemplare);
„Rheinisch-Pfälzische Rundschau", Kreuznach (Auflage 25 000 Exemplare);
„Schwaben-Echo", Oberndorf (Auflage 45 000 Exemplare);
„Westdeutsche Rundschau", Wuppertal (Auflage 90 500 Exemplare);
„Westdeutsches Tageblatt", Dortmund (Auflage 70 000 Exemplare)[132]

Bereits im Mai 1949 hatte das „Berliner Mittags-Echo" sein Erscheinen einstellen müssen, im Spätsommer des Jahres folgten drei weitere Tageszeitungen, und bis März 1950 starben auch die übrigen Blätter.

Seitdem ist die FDP allein auf die eigene Pressearbeit angewiesen. Ende 1949 erschien als erster zentraler Pressedienst die „Wirtschafts- und Sozialpolitik" und seit dem 17. Januar 1950 die „freie demokratische korrespondenz" („fdk"), die auch heute noch als das wichtigste Kommunikationsinstrument zwischen Bundesgeschäftsstelle und Massenmedien fungiert. Im Januar 1952 wurde bei der Bundesgeschäftsstelle ein „Referat für Parteipropaganda" geschaffen, das, vor allem im Hinblick auf die bevorstehenden Bundestagswahlen, die Öffentlichkeitsarbeit der Partei koordinieren und verbessern sollte. Die wohl bedeutendste Maßnahme war die Herausgabe des „Rednerschnellbriefs der FDP" (seit dem 10. September 1952), der der Schulung und Information der Amtsträger der Partei diente und sich rasch wachsender Beliebtheit bei den Funktionären erfreute.

Ein zentrales Organ vermochten die genannten Dienste jedoch nicht zu ersetzen, und so wurde die FDP-Propaganda im wesentlichen immer noch von den Landesverbänden getragen. Im Jahre 1953 erschienen wöchentlich: „Neues Vaterland" (Baden-Württemberg), „Freie Deutsche Presse" und „Unsere Mei-

131 Fischer, a.a.O., S. 426.
132 Fischer, a.a.O., S. 378.

nung" (Bayern), „(Berliner) Montags-Echo" (West-Berlin), „Der Roland" (Bremen), „Die freie Stadt" (Hamburg), „Deutscher Kurier" (Hessen) sowie „Die Deutsche Zukunft" (Nordrhein-Westfalen). Im monatlichen bzw. halbmonatlichen Turnus kamen „Unser Standpunkt" (Schleswig-Holstein) und „Das Sprachrohr" (Niedersachsen) heraus. In Nordrhein-Westfalen bestand überdies seit 1947 das – über die Landesgrenzen hinausreichende – kommunalpolitische Monatsblatt „Das Rathaus", und der LSD publizierte die „Liberale Studenten-Zeitung", vom Dezember 1951 bis August 1952 noch unter dem Titel „Unser Weg".

Die Situation veränderte sich erst gegen Ende der zweiten Legislaturperiode, als die FDP aus der Bundesregierung ausschied und sich anschickte, die innerparteilichen Verhältnisse zu vereinheitlichen und die Parteiarbeit zu verbessern. Am 24. Februar 1956, also wenige Tage nach dem Düsseldorfer Regierungswechsel, erschien der „Rednerschnellbrief" unter dem Titel „Das freie Wort" als – wie seit Oktober 1956 auch im Untertitel angeführt – „Zentralorgan der Freien Demokratischen Partei". Da sich der „Rednerschnellbrief" als unverzichtbares Schulungs- und Informationsinstrument erwiesen hatte, wurde er ab November 1956 wieder regelmäßig in Umlauf gebracht.

Die Wochenzeitung „Das freie Wort" erlebte zunächst einen kometenhaften Aufstieg: Die Auflage erhöhte sich von 40 000 (Anfang 1957) auf 190 000 Exemplare vor der Bundestagswahl 1957[133], im März 1958 lag die Auflagenhöhe des nun mit dem Untertitel „Wochenzeitung für freiheitliche Politik" erscheinenden Organs bei über 70 000 Exemplaren. Mit der Gründung der Friedrich-Naumann-Stiftung (FNS) im Mai 1958 konnte die Bildungs- und Schulungsarbeit der FDP auf eine neue organisatorische Grundlage gestellt werden, und es rückte die Herausgabe eines theoretischen Organs der Partei in das Blickfeld ihrer Öffentlichkeitsarbeit. Nach längeren Vorarbeiten war im April 1959 die erste Ausgabe der Zeitschrift „liberal" fertiggestellt, die sich bis heute der Diskussion von Grundsatzfragen und längerfristigen gesellschaftsgestaltenden Konzepten annimmt.

Im Frühjahr 1962 ging die FDP das Risiko ein, „Das freie Wort" zweimal wöchentlich erscheinen zu lassen, obwohl die Auflage gesunken und es vor allem nicht gelungen war, jedes Parteimitglied dazu zu bewegen, das Organ zu abonnieren. Ebenso wie die Beitragsmoral der FDP-Mitglieder sehr zu wünschen übrig ließ, war auch ihre Bereitschaft gering, die Öffentlichkeitsarbeit ihrer Partei zu unterstützen. Nur etwa ein Viertel der Parteimitglieder bezog damals laufend „Das freie Wort". Mit einer Auflage von nur noch knapp 13 000 Exemplaren mußte das Organ zum 30. Juni 1964 eingestellt werden (am 27. Juni erschien die letzte Ausgabe des Blattes), obwohl es mehr und mehr zum Ersatz für eine landeseigene Pressearbeit geworden war. 1964 verfügten nur noch die Landesverbände Hamburg, Schleswig-Holstein, Berlin („Das Berliner Wort", seit 1962) und Baden-Württemberg („Neues Vaterland", erschien seit 1955

133 Vgl. ebd., S. 405 f. Die Landeszeitschriften der FDP erschienen 1953 in einer monatlichen Gesamtauflage von 1 310 800 Exemplaren (ebd., S. 390).

unter dem Titel „Südwest-Merkur") über eigene Parteizeitungen. „Unser Standpunkt" mußte schon 1966, der „Südwest-Merkur" 1974 eingestellt werden. 1985 mußte als letzter auch der Berliner Landesverband ein eigenes Parteiblatt („Berliner Liberale Zeitung") aus Geldmangel vorübergehend einstellen, obwohl eine öffentliche Bezuschussung dieser Publikation weiterhin möglich war.

Die Bundesorganisation wandelte 1975 die seit 1971 von der Bundestagsfraktion herausgegebene „Bonner Depesche" in ein zentrales Mitgliederblatt um, das allen Mitgliedern ohne besondere Gebühren zugeschickt wird. „Die neue Bonner Depesche" hat sich mittlerweile zu einem ansprechenden Mitgliedermagazin entwickelt. Daneben erscheinen auf Bundesebene gegenwärtig noch die „fdk" und „liberal" sowie der „Presseinformationsdienst" der Friedrich-Naumann-Stiftung.[134]

134 Bedeutende Periodika der FDP waren bzw. sind:
- Agrarpolitischer Rundbrief, Bonn; erm. 1964–68.
- Berliner Liberale Zeitung; seit 1968 [Anfang u. d. Titel Das Berliner Wort].
- Berliner Montags-Echo; 1962–68 [Forts. u. d. Titel Berliner Liberale Zeitung].
- Bonner Depesche, Bonn; 1971–75 [Forts. als Die neue Bonner Depesche].
- Deutsche Saar (→ Demokratische Partei Saar).
- Die Deutsche Zukunft, Düsseldorf; 1952 – [erm. 1956].
- Deutscher Kurier; 1949–58 [Anfang u. d. Titel LDP-Kurier; aufgegangen in Das freie Wort].
- Der Freie Demokrat, Hannover; 1947–50 [Forts. u. d. Titel Das Sprachrohr].
- Der Freie Demokrat, Kiel; 1946–50 [Forts. u. d. Titel Unser Standpunkt].
- freie demokratische korrespondenz (fdk), Bonn; seit 1950.
- Die freie Stadt, Hamburg; 1947 – [erm. 1964].
- Das freie Wort, Bonn 1956–64.
- LDP-Kurier, Frankfurt; 1946–49 [zunächst Die Brücke; Forts. u. d. Titel Deutscher Kurier].
- liberal, Bonn; seit 1959.
- Die neue Bonner Depesche, Bonn; seit 1975.
- (Das) Neue(s) Vaterland, Stuttgart; 1946–55 [zunächst Das Andere Deutschland; Forts. u. d. Titel Südwest-Merkur].
- Niedersachsenkurier, Hannover; 1956/57 [Anfang u. d. Titel Das Sprachrohr].
- Das Rathaus, Düsseldorf/Essen; seit 1947.
- Rednerschnellbrief, Bonn; 1952–56; 1956–?
- Der Roland, Bremen; 1948–? [BDV/FDP; zunächst Bremer Roland].
- Schnellbericht, Bonn; 1967– [erm. 1971] [Anfang u. d. Titel Schnelldienst].
- Schnelldienst, Bonn; 1955–67 [Forts. u. d. Titel Schnellbericht].
- Sozialpolitische Informationen [ab 1964 Sozialpolitische Mitteilungen], Bonn; 1954– [erm. 1965].
- Das Sprachrohr, Hannover; 1950–56 [Anfang u. d. Titel Der Freie Demokrat; Forts. u. d. Titel Niedersachsenkurier].
- Südwest-Merkur; 1955–74.
- Unser Standpunkt, Kiel; 1950–66 [Anfang u. d. Titel Der Freie Demokrat].
- Wirtschafts- und Sozialpolitik, Bonn; 1949– [erm. 1966].

4.4. Wahlbeteiligungen und politische Repräsentanz

Es ist verfassungstheoretisch schlüssig, empirisch aber falsch, wenn die Organisation der Parteien in der Bundesrepublik losgelöst von ihrem Streben und – im Falle des Erfolges – ihrer Repräsentanz in Parlamenten und Regierungen behandelt werden. Zum einen sind die meisten – bei der FDP eigentlich sämtliche – organisatorischen Aktivitäten direkt oder indirekt drauf ausgerichtet, der Partei die Vertretung in Parlament oder Regierung zu erhalten oder zu ermöglichen. Zum anderen sind Parlamentsfraktionen ebenso wie Mitglieder von Regierungen faktisch Teil der Parteien, nicht nur in bezug auf die innerparteiliche Willensbildung, sondern auch bei der der Partei zur Verfügung stehenden organisatorischen und finanziellen Kapazität. Eine andere Frage ist es, ob diese faktische Verzahnung zwischen Verfassungsorganen und Parteiapparat formalrechtlich getrennt wird oder ob man sich diese Mühe gar nicht erst macht. Seit 1980 etwa wird die Finanzierung der politischen Parteien in der Öffentlichkeit kritisch beobachtet, und seither geben sich die Parlamentsfraktionen besondere Mühe, ihre organisatorische und finanzielle Unterstützung der Parteien in rechtlich unangreifbaren Formen zu vollziehen. Eine sozialwissenschaftliche Analyse der Organisationswirklichkeit kann jedoch nicht in der Wiedergabe der formalen Strukturen verharren, sondern muß zusätzlich die tatsächlichen und informellen Beziehungen im Blick haben.

In der FDP jedenfalls heißt Organisationsarbeit zugleich auch direkte oder indirekte Wahlkampfarbeit. Der eigentliche Sinn der gesamten Organisation, das organisationssoziologische Ziel, besteht in der Beteiligung an Wahlen und in der Besetzung möglichst einflußreicher Positionen in den Verfassungsorganen. So ist es auch geradezu natürlich, daß sich die FDP an sämtlichen Bundestags- und Landtagswahlen beteiligt hat (s. Anhang.) Ebensowenig ist es überraschend, daß es einen bundesweiten innerparteilichen Entrüstungssturm ausgelöst hatte, als der FDP-Bezirksverband Berlin-Tiergarten im Dezember 1984 beschlossen hatte, „aus Gründen der Selbstachtung" sich nicht an den Berliner Wahlen zum Abgeordnetenhaus und zu den Bezirksverordnetenversammlungen zu beteiligen. Der Bezirksverband wollte damit gegen die Wende-Politik der Partei protestieren; dies ging jedoch völlig unter, denn schwerwiegender war, daß der Verband gegen ein organisatorisches Tabu der Partei verstoßen hatte.

Auf der Bundesebene konnte die FDP bislang bis zu knapp 13 Prozent der Wählerschaft für sich gewinnen. 1980 waren es 10,6 Prozent, 1983 – wie berichtet – sieben Prozent. Überdurchschnittlich gute Bundestagswahlergebnisse erzielte die FDP in Hamburg, Bremen, Hessen und Baden-Württemberg. Das liberale Elektorat scheint auf Bundesebene gefestigter zu sein als in den Ländern. Hier blieb es der Partei seit 1969 – dem ersten Wechsel im Parteiensystem – immer wieder einmal versagt, die Sperrklauseln zu überwinden. Im Vergleich zu den Bundestagswahlergebnissen ist auf Landesebene allgemein eine sinkende Tendenz bei den Wähleranteilen zu konstatieren. Vor allem hat die FDP ihre früheren Hochburgen verloren. Diesem Bedeutungsverlust entspricht innerparteilich die stärker gewordene Stellung der Bundesorganisation gegenüber den Landesverbänden.

Der Anteil der „Stammwähler" an der FDP-Wählerschaft ist insgesamt vergleichsweise gering, und die Partei ist mehr als ihre Konkurrenten darauf angewiesen, „Wechselwähler" für sich zu mobilisieren. So sind die Wahlergebnisse der FDP in besonderem Ausmaß abhängig von politischen Rahmenbedingungen und von der Fähigkeit der Partei, sich den Wählern als attraktive und notwendige politische Kraft neben CDU bzw. CSU und SPD zu präsentieren. Dies führte in der Vergangenheit häufig zu landespolitischen Akzentuierungen, die mit der Bundespolitik nicht immer übereinstimmten.

Nach der sozialstrukturellen Zusammensetzung war und ist die FDP eine bürgerliche Partei, Arbeiter sind nur zu einem sehr geringen Prozentsatz vertreten. Während der Zeit bis 1969 rekrutierten sich bis zu ca. 50 Prozent der FDP-Wähler aus der Gruppe der Selbständigen bzw. der Landwirte, ihre soziale Basis war stark besitzmittelständisch und ländlich geprägt. Dies änderte sich zwischen 1965 und 1972: Der Anteil der Selbständigen ging von 35 Prozent (1953) auf 11 Prozent (1972) zurück, der der Landwirte in demselben Zeitraum von 15 Prozent auf 2 Prozent und das, obwohl die FDP seit 1969 den Bundeslandwirtschaftsminister stellt. Demgegenüber stieg der Anteil der Beamten und Angestellten von 34 Prozent (1953) auf 66 Prozent (1972)[135], womit sich auch ihre regionalen Schwerpunkte von den ländlichen Gebieten weg in die großstädtischen Dienstleistungszentren verlagerten. Die Bundestagswahl 1976 bestätigte diese Tendenz, es trat freilich eine Nivellierung ein: Zu Lasten der Angestellten/Beamten erhöhte sich der Anteil der Selbständigen und der (Fach-) Arbeiter. Gegenwärtig findet die FDP ihre stärksten Präferenzen in den „höheren" sozialen Lagen der verschiedenen Berufsgruppen. Der höhere soziale Status ihrer Wähler unterscheidet die FDP deutlich von den beiden anderen großen Parteien. Das Wählerpotential der FDP ist infolgedessen nicht nur sozialstrukturell, sondern auch quantitativ begrenzt.

War die FDP in der Zeit bis 1969 von ihrer Wählerbasis her eine Partei des „alten" Mittelstands, so war sie dann als Partei des „neuen" Mittelstands charakterisiert für die SPD/FDP-Zeit. Schiller formuliert die Hypothese, daß man als „grobe[n] Nenner für den sozialen Ort der F.D.P.-Wähler" die Bezeichnung „Steuerungskader" verwenden könne. Gemeint ist damit, „daß die soziale Stellung von F.D.P.-Wählern stark geprägt ist von mehr oder weniger bedeutenden Leistungs- und Steuerungsfunktionen, die Orientierung an System- und Funktionszusammenhängen nahelegen und über das Selbstverständnis der eigenen Funktionsausübung eine interessen-distanzierte Systemidentifikation vermitteln"[136]. Diese „Steuerungskader" bilden nach Schiller jedoch keine homogene Gruppe. Vielmehr macht er zwei verschiedene Interessenrichtungen unter den „Steuerungskadern" aus; traditionelle (bürgerliche) Herrschaftsinteressen

135 Angaben nach: Institut für politische Planung und Kybernetik (IPK), Die Bundestagswahl 1972, Bonn 1973.

136 Theo Schiller, a.a.O., S. 143.

und Privilegieninteressen einerseits und fortschrittliche Emanzipationsinteressen andererseits[137].

Daß die „fortschrittlichen Emanzipationsinteressen" seit Installierung der CDU/CSU/FDP-Koalition unter den FDP-Wählern seltener geworden sind, ist evident. Dennoch ist gerade bei der FDP eine Abkehr der Wählerorientierung an traditionellen Sozialstrukturen – die generell zu verzeichnen ist – idealtypisch zu beobachten, denn es sind überwiegend die Funktions- oder Situationswähler, welche von der liberalen Organisation angesprochen werden und sich angesprochen fühlen.

Die Liberalen waren im Wirtschaftsrat der Bizone mit vier von 52 bzw. später mit acht von 102 Mandaten und im Parlamentarischen Rat mit fünf von 65 Mandaten vertreten. Während sie seit 1949 stets im Bundestag repräsentiert waren, scheiterten sie bei folgenden Wahlen an den Sperrklauseln: Bayern (1966 und 1982), Berlin (1958), Hamburg (1978 und 1982), Niedersachsen (1970 und 1978), Nordrhein-Westfalen (1980), Saarland (1970), Schleswig-Holstein (1947, 1971 und 1983), Rheinland-Pfalz (1983) und Bremen (1983).

Die FDP war von 1949 bis 1956, von 1961 bis 1966 und ist seit 1969 als Koalitionspartner an Bundesregierungen beteiligt. Ihre Funktion innerhalb der Koalitionen ist entweder kritisch als „Bremser"-Rolle oder zustimmend als „Ausgleich"-Funktion charakterisiert worden. Auch bei wechselnden Koalitionspartnern gilt: Die FDP bringt weniger geschlossene politische Konzepte in die Regierungsarbeit ein, sondern beeinflußt aus ihrer Sicht eher korrigierend oder verhindernd die Politik des jeweiligen „Senior-Partners". Der Behauptung von Kaack, „daß die F.D.P. hinsichtlich der Neukonzeptualisierung politischer Probleme genauso aktiv und einflußreich wie die anderen Parteien war"[138], kann nur mit dieser Einschränkung zugestimmt werden.

Es ist beachtlich, daß die FDP gerade in Zentralfragen der Wirtschaftsordnung der Bundesrepublik sowohl gegenüber der Union als auch gegenüber der SPD als die eigentliche Vertreterin von Unternehmerinteressen aufgetreten ist. In der parteioffiziösen „Geschichte des deutschen Liberalismus" wird über die Haltung der FDP in der ersten Mitbestimmungsdebatte der Bundesrepublik während der ersten Legislaturperiode berichtet:

„Die Freien Demokraten waren es ..., die den Kampf um das Betriebsverfassungsgesetz so führten, daß die unternehmerische Entscheidungsbefugnis erhalten blieb. Einer Mitbestimmung der Arbeitnehmer im personellen und sozialen Bereich des eigenen Betriebes stimmten sie zu.

Dagegen lehnte sie ‚außerbetriebliche Einflüsse' durch Delegierung von Gewerkschaftsvertretern auch für die Aufsichtsräte im Kohlenbergbau und in der Eisen- und Stahlindustrie ab. In den erbitterten Auseinandersetzungen, die um diese gesellschaftspolitischen Probleme geführt wurden, fiel von liberaler Seite manch hartes Wort, besonders als von der Gewerkschaftsseite ein Druck auf das Parlament versucht wurde."[139]

137 Ebd., S. 144.
138 Heino Kaack, a.a.O., S. 81.
139 Geschichte des deutschen Liberalismus, S. 142.

In der Tat befand sich die FDP in den Diskussionen um die Betriebsverfassung und die Montanmitbestimmung in einer eindeutig unternehmerfreundlichen Position, wie sie selbst von der CDU/CSU, die immerhin stark von den Sozialausschüssen beeinflußt war, nicht eingenommen wurde.

Dort, wo die FDP bis 1969 dezidiert eigenwillige Positionen vertrat, nämlich in der Außenpolitik, konnte sie in der Regierung nicht aktiv werden. FDP-Politiker bemühten sich jedoch unterhalb der Regierungsebene um Kontakte und Gespräche mit Vertretern von Ostblock-Staaten und bereiteten so spätere außenpolitische Schritte vor.

Innerhalb der sozial-liberalen Koalition ist die „Bremser"-Rolle der FDP ebenfalls vor allem in der Wirtschafts- und Sozialpolitik offenbar geworden. So verhinderte sie das von den Gewerkschaften und der SPD favorisierte Mitbestimmungskonzept auf der Basis der Elemente „Kapital" und „Arbeit" und setzte die Beteiligung des Elements „Disposition" – also der leitenden Angestellten – in der Gesetzesregelung durch. Während in der Wirtschafts- und Sozialpolitik der Einfluß des Rechtsliberalismus auf die tatsächliche Politik der Partei unverkennbar ist, läßt sich eine Aussage über die Umsetzung der linksliberalen Schwerpunkte der Rechts- und Bildungspolitik schwerer formulieren. Die Bildungspolitik obliegt in der Bundesrepublik im wesentlichen den Ländern; dort ist allerdings von den wenigen liberalen Ministern der Versuch unternommen worden, linksliberale Positionen zu realisieren. Besonderen politischen Einfluß entfalteten FDP-Politiker vor allem in der Deutschland- und Ostpolitik, wo sie wichtige Reformanstöße vermittelt haben. In der erneuten Koalition mit der Union erwies sich die FDP als Kraft der Kontinuität in der Außenpolitik, als „Bremser" in der Innen- und Rechtspolitik und wiederum als kompromißloser Agent der ökonomischen Interessen nicht nur der Unternehmer, sondern auch der höheren Einkommensschichten.

5. Bündnisse und Spaltungen

Die Position der FDP innerhalb des westdeutschen Parteiensystems, besonders ihr Verhältnis zu den übrigen Parteien, war ständigen Veränderungen unterworfen und immer wieder Gegenstand innerparteilicher Auseinandersetzungen. Läßt sich die Position der FDP auch nicht ohne weiteres auf einen Begriff bringen, so unterliegt ihre Entwicklung doch – gemessen an den wirtschaftlichen und politischen Veränderungen in der Bundesrepublik – einer gewissen Folgerichtigkeit: Als zugleich antisozialistische, nationale und liberale Partei vor allem des Besitzmittelstandes war sie so lange auf die bürgerlichen Parteien fixiert, wie ein gesellschaftlicher Gegensatz zwischen bürgerlichen Besitz- und Statusinteressen gegenüber sozialreformerischen Interessen bestand. Erst der Zerfall der bürgerlichen Koalition 1969 zwang sie zur Suche nach einem neuen Standort im Parteiensystem, den sie bald als linksbürgerlicher Vertreter des „neuen“ Mittelstandes in einer Koalition der „Modernisierung“ und des „sozialen Wandels“ fand. Mit der durch die Wende bewirkten Neuauflage der bürgerlichen Koalition nach 1982 schmolz die linksbürgerliche Basis der Partei wieder hinfort, was nun zum großen Teil in einer durch Staatsverschuldung und strukturelle Arbeitslosigkeit geprägten Gesellschaft von konservativbürgerlichen Situations- und Funktionswählern kompensiert wurde. In beiden Phasen der bürgerlichen Koalition wie auch als Bündnispartner der SPD mußte sie sowohl an der Stärkung ihres politischen Lagers interessiert sein als auch an der Sicherung ihrer Existenz und ihres Einflusses, woraus sich einerseits ein latentes Spannungsverhältnis zur CDU/CSU oder zur SPD und andererseits immer wieder aufkeimende Debatten um ihr politisches Selbstverständnis ergaben. Derartige Debatten kamen bisher immer dann auf, wenn eine existentielle Krise der Partei gerade überwunden und ihr Standort an der Seite einer der beiden Hauptparteien an sich geklärt war.

Die Konstante in der Gesamtentwicklung der FDP bildet ihre Rolle als eigenwilliger Juniorpartner mit meist großem politischen Einfluß. Diese Rolle übte sie freilich in den drei Abschnitten ihrer Entwicklungsgeschichte unter sehr unterschiedlichen wirtschaftlichen und politischen Rahmenbindungen mit jeweils angepaßter liberaler Programmatik und mit jeweils veränderter sozialer Basis aus.

5.1. Die Bürgerkoalition

Nachdem in der unmittelbaren Nachkriegszeit alle Bemühungen gescheitert waren, eine einheitliche bürgerliche Sammlungsbewegung gegen Sozialdemokratie und

Kommunismus zu etablieren, gelang zeitgleich mit der Gründung der Bundesrepublik Deutschland doch wenigstens die Bildung einer in sich sehr heterogenen, bürgerliche Interessen, Ideologien, historische Traditionsbestände und regionale Sonderheiten bergende Bürgerkoalition, deren gemeinsames Selbstverständnis sich zunächst auf den Antikommunismus bzw. Antisozialismus und – dies bereits mit Einschränkungen – auf die außenpolitische Westorientierung beschränkte. Daß sich bald innerhalb dieses heterogenen Gebildes je ein Gravitationszentrum um den politischen Katholizismus der CDU/CSU und den protestantischen und laizistischen Liberalismus der FDP herauskristallisieren würde, war damals noch nicht abzusehen. Erkennbar war aber die sich herausbildende politische Dominanz der Unionsparteien unter Adenauer und die daraus resultierende Notwendigkeit für alle Bürgerblock-Parteien, sich innerhalb des Bündnisses – um der Erhaltung der eigenen Existenz willen – als eigenständige und unverzichtbare Kraft zu profilieren und sich gleichzeitig – um der Vermehrung des politischen Einflusses willen – neuer Anhänger (Mitglieder, Wähler) innerhalb oder außerhalb der sozialen Basis der Bürgerkoalition zu versichern.

Innerhalb der FDP war das Selbstverständnis als sozialreaktionäre „klassenbewußte bürgerliche Interessenpartei"[140] vor allem des Besitzmittelstandes nahezu unumstritten. Umstritten war hingegen, auf welchem Wege die Existenz der Partei langfristig gesichert und ihr Einfluß vermehrt werden könnte, zumal gerade bei Teilen des rechten, nationalliberalen Flügels die Außen- und Deutschlandpolitik der Bundesregierung nicht immer beifällig aufgenommen wurde.

In Hessen bestanden schon frühzeitig Beziehungen zur rechtsextremistischen Nationaldemokratischen Partei (NDP) unter Heinrich Leuchtgens. Im Juli 1949 schlossen die rechtsgerichteten hessischen Liberalen ein Wahlabkommen mit der NDP, das bei der ersten Bundestagaswahl 28,1 Prozent der Stimmen und Leuchtgens ein Bundestagsmandat einbrachte. Die von Euler geleiteten Nationalliberalen bezogen auch besonders heftig Stellung gegen die Politik der Entnazifizierung und befürworteten nachdrücklich die Mitarbeit ehemaliger Nationalsozialisten in der Partei. In Nordrhein-Westfalen und in Niedersachsen war es ehemaligen Nationalsozialisten gelungen, erheblichen Einfluß in der FDP zu erlangen und wichtige Führungspositionen zu besetzen. Der nordrhein-westfälische Kreis um Friedrich Middelhauve, Werner Naumann, Ernst Achenbach,. Siegfried Zoglmann, Wolfgang Diewerge[141] u.a. verfügte über gute Kontakte zu der niedersächsischen Gruppe um den dortigen Landes-

140 Theo Schiller, a.a.O., S. 127.

141 Wolfgang Diewerge, geb. am 12.1.1906 in Stettin; 1930 Mitglied der NSDAP und 1936 der Allgemeinen SS, Inhaber des „Goldenen Parteiabzeichens" und des SS-„Blutordens"; seit 1926 Mitarbeiter mehrerer NS-Zeitungen, 1934 Ministerialrat im Reichspropagandaministerium, während des Krieges im SS-Hauptamt tätig; nach 1945 Mitglied der FDP in NRW und Mdl, 1953 (?) aus der Partei ausgeschlossen (PAZ 16, Personaldatenarchiv).

vorsitzenden Artur Stegner[142] und seinen Hauptgeschäftsführer Horst Huisgen[143]; ihr gehörte auch Herbert Freiberger[144] an.

Betont nationalistisch orientierte Kreise in der nordrhein-westfälischen, hessischen und niedersächsischen FDP entwickelten vor dem Hintergrund der Remilitarisierungsdebatte und mit Blick auf das beträchtliche rechtsextremistische Wählerpotential, das mit dem absehbaren Verbot der Sozialistischen Reichspartei (SRP)[145] seine parteipolitische Orientierung verlieren würde, das Konzept einer „Nationalen Sammlung". In deutlicher politisch-organisatorischer Abgrenzung zu gleichartigen Bestrebungen rechtsextremistischer Parteien (Deutsche Gemeinschaft[146], Deutsche Reichspartei)[147] strebten die teilweise auch in der Deutschen Partei (DP)[148] beheimateten Initiatoren eine breite Sammlung bürgerlich-nationalistischer Kreise unter Einschluß von ehemaligen Nationalsozialisten, Deutschnationalen, Anhängern rechtsextremistischer Parteien und vor allem unter Einschluß der Vertriebenen an und zwar *im Rahmen des Bürgerblocks*, aber mit der Absicht, bei den bevorstehenden grundlegenden außen- und militärpolitischen Entscheidungen das Gewicht des, wie oft gesagt wurde, „nationalen Deutschland" gegen die bedingungslose Westintegrationsbereitschaft der CDU/CSU in die Waagschale zu werfen. In diesem Zusam-

142 Über Artur Stegner heißt es bei Heinz Georg Marten, a. a. O., S. 443: „Stegner, Artur: Diplom-Chemiker, Fabrikant, Holzminden, geb. am 10.6.1907 in Kattowitz, Gymnasium, naturwissenschaftliches Studium, Inhaber chemischer Unternehmungen in Berlin und Breslau, nach 1945 Aufbau einer Chemie-Fabrik in Holzminden, seit 1946 Abgeordneter im Kreistag, Stadtrat von Holzminden, 1949 Landesvorsitzender der FDP-Niedersachen, seit 1.12.1951 Mitglied des Deutschen Bundestages, am 14.1.1954 auf Drängen der FDP-Parteiverbände Niedersachens aus der Partei ausgeschieden."

143 Biographische Angaben bei Heinz Georg Marten, a. a. O.: „Huisgen, Horst: Hauptgeschäftsführer der FDP, Hannover, geb. am 29.11.1913 in Mittel-Lazisk, Abitur, Studium der Rechtswissenschaften, Mitglied der HJ, Jugendführer, Ratsherr in Breslau, Leiter der nachgeordneten Diensstelle des Jugendführers des Deutschen Reiches für Schlesien in Breslau, ab 1941 Dezernent, Leiter des Landesjugend- und Sportamtes, Senator der Arbeitskammer, nach 1945 selbständiger Handelsvertreter, ab 1950 Hauptgeschäftsführer des FDP-Landesverbandes, nach der Schlüter-Krise Aufgabe dieser Funktion."

144 Herbert Freiberger, geb. 6.1.1916, Handelsvertreter; HJ-Führer; nach 1945 zunächst Mitglied und später niedersächsischer Landesgeschäftsführer der FDP; Ende 1954 Ausscheiden aus der FDP und Gründung der Deutschen National-Partei (DNP), die im August 1955 in der Deutschen Reichspartei (DRP) aufging; im Oktober 1955 niedersächsischer Landesvorsitzender DRP, im September 1956 Mitglied der DRP-Parteileitung, Ende 1957 Rücktritt von allen Parteiämtern. S. Personalarchiv des Zentralinstituts 6 der FU Berlin.

145 Siehe Horst W. Schmollinger, Die Sozialistische Reichspartei; in: Richard Stöss (Hrsg.), Parteien-Handbuch. Bd. 2, a. a. O., S. 2274 ff.

146 Siehe Richard Stöss, Die Deutsche Gemeinschaft; in: ders. (Hrsg.), Parteien-Handbuch. Bd. 1, a. a. O., S. 877 ff.

147 Siehe Horst W. Schmollinger, Die Deutsche Reichspartei; in: Richard Stöss (Hrsg.), Parteien-Handbuch. Bd. 1, a. a. O., S. 1112 ff.

148 Siehe Horst W. Schmollinger, Die Deutsche Partei; in: Richard Stöss (Hrsg.), Parteien-Handbuch. Bd. 1, a. a. O., S, 1025.

menhang steht die bereits erwähnte „Naumann-Affäre", und hierin ist auch die Bedeutung des „Deutschen Programms" (1952) zu sehen, das weniger als Programm der FDP (die FDP wurde im Titel des Programms auch gar nicht erwähnt) denn als Programm der geplanten „Nationalen Sammlung" formuliert und mit den avisierten Bündnispartnern abgesprochen war[149]. Der in diesem Zusammenhang vielfach gebrauchte Terminus „dritte Kraft"[150] war insofern ungenau, als die Initiatoren (wenigstens mehrheitlich) nicht eine dritte Kraft neben CDU/CSU und SPD, sondern ein zweites Machtzentrum innerhalb der Bürgerkoalition anstrebten. Dies belegen die Formulierungen des „Deutschen Programms"[151], das einen Mittelweg zwischen dem atlantischen Kurs der Unionsparteien und den nationalstaatlichen, europanationalistischen bzw. europaneutralistischen Konzepten des westdeutschen Rechtsextremismus suchte. So bekannte sich das Programm zu „einem freien und vereinten Europa, das aus eigener Kraft sein Schicksal bestimmt" und als Grundlage für die Wiederherstellung des Deutschen Reichs angesehen wurde. Und es grenzte sich, ganz im Sinne des Rechtsextremismus, von den Entnazifizierungsmaßnahmen und den Kriegsverbrecherprozessen der Alliierten ab: „Wir fordern Wiedergutmachung des Unrechts, das Nationalsozialismus, Siegerwillkür und Entnazifizierung schufen. Wir sagen uns los von den Urteilen der Alliierten, mit denen unser Volk und insbesondere sein Soldatentum diskriminiert werden sollten." Weiterhin wurde einerseits bedingungslos und ohne die vom Rechtsextremismus als Gegenleistung geforderten Souveränitätsrechte die „Notwendigkeit eines deutschen Wehrbeitrages" postuliert, andererseits ein Bekenntnis zum Fortbestand des „Deutschen Reich[s] als der überlieferten Lebensform unseres Volkes" abgelegt und der deutsche Faschismus sowie die Folgen des Zweiten Weltkrieges simpel als „Unglück, das über uns kam" bezeichnet.

Auf dem Parteitag in Bad Ems (1952), wo den – mehrheitlich aus den Landesverbänden Hessen, Nordrhein-Westfalen und Niedersachsen stammenden – Delegierten als Gegenentwurf zum „Deutschen Programm" ein „Liberales Manifest" des Hamburger Landesverbandes und weiterer linksliberaler Parteimitglieder aus anderen Landesverbänden vorlag, konnte keine gemeinsame programmatische Grundlage verabschiedet werden. Bei den Vorstandswahlen setzte sich der rechte Parteiflügel durch. Die Aushebung des „Naumann-Kreises" Anfang 1953 zwang die Nationalliberalen zwar zu vorsichtigerem Vorgehen. Ihre Pläne gaben sie freilich zunächst nicht auf. Das Ergebnis der Bundestagswahl 1953 zeigte jedoch, daß das Wählerpotential rechtsextremistischer Parteien stark zusammengeschmolzen war[152]. Offenbar war es den

149 Jörg Michael Gutscher, a. a. O., S. 136.
150 Ebd.
151 Abgedr. in ebd., S. 309 ff.
152 Siehe Richard Stöss, Vom Nationalismus zum Umweltschutz. Die Deutsche Gemeinschaft/ Aktionsgemeinschaft Unabhängige Deutsche im Parteiensystem der Bundesrepublik, Opladen 1980, S. 150 ff.

Bürgerblock-Parteien bzw. dem Gesamtdeutschen Block/BHE[153] gelungen, auch ohne neue parteipolitische Formationen dieses Potential weitestgehend zu absorbieren. Damit hatte auch das Konzept einer „Nationalen Sammlung" seine Bedeutung verloren. Allein in Niedersachsen, der „Hochburg" des damaligen Rechtsextremismus, gab es noch nach der Bundestagswahl 1953 nennenswerte vergleichbare Kooperationsbemühungen, zumal dort der rechte Parteiflügel relativ ungeschoren aus der „Naumann-Affäre" herausgekommen war. Die linksliberalen Kräfte hatten sich nämlich im Frühjahr 1953 in einem „Liberalen Bund" organisiert und unmittelbar dem Bundesvorstand der FDP unterstellt. Auch als Stegner im Januar 1954 – nicht zuletzt wegen unübersichtlicher finanzieller Manipulationen[154] – aus der Partei gedrängt wurde, änderte sich an dem nationalliberalen Kurs nichts. Nach der Landtagswahl 1955 bildete Ministerpräsident Hellwege (DP) eine Bürgerblock-Koalition. Kultusminister wurde Leonhard Schlüter[155], der 1953 aus der rechtsextremistischen „Nationalen Rechten" in die FDP übergewechselt war und hier eine steile politische Karriere absolviert hatte. Heftige Proteste in der Öffentlichkeit und vor allem auch von demokratischen FDP-Politikern wegen seiner politischen Vergangenheit zwangen Schlüter im Juni 1955 zur Demission, nachdem auch im niedersächsischen Landesverband die Bereitschaft nachgelassen hatte, ihn zu decken. Der im September 1955 neugewählte Landesvorstand Dr. Konrad Mälzig konnte die Talfahrt der FDP nicht aufhalten. Bei der Bundestagswahl 1957 erzielte sie mit 5,9 Prozent der Stimmen ihr bis dahin schlechtestes Wahlergebnis im Lande. Hier, wie im übrigen Bundesgebiet, setzten angesichts der Tatsache,

153 Siehe Richard Stöss, Der Gesamtdeutsche Block/BHE; in: ders. (Hrsg.), Parteien-Handbuch, Bd. 2, a. a. O., S. 1424.

154 Detaillierter hierzu: Heinz Georg Marten, a. a. O., S. 285 ff.

155 Leonhard Schlüter, geb. am 2.10.1921 in Rinteln/Weser; Realgymnasium, 1939 Abitur; RAD, Wehrmacht, Entlassung wegen „halbjüdischer Abstammung"; Zulassung zum Studium der Rechtswissenschaft in Göttingen unter Vorbehalt (1942?); Abschluß der Dissertation, aber Nichtbestehen des Rigorosums (nach eigenen Angaben aus politischen Gründen); 1945 Leiter der Kriminalpolizei in Göttingen, stellte sein Amt 1947 angesichts eines gegen ihn gerichteten Strafverfahrens zur Verfügung; Anschluß an die Deutsche Partei (Deutsche Konservative Partei – Deutsche Rechtspartei), 1948/49 Landesvorsitzender in Niedersachsen; 1949 politisches Betätigungsverbot durch die britische Besatzungsmacht und nach der Bundestagswahl Austritt aus der Deutschen Rechtspartei; Januar 1951 Vorsitzender der „Nationalen Rechten" in Niedersachsen, die zur Landtagswahl ein Bündnis mit der Deutschen Reichspartei einging; 1951 MdL für die Deutsche Reichspartei im Niedersächsischen Landtag; 1953 Übertritt zur FDP, 1954 stellv. Fraktionsvorsitzender, 1955 Fraktionsvorsitzender und Kulturminister in der CDU-FDP-DP-Regierung; seine Verlagstätigkeit (1949 Betätigung im rechtsextremistischen „Plesse-Verlag", 1951 Gründung der „Göttinger Verlagsanstalt für Wissenschaft und Politik") war die offizielle Begründung für sein Ausscheiden aus der Regierung (9.6.1955), das durch heftige Proteste der Öffentlichkeit, insbesondere der Universität Göttingen, wegen seiner rechtsextremistischen Vergangenheit erzwungen worden war; im Februar 1956 Austritt aus der FDP (FdD [Nordmark], Nr. 8 v. 10.6. 1955; Internat. Biograph. Archiv [Munzinger-Archiv], Lieferung 6/57 v. 9.2.1957; Heinz Georg Marten a. a. O., S. 334 ff.; weitere Angaben bei: Tauber, Bd. 2, III/56; vgl. auch Die große Hetze, Göttingen 1958).

daß die CDU/CSU bei der Bundestagswahl die absolute Mehrheit gewonnen hatte, dem GB/BHE der Wiedereinzug in den Bundestag verwehrt worden war und die DP nur mit Unterstützung der CDU Mandate hatte erringen können, Überlegungen ein, wie der FDP das Schicksal der anderen kleinen Parteien erspart werden könnte. Am 28. September 1957 schlossen sich die niedersächsichen Landtagsabgeordneten von BHE und FDP zu einer Gemeinschaftsfraktion zusammen und nahmen am 5. November die sechs Abgeordneten der Deutschen Reichspartei als Hospitanten auf. Diese als Modell einer „dritten Kraft" konzipierte Bündnispolitik unter national-konservativem Vorzeichen stieß nicht nur innerhalb der Gesamtpartei auf Widerstand. CDU und DP kündigten die Koalition noch im selben Monat auf und bildeten gemeinsam mit der SPD eine neue Regierung. Nachdem im Juni 1958 das Hospitantenverhältnis mit der DRP wieder gelöst worden war, schied die FDP am 5. Oktober 1958 aus der Gemeinschaftsfraktion mit dem BHE aus. Der „nationale Kurs" (in Niedersachsen) war damit endgültig gescheitert.

Hatte sich die FDP auch von Anbeginn an als antisozialistische und antireformistische sozialkonservative Bürgerblockpartei verstanden, so war sie auf Landesebene doch gelegentlich Koalitionen mit oder unter Einschluß der SPD eingegangen, was in der Regel auch zu Protesten ausgesprochen antisozialdemokratischer Kräfte in der Partei geführt hatte. Das grundsätzlich unbestrittene Prinzip der Solidarität zwischen den bürgerlichen Parteien konfligierte mit der Notwendigkeit der Selbstprofilierung innerhalb des Bürgerblocks. Die Gefahr, zur „Marionette" der CDU, zu ihrem „Schatten"[157] zu werden, war zu groß und die Entschlossenheit Adenauers, das Wahlrecht zu Lasten der FDP zu ändern, zu bedrohlich, als daß die Partei es sich hätte leisten können, nicht immer auch ihre Eigenständigkeit (auch im Sinne einer Drohgebärde[158] gegenüber der CDU) zu betonen. Dieser Logik folgte das nationalistische Sammlungskonzept der „dritten Kraft" und auch das mit ihm konkurrierende Konzept der „liberalen Mitte"[159], das vor allem von den „Altliberalen" um Reinhold Maier vertreten wurde. Es zielte auf eine Profilierung der FDP als „kleine, aber feine" liberale Kraft neben der konservativen CDU/CSU, aber mit deutlicher Koalitionspräferenz für sie. Daneben bestand ein weiteres Konzept, das auf die Umwandlung der FDP in eine Volkspartei neben CDU/CSU und SPD zielte. Dies bedeutete einen Verzicht auf die Koalitionspräferenz für die Union und auf das Selbstverständnis als bürgerliche Interessenpartei. Dieses Konzept wurde – ansatzweise – bereits 1956 in Nordrhein-Westfalen beim Sturz des Kabinetts Arnold verfolgt. Um die Einführung des „Grabenwahlsystems" zu verhindern, drohten die Düsseldorfer „Jungtürken" (Mende, Weyer, Döring, Scheel u. a.) damit, die Koalition zu beenden. Ob-

156 Siehe Horst W. Schmollinger, Die Deutsche Konservative Partei-Deutsche Rechtspartei; in: Richard Stöss (Hrsg.), Parteien-Handbuch, Bd. 1, a. a. O., S. 982 ff.

157 Jörg Michael Gutscher, a. a. O., S. 230, 231.

158 Auch die CDU bediente sich dieses Druckmittels. 1956 verhandelte Arnold beispielsweise mit der SPD, um die Pläne der „Jungtürken" zu konterkarieren.

159 Theo Schiller, a. a. O., S. 132.

wohl die CDU sich bereit erklärte, das „Grabenwahlgesetz" zurückzuziehen, wurde Arnold am 20. Februar 1956 gestürzt und Fritz Steinhoff als neuer Ministerpräsident einer SPD-FDP-Koalition gewählt. Soweit der „Aufstand" der Düsseldorfer Landtagsabgeordneten der Verhinderung einer Wahlrechtsänderung galt, wurde er von der Bundespartei fast ausnahmslos begrüßt. Darüber hinaus reichende, vor allem außenpolitische Motivationen für den Koalitionswechsel nach dem Einlenken der CDU in der Wahlrechtsfrage fanden freilich nicht die uneingeschränkte Zustimmung der Partei. Ein wesentliches Moment für die Entscheidung war nämlich der Verdruß darüber, daß die Unionsparteien den (keineswegs nur als taktisches Abgrenzungsmanöver verstanden) vor allem von Dehler vertretenen flexiblen Kurs in der Deutschland- und Ostpolitik hart bekämpften. Der Konflikt um die „Saarfrage" stand noch vor Augen und bot den Anlaß für eine späte Rache national orientierter, aber nicht bedingungslos auf die CDU/CSU fixierter FDP-Politiker.

Die durch die Ereignisse in Nordrhein-Westfalen ausgelöste Abspaltung der *Freien Volkspartei* (FVP) bedeutete folglich nicht einfach die Loslösung des rechten Flügels der Partei. Die Dissidenten sind gleichermaßen als Gegner der Dehlerschen Ost- und Deutschlandpolitik, als Anhänger also einer bedingungslosen Westintegrationspolitik, *und* als Verfechter einer Bürgerblock-Politik zu charakterisieren. Die Ereignisse, die am 23. April 1956 zur Gründung der FVP führten, hatten am 23. Februar 1956 mit dem Auszug von 16 FDP-Abgeordneten aus der Bundestagsfraktion begonnen, u. a. der vier Bundesminister Preusker[160], Blücher, Schäfer[161] und Neumayer. Einen Tag später kündigte die CDU/CSU die Koalition mit der FDP auf. Die 16 FDP-MdB konstituierten sich zunächst als Fraktion „Arbeitsgemeinschaft Freier Demokraten" im Deutschen Bundestag; kurze Zeit später mußten sie sich auf juristische Interventionen der FDP in „Demokratische Arbeitsgemeinschaft" umbenennen. Die offizielle Gründung der FVP erfolgte schließlich am 23./24. Juni 1965 in Bochum. Erster Vorsitzender wurde Bundesminister Preusker. Die neugegründete Partei war Koalitionspartner in der Bundesregierung, verfügte über eine Bundestagsfraktion, über beste Kontakte zur Großindustrie[162] und folglich über eine gefüllte Parteikasse. Was ihr fehlte, war ein hinreichender organisa-

160 Dr. Victor-Emanuel Preusker, geb. am 25.2.1913 in Berlin; Banklehre und Studium der Volks- und Betriebswirtschaft, 1937 Diplomkaufmann, 1940 Promotion; 1940–45 Offizier bei der Luftwaffe; nach 1945 bald wieder Bankkaufmann und Berater des Bankhauses Hardy & Co.; Mitglied der hessischen FDP, 1947 deren Generalsekretär und Befürworter einer unbedingten Bürgerblock-Politik; 1949–61 MdB, 1953–57 Bundeswohnungsbauminister; Ende April 1956 Austritt aus der FDP und bald führendes Mitglied der FVP bzw. DP/FVP; stellv. Bundesvorsitzender und nordrhein-westfälischer Landesvorsitzender der DP bis 1958. 1958 Präsident des Zentralverbandes Deutscher Haus- und Grundeigentümer; 1960 Mitglied der CDU; 1958–62 Geschäftsführender Gesellschafter des Bankhauses Hardy & Co., 1963 Gesellschafter der IOS-Bank Orbis; Mitglied mehrerer Aufsichts- und Verwaltungsräte (Munzinger Archiv/Internat. Biograph. Archiv, Lieferung 27/69 v. 5.7.1969).

161 Hermann Schäfer schloß sich 1961 wieder der FDP an.

162 Siehe hierzu Hermann Meyn, Die Deutsche Partei, Düsseldorf 1965, S. 49.

torischer Unterbau: Die FVP konnte nur in Hessen, Hamburg und Berlin (West) Fuß fassen. Die zunächst angeblich etwa 20000 Mitglieder zählende Partei verfügte aber nur über eine Landtagsfraktion: Allein in Berlin hatten sich der FDP-Landesvorsitzende Schwennicke[163], acht von neunzehn Abgeordneten sowie ca. 15 Prozent der dortigen Parteimitglieder der FVP angeschlossen[164]. Unter diesen Voraussetzungen war es nicht verwunderlich, daß die FVP bei den Kommunalwahlen im Oktober 1956 in Hessen, Niedersachsen und Nordrhein-Westfalen vernichtende Niederlagen hinnehmen mußte. Die Fusion mit der Deutschen Partei im Januar 1957 trug ihrem unzureichenden Organisationsstand Rechnung.

Die Abspaltung der FVP im Jahre 1956 bedeutete für die FDP einerseits (wie das Ergebnis der Bundestagwahl 1957 zeigen sollte) eine Schwächung. Andererseits handelte es sich, wie Theo Schiller anmerkt, aber auch um eine „Reinigungskrise": „Die ‚Reinigungskrise' von 1956 ... geht also nicht auf eine Stärkung derjenigen sozialen Gruppen zurück, die das Konzept der ‚liberalen Mitte' verfolgten, sondern auf das Zerbröckeln der strukturellen Grundlagen der konkurrierenden Richtung. (...) 1956 war diejenige Periode endgültig beendet, in der die Konzeption der rechten Sammlungspartei als ‚Dritte Kraft' eine reale Möglichkeit darstellte."[165] Auf dem Berliner Parteitag 1957 legte sich die nun von Reinhold Maier geführte Partei in dem „Berliner Programm" auf das Konzept der „liberalen Mitte" fest und verstand sich *nunmehr in diesem Sinne* als „dritte Kraft". Das schlechte Abschneiden bei der Bundestagswahl bewog die Anhänger des Volkspartei-Konzepts um Wolfgang Döring jedoch, in die Offensive zu gehen, zumal – wie bereits erwähnt – rechte Kräfte in kleinen Bürgerblock-Parteien den Plan einer „dritten Kraft" *im Sinne einer nationalkonservativen Sammlung* wieder belebten. Dörings Absichten zielten auf eine „mit pragmatischem Verstand interessennivellierende ‚nationalliberale Volkspartei' ", er propagierte eine „Erweiterung in der potentiellen Interessenberücksichtigung"[166] und handelte sich prompt den Vorwurf eines „verkappten Sozis" ein. „Seine Perspektive, die FDP solle keine bürgerliche Partei mehr sein, [wurde] vor allem von den baden-württembergischen

163 Dr. Carl-Hubert Schwennicke, geb. am 14.11.1906 in Berlin; Diplom-Ingenieur; leitender Mitarbeiter der Siemens-Werke, seit 1950 der Siemens und Halske AG bzw. der Siemens-Schuckert-Werke AG; vor 1933 Mitglied der Deutschen Volkspartei (DVP) und Mitarbeiter Stresemanns; nach 1945 Mitbegründer der LDP in Berlin, Fraktionsvorsitzender im Berliner Stadtparlament; seit 1947 Vorsitzender der Berliner LPD bzw. FDP; 1956 Übertritt zur FVP, er lehnt aber eine Fusion mit der Deutschen Partei (Abschn. C) ab, Mitbegründer der Freien Deutschen Volkspartei (FDV); 1948 Lizenträger des „Berliner Montags-Echo" (Internat. Biograph. Archiv [Munzinger-Archiv], Lieferung 32/56 v. 11.8.1956). 1958–62 Vorstandsmitglied der Bundesversicherungsanstalt für Angestellte, 1962–77 Vorstandsvorsitzender der BfA, zeitweilig Richter am Bundesarbeitsgericht und wichtige Ämter beim Arbeitgeberverband; Mitglied der CDU (PAZ 16, Personaldatenarchiv).

164 Vgl. Jörg Michael Gutscher, a. a. O., s. 180, Anm. 198.

165 Theo Schiller, a. a. O., S. 133.

166 Ebd., S. 134.

Liberalen mit Entsetzen zurückgewiesen."[167] Aber auch die Pläne für die Bildung einer „dritten Kraft" aus den kleinen bürgerlichen Parteien FDP, Deutsche Partei und Gesamtdeutscher Block/BHE stießen innerhalb der Partei auf keine nennenswerte Resonanz. Unter der Führung von Maier hatte sich die FDP innerlich konsolidiert, und als Erich Mende 1960 den Parteivorsitz übernahm, hatte die Partei an Selbstbewußtsein und Geschlossenheit so viel gewonnen, daß sie nicht bereit war, zugunsten eines Bündnisses mit kleineren Partnern auf ihren Namen zu verzichten. Die Konsolidierung der FDP war nicht allein Folge der Einsicht, daß die Alleingänge einzelner Landesverbände und Parteigruppierungen der Organisation insgesamt nur geschadet hatten. Hinzu kam, daß durch die Anpassung der SPD an die innenpolitischen und außenpolitischen Grundlagen des „CDU-Staates" eine veränderte Lage innerhalb des Parteiensystems entstanden war. Die FDP mußte die Möglichkeit einer Koalition zwischen CDU/CSU und SPD einkalkulieren. So schwenkte sie „in nüchterner Einschätzung ihrer eigenen Interessen ... wieder auf die Linie des Jahres 1949 ein"[168]. Auf dem Frankfurter Parteitag 1961 ließ Mende „einen präsumtiven Koalitionspartner wissen ..., daß er auf die SPD nicht angewiesen ist"[169]. Gleichwohl betonte die FDP ihre Eigenständigkeit in der avisierten Koalition: Sie begab sich mit der Parole „Mit der CDU/CSU ohne Adenauer" in den Bundestagswahlkampf und erzielte mit 12,8 Prozent der Zweitstimmen ihr bislang bestes Wahlergebnis auf Bundesebene. Es war ihr offenbar gelungen, von dem „Imageverfall"[170] der CDU/CSU unter Adenauer zu profitieren. Mit ihrem „Umfall" in der Koalitionsfrage sorgte sie freilich sogleich dafür, daß auch ihr eigenes Image beschädigt wurde.

Vor dem Hintergrund der „Spiegel-Krise" 1962/63 und den (gescheiterten) Koalitionsverhandlungen zwischen der CDU/CSU und der SPD setzten in der Partei erstmalig auf breiter Grundlage Diskussionen über ein mögliches Selbstverständnis als Volkspartei ein. Der Zustrom neuer Wählerschichten bei der Bundestagswahl 1961 wurde gleichermaßen als Aufgabe und als Chance gewertet, die Partei weiter – auch für die (Fach-)Arbeiterschaft – zu öffnen. Die innerparteilichen Widerstände gegen die Aufgabe des 1961 so erfolgreich praktizierten Konzepts des „liberalen Korrektivs" gegenüber der CDU/CSU erwiesen sich aber als zu groß, zumal die FDP bei den Landtagswahlen zwischen den beiden Bundestagswahlen 1961 und 1965 wieder einen Negativtrend zu verzeichnen hatte. So begab sie sich als betont bürgerliche Partei mit eindeutiger Koalitionspräferenz für die Unionsparteien in den Bundestagswahlkampf 1965 und bemühte sich vor allem, besondere Berufs- und Interessengruppen sowie nationalgesinnte Kreise anzusprechen.

167 Heino Kaack, a. a. O., S. 23
168 Kurt J. Körper, a. a. O., S. 29.
169 Jörg Michael Gutscher, a. a. O., S. 213.
170 Heino Kaack, a. a. O., S. 24.

5.2. Das Reform-Bündnis mit den Sozialdemokraten

Der Zerfall der Koalition mit der CDU/CSU und die Bildung der Großen Koalition im Jahre 1966 waren eine wichtige Zäsur in der Entwicklung der FDP. Unter dem Druck der sich verändernden politischen und wirtschaftlichen Rahmenbedingungen konnten sich nun diejenigen Kräfte innerhalb der Partei nach vorne drängen, die seit langem eine Neuformulierung des Selbstverständnisses der FDP und ihrer Politik gefordert hatten. Denn als kleine Partei mit relativ instabiler Wählerbasis war die FDP auch damals schon den Veränderungen der politischen „Großwetterlage" weitaus stärker ausgesetzt als die CDU/CSU. 1966 waren es vor allem drei Momente, welche die FDP zur Korrektur ihres bisherigen Selbstverständnisses veranlaßten:

1. Die Wirtschafts- und Finanzkrise der Jahre 1966/67 ließ die Grenzen der traditionellen neoliberalen Steuerungsinstrumente sichtbar werden. Die außen- und binnenwirtschaftlichen Gegebenheiten erforderten nunmehr erhöhte staatliche Anstrengungen im Sinne einer aktiven Struktur- und Konjunkturpolitik, wofür die SPD im Unterschied zur Union über ausgearbeitete Konzepte verfügte. Infolge der internationalen Entspannungsbemühungen zwischen den Großmächten erwies sich die Außen- und Deutschlandpolitik der CDU/CSU zudem zunehmend als inflexibel, wenn nicht sogar anachronistisch.
2. Der Gegensatz zwischen den bürgerlichen Parteien und der Sozialdemokratie hatte infolge der durch das Godesberger Programm manifestierten Anpassung der SPD an die in der Ära Adenauer geschaffenen bundesdeutschen Rahmenbedingungen an Bedeutung verloren. Angesichts der Godesberger SPD wirkten die in der FDP noch immer zahlreich versammelten „Sozialistenfresser" ebenfalls mehr und mehr anachronistisch.
3. Schließlich sah sich die FDP unverhofft in eine Konkurrenzsituation zur neuentstandenen Nationaldemokratischen Partei Deutschlands (NPD)[171] versetzt. Dies war nicht nur aus Systemgründen heraus der Fall – die Rolle der „dritten Partei" war zum ersten Mal in Gefahr –, sondern auch aus inhaltlichen Gründen: Noch bei den Bundestagswahlen 1965 hatte sich die FDP immer auch als bürgerliche Repräsentantin des „nationalen" Lagers, als Sachwalterin der Einheit Deutschlands und als Garant einer aktiven Deutschlandpolitik präsentiert. Diese Rolle machte ihr jetzt die NDP – teilweise erfolgreich – streitig.

In Anbetracht dieser Umstände bot sich der – im Verhältnis zur Großen Koalition – Miniopposition im Deutschen Bundestag an, sich im Zeichen von Wirtschaftskrise und Großer Koalition, von erstarkender Außenparlamentarischer Opposition (APO) und wiederauflebendem Rechtsextremismus als moderne dynamische Innovationskraft darzustellen. Man gab „liberale" Antworten auf die drängenden Fragen eines scheinbar erstarrten autoritären Systems. Argumentationshilfe dafür hatte 1971 mit seiner Schrift „Noch eine Chance für

171 Siehe Horst Schmollinger, Die Nationaldemokratische Partei Deutschlands; in: Richard Stöss (Hrsg.), Parteien-Handbuch, Bd. 2, a. a. O., S. 1922 ff.

die Liberalen“ Karl-Hermann Flach geleistet. Diese „Streitschrift“ war der Versuch, in der damaligen geistig-politischen Polarisierung zwischen etabliertem politischen System und radikal-demokratischer bis sozialistischer Kritik hieran durch die APO für den Liberalismus und seine Organisation eine eigene Position zu finden. Gegenüber den wieder aufgekommenen „Heilslehren“ wie christlicher Konservatismus, Sozialismus oder Nationalismus einerseits und der im Formalismus erstarrten sozialen Wirklichkeit andererseits bot sich der Weg der „liberalen Kultur-Evolution“ – der Reform also – an. Der Zustand der Gesellschaft wird von Flach in drei Fragen charakterisiert:

– „Ist der Anpassungsdruck der modernen kapitalistischen Leistungsgesellschaft so stark, daß Toleranz und Meinungsfreiheit keine verändernden, sondern nur noch therapeutische Funktionen haben?
– Sind ganze Bereiche von Wissenschaften außerstande, das gegebene System kritisch infrage zu stellen, weil ihr gesamter Begriffsapparat bewußt oder unbewußt auf die Erhaltung vorhandener Besitz- und Machtstrukturen ausgerichtet ist?
– Ist die Gesellschaft bereits derart eingeschläfert, daß nur noch sensationelle Regelverletzungen jene Aufmerksamkeit erzielen, die Veränderung bewirken kann?“[172]

Die repressive Toleranz, die Abhängigkeit der Wissenschaften von der Macht und die Notwendigkeit der Regelverletzung als Auslöser sozialen Wandels aber waren in Wirklichkeit Themen und Erkenntnisse der damaligen Studentenbewegung und der APO, von denen Flach nun einfach behauptete, dies habe „die liberale Kritik längst in gelehrten Abhandlungen und geistvollen Betrachtungen erarbeitet“.[173] Bezogen auf die FDP ist diese Behauptung – die Flach auch nicht weiter ausführte – keineswegs nachvollziehbar. Vielmehr hat er die zitierten Zeitfragen für den parteipolitischen Gebrauch der FDP operationalisiert und diese so im Überlebenskampf der Partei eingesetzt. Zur Definition der liberalen Position Ende der sechziger, Anfang der siebziger Jahre reichte es für den parteipolitischen Hausgebrauch aus, die zitierten Zeitfragen wie folgt zu beantworten:

– Bei sozialen Ungleichheiten könnten Freiheit und Toleranz „dem Stärkeren“ nützen, aber für den Liberalismus blieben sie doch wichtige Werte, denn: „Nicht diese Werte sind zu zerstören, sondern die Mechanismen, die ihre Wirksamkeit behindern, ihre Verbreitung begrenzen und ihren Nutzen einschränken.“
– Daß sich vor allem die Rechts- und Wirtschaftswissenschaften gegen das Denken in Alternativen zum Bestehenden abgeschottet hätten, liege vor allem am „Fachidiotentum“ und an der „Klassenlage der privilegierten Ordinarien“, die jenes Sein schaffen, „in dem solches Bewußtsein gedeiht.“ Das liberale Rezept dagegen sei das „Nebeneinander und Zusammenwirken verschiedener (wissenschaftlicher – J. D.) Schulen“.

172 Karl-Hermann Flach, a. a. O., S. 44.
173 Ebd.

– Regelverletzungen schließlich „in einer (relativ) freien Gesellschaft" würden abgelehnt, vielmehr sei es für „sich unterprivilegiert fühlende Minderheiten eine Frage der Intelligenz, Protestmethoden zu entwickeln, die notwendige Aufmerksamkeit erregen, ohne das geltende Recht ständig zu verletzen."[174]

Mit seinen Argumenten und Formulierungen war Flach typisch für die enorme Transmission reformerischer Ideen und von solchen durchdrungenen Personen in die FDP. Mit seiner Streitschrift und weiteren Äußerungen hatte Flach nicht nur intellektuell, sondern auch emotional dem zum Durchbruch in der FDP verholfen, was mit dem Etikett „sozialliberal" versehen ist. Wie bewußtseinsbildend die Streitschrift für viele junge Anhänger war, geht daraus hervor, daß das grün eingefaßte Bändchen in Analogie zur zum Fetisch der Studentenbewegung avancierten roten „Mao-Bibel" beim liberalen Teil der APO ebenso wie bei den reformerischen FDP-Mitgliedern die „grüne Bibel" genannt wurde.

In den drei Jahren von 1966 bis 1969 nabelte sich die FDP vom bürgerlichen Parteienlager ab und öffnete sich als möglicher Partner in der Reform-Koalition mit der SPD. In dieser Zeit gab es ganz ungewöhnliche Berührungspunkte nicht nur zur SPD, sondern sogar zur Außerparlamentarischen Opposition hin[174a].Als die Regierung der Großen Koalition zur Ablösung von Vorbehaltsrechten der Siegermächte den Entwurf für Notstandsgesetze einbrachte, kämpfte die FDP-Fraktion im Deutschen Bundestag dagegen, während sich eine breite außerparlamentarische Bewegung ebenfalls gegen die Gesetze aussprach.[175] Aber eine wirkliche Zusammenarbeit zwischen FDP und APO hat es nie gegeben; es blieb bei gelegentlichen Berührungen. Eine solche war auch die berühmte Diskussion am Rande des Freiburger Parteitages 1968 zwischen dem jetzt zur FDP gestoßenen 38-jährigen Soziologie-Professor Ralf Dahrendorf und dem zum sozialistischen Studentenbund SDS gehörenden Rudi Dutschke, dem Repräsentanten der Studentenbewegung. Im Verhältnis zur Hilflosigkeit, mit der CDU und SPD gleichermaßen auf die studentische Protestbewegung reagierten, ließ jedoch die liberale Unbekümmertheit, wie sie alllein durch Dahrendorfs Diskussionsbereitschaft und das Interesse der Parteitagsdelegierten dokumentiert wurde, aufhorchen.

Statt zur Studentenbewegung – von deren liberaler Anhängerschaft allerdings ein Teil den Weg zur FDP fand – entwickelte die FDP inhaltliche Gemeinsamkeiten mit der SPD, vor allem in der Ost- und Deutschlandpolitik. In dem Anfang 1967 bekannt gewordenen Papier des FDP-Vorstandsreferenten Wolfgang Schollwer wurden als Ziele liberaler Deutschlandpolitik u. a. formuliert:

174 A. a. O., S. 45 f.

174a Wolfram Dorn/Harald Hofmann (Hrsg.), Geschichte des deutschen Liberalismus, a.a.O., S. 161 f. Vor allem der Bundestagsabgeordnete Wolfram Dorn hatte sich hier hervorgetan.

175 A. a. O., S. 166 f.

„Aufgabe des Alleinvertretungsanspruchs der Bundesregierung und deren Bereitschaft, auf allen Ebenen mit den zuständigen Stellen der DDR über beide deutsche Staaten interessierende Fragen zu verhandeln; die Aufgabe des Anspruchs auf die deutschen Ostgebiete und die Akzeptierung der gegenwärtigen deutschen Ostgrenzen; Verzicht der Bundesrepublik auf Teilhabe an multilateralen und multinationalen Atomstreitkräften; Aufnahme voller diplomatischer Beziehungen zu allen ost- und südosteuropäischen Staaten; Aufnahme von Verhandlungen mit der DDR über eine engere wirtschaftliche Zusammenarbeit, über die schrittweise Wiederherstellung des freien Personenverkehrs, über technisch-wissenschaftliche Zusammenarbeit sowie über einen Kulturaustausch."[176]

Obwohl derartige Überlegungen schon längere Zeit im Umlauf waren[177], erregte doch das Schollwer-Papier innerhalb und außerhalb der FDP heftige Reaktionen, natürlich wegen seines parteipolitischen Hintergrunds. Vor allem aber machte es einen innerparteilichen Meinungsumschwung in einer zentralen politischen Frage der Bundesrepublik deutlich, der sich entsprechend auch innerhalb der SPD vollzog und dort zu ähnlichen wie den im Schollwer-Papier erwähnten Konsequenzen führte.[178] Der Hannoveraner Parteitag 1967 kam zwar noch zu keinem Ergebnis im Sinne der späteren neuen Deutschlandpolitik der Regierung Brandt/Scheel, aber der Wunsch vieler Delegierter nach politischem Aufbruch beherrschte die Diskussionen. Das verabschiedete Aktionsprogramm war ein Formelkompromiß und mit den Worten Heino Kaacks „geeignet, den Konflikt zwischen Nationalliberalen und den außenpolitischen Reformen zu neutralisieren, ohne ihn jedoch zu entscheiden."[179] Aber mit dem ein Jahr später erfolgendem Führungswechsel von Erich Mende zu Walter Scheel, dem Zulauf von reformerisch orientierten neuen Mitgliedern und der zunehmenden Einsicht des Parteimanagements in die möglicherweise der Partei das Leben rettende Funktion der Reformpolitik schlechthin setzte sich die Linie durch. Die Öffnung zur SPD war 1969 durch den Sieg des Reformansatzes in der Partei gelungen. Walter Scheel brachte das 1972 wie folgt zum Ausdruck: „1969, bei den Bundestagswahlen, rückten wir hart an die auslöschende 5%-Grenze heran. Ich glaube heute sicher, daß es uns damals ganz unmöglich gewesen wäre, die sozial-liberale Regierung durch Koalition mit der SPD einzugehen, wenn wir nicht ebenso glaubhaft gerade auch für uns selbst auf der Basis einer entschlossenen Liberalität gestanden hätten."[180]

Der innerparteiliche Sieg der einen war die Niederlage der anderen. Und daß

176 Siehe Heino Kaack, a. a. O., S. 35.

177 Peter Bender, Offensive Entspannung, Möglichkeit für Deutschland, Köln/Berlin 1964.

178 Siehe Jürgen Dittberner, Die Parteitage von CDU und SPD; in: Jürgen Dittberner/Rolf Ebbighausen (Hrsg.), Parteiensystem in der Legitimationskrise, a. a. O., S. 103. Auf ihrem Dortmunder Parteitag 1966 debattierten die SPD-Delegierten über eine geplanten Redneraustausch mit der SED und analysierten dabei die Ausweglosigkeit der bis dahin praktizierten Deutschlandpolitik der Bundesrepublik.

179 Heino Kaack, a. a. O., S. 37.

180 Walter Scheel, Für eine Gesellschafts- und Außenpolitik der Toleranz und der Vernunft; in: Karl-Hermann Flach/Werner Maihofer/Walter Scheel, a. a. O., S. 11.

viele davon den neuen Kurs zäh bekämpften, klingt nach in den Worten Karl-Hermann Flachs: „Die rechtskonservativen Kräfte, die in Deutschland zweimal gerade im nationalen Sinne total versagt haben, versuchen nun, gegen die liberale Reformpolitik im Innern und nach außen Sturm zu laufen. Wie so oft, bedienen sie sich des Mittels der Denunziation. Sie versuchen, das notwendige Zweckbündnis mit den Sozialdemokraten als bösen Linksruck zu diffamieren und das neue Programm von Freiburg als Liberalsozialismus abzuqualifizieren."[181] Die „rechtskonservativen Kräfte" innerhalb der FDP waren seit der Wahl Gustav Heinemanns auf der Hut. Richard Stöss faßt zusammen: „Die vor allem durch Erich Mende, Siegfried Zoglmann und Heinz Starke repräsentierten Gegner einer Koalition mit der SPD begannen nach der Regierungsbildung im Herbst 1969 Gleichgesinnte um sich zu scharen, um die FDP entweder wieder auf den Bürgerblockkurs zu bringen oder aber durch eine Spaltung der Partei das nur mit einer knappen parlamentarischen Mehrheit ausgestattete Regierungsbündnis zu zerstören und den Unionsparteien die Rückkehr an die Macht zu ermöglichen. Ermutigt fühlten sich die Nationalliberalen durch Verluste der FDP bei der vergangenen Bundestagswahl von nahezu vier Prozentpunkten, die sie dem ‚Linkskurs' unter dem 1968 zum Parteivorsitzenden gewählten Walter Scheel anlasteten."[182]

Insbesondere die Landtagswahlen im Juni 1970 erschienen mit ihren Stimmengewinnen für die Unionsparteien den innerparteilichen Gegnern des neuen Kurses der FDP als Bestätigung für ihren Widerstand gegen diesen Kurs. Die „neue" FDP hatte am 14. Juni im Saarland und in Niedersachsen die 5%-Grenze verfehlt sowie in Nordrhein-Westfalen beachtliche Stimmenverluste hinnehmen müssen. Als Reaktion darauf gründeten 50 Personen am 17. Juni 1970 die „National-Liberale Aktion" (NLA), „um den innerparteilichen Einfluß des rechten Parteiflügels, vor allem auf dem bevorstehenden Bundesparteitag, zur Geltung zu bringen."[183] Für die neue Bundesregierung war dieser Zusammenschluß gefährlich, weil im Zusammenhang mit ihm in der Öffentlichkeit bereits über Übertritte von Bundestagsabgeordneten zur Union spekuliert wurde, was bei einer Ausgangsmehrheit der SPD und FDP von 12 Stimmen sehr bald zum Verlust der Mehrheit führen konnte und am Ende ja auch geführt hat. Doch zunächst stand für die Zeit vom 22. bis 24. Juni der Bundesparteitag der FDP in Bonn an, auf dem die Gegner Walter Scheels und des Reformkurses ihren Einfluß stärken wollten. Das Gegenteil trat jedoch ein; die Nationalliberalen gerieten hoffnungslos in die Minderheit, und mit Erich Mende, dem ein Comeback anivisierenden ehemaligen Parteivorsitzenden, wurde erbarmungslos abgerechnet. „Am Schluß bot er das Bild eines Mannes, der seine letzte Patrone verschossen hat."[184]

181 Karl-Hermann Flach, Mehr Freiheit für mehr Menschen; in: ebenda, S. 23.

182 Richard Stöss, Die Aktionsgemeinschaft Vierte Partei; in: ders., Parteien-Handbuch, Bd. 1, a. a. O., S. 340 f.

183 Ebd., S. 341.

184 Arnulf Baring, Machtwechsel. Die Ära Brandt-Scheel, Stuttgart 1982, S. 301. In diesem Werk werden zahlreiche Hintergründe der damaligen FDP-Entwicklung offengelegt.

Nach dem Scheitern auf dem innerparteilichen Wege versuchten die Nationalliberalen, ihre Position organisatorisch zu stärken, indem sie am 11. Juli 1970 die NLA als Bundesverband konstituierten mit Siegfried Zoglmann als Vorsitzenden – auch der ehemalige bayerische Landesvorsitzende Dietrich Bahner gehörte zum Vorstand. Zu diesem Zeitpunkt knüpften die Protagonisten der NLA Kontakte zur CSU, aber auch zur NPD an.[185] Ziel zumindest Zoglmanns war es, auch außerhalb der FDP Anhänger für die NLA zu finden in Vorbereitung auf eine „vierte Partei", von der Franz-Josef Strauß damals als wünschbarem Juniorpartner der Unionsparteien gesprochen hatte. Nicht die NLA, aber die Tatsache, daß viele ihrer Mitglieder und Sympathiesanten über Parlamentsmandate verfügten, bereitete der FDP-Parteiführung Sorge. Die Mehrheit der Koalition in Bonn schmolz schon Ende 1970, als die Bundestagsabgeordneten Siegfried Zoglmann, Erich Mende und Heinz Starke die FDP verließen und bei der CDU/CSU-Fraktion hospitierten. Zoglmann bemühte sich weiter um die NLA, die am 16. Januar 1971 in Hannover zwar ihre erste Bundesversammlung veranstaltete, jedoch aufgrund des geringen Mitgliederpotentials und der inneren Zerstrittenheit es nur soweit brachte, bei Landtagswahlen Empfehlungen zu Gunsten der CDU bzw. CSU abzugeben, sich aber nicht selber an diesen Wahlen beteiligen konnte. Auch daß die NLA sich im Juni 1971 zur „Deutschen Union" (DU) umfirmierte – mit Zoglmann, Bahner und anderen ehemaligen FDP-Funktionären im Vorstand, half nichts: Die Basis dieser Absplitterungen war zu gering, und ein Interesse der Unionsparteien an einer Förderung etwa durch Direktmandate war im Ernst nicht vorhanden. So war es nur folgerichtig, daß Zoglmann im November 1974 die DU verließ und zur CSU wechselte. Der übrig gebliebene bedeutungslose Splitter DU wurde fortan von Bahner geleitet.[186]

Nach dem früheren Scheitern der FVP war es auch der NLA nicht gelungen, Fuß zu fassen. Dies wohl voraussehend, waren auch Mende und Starke 1970 gleich endgültig zur CDU bzw. CSU gegangen. Die Übertritte von Abgeordneten brachten dann auch die Koalition ins Wanken. Nur Signalcharakter hatte es, als 1971/72 zwei Berliner Bundestagsabgeordnete – Klaus-Peter Schulz und Franz Seume – von der SPD zur CDU wechselten: Die Stimmen der Berliner Abgeordneten werden ja extra gezählt. Aber am 29. Januar 1972 wechselte der Vizepräsident des „Bundes der Vertriebenen", Herbert Hupka, ebenfalls von der SPD zur Union. Er tat dies wie Schulz und Seume aus Protest gegen die Ostverträge. In der FDP befürchtete man nun, zumindest die der Koalition kritisch gegenüberstehenden Abgeordneten Knut von Kühlmann-Stumm (ehemaliger Fraktionsvorsitzender) und Gerhard Kienbaum könnten als nächste die FDP verlassen oder – und darauf kam es an – die Union im Falle des damals bereits anvisierten konstruktiven Mißtrauensvotums gegen Willy Brandt und für Rainer Barzel als Kanzler unterstützen. Diese Lage war da, als schließlich der bis dahin wenig bekannte FDP-Abgeordnete Wilhelm Helms seinen Austritt aus der FDP

185 Richard Stöss, a. a. O., S. 342.
186 Ebd., S. 343 f.

bekannt gab. Da von Kühlmann-Stumm und Kienbaum Barzel darüber informiert hatten, daß sie ihn unterstützen würden, konnte von der Union nun der Versuch gewagt werden, die Regierung Brandt/Scheel zu stürzen. Der Kampf der Nationalliberalen gegen die Koalition der Reform mit der SPD, insbesondere gegen deren Ost- und Deutschlandpolitik, war jedoch endgültig verloren, als das konstruktive Mißtrauensvotum am 27. April 1972 im Bundestag wider Erwarten scheiterte, weil mindestens zwei Unionsabgeordnete Barzel die Gefolgschaft verweigert hatten.[187] Zwar war trotz der Niederlage Barzels die Mehrheit der Koalition im Parlament hin – wie sich bereits am Tage nach dem Sieg Brandts bei der 247:247-Abstimmung über den Haushalt des Bundeskanzlers zeigte –, jedoch zählte dies eigentlich nicht mehr: Die vorgezogenen Neuwahlen im November des gleichen Jahres brachten der sozial-liberalen Koalition einen triumphalen Wahlsieg.

Mit Mende, Zoglmann und anderen hatte die FDP jene Anhänger verloren, die in jungen Jahren vom Krieg – den sie als Soldaten erlebt hatten – und teilweise auch vom Nationalsozialismus geprägt worden waren, und die sich nach 1945 der FDP als einer nationalorientierten Partei angeschlossen hatten, von der sie wollten, daß sie auch ehemalige Nationalsozialisten in die Nachkriegsgesellschaft integriere. Diejenigen Mitglieder, welche den generationsspezifischen Hintergrund zur Naumann-Affäre geliefert hatten, trennten Welten von den nun – ab 1968 – in die Partei strömenden jungen Akademikern, in deren politischer Sozialisation die Studentenbewegung einen hohen Stellenwert einnahm.

5.3. Die liberal-konservative Ära: Linksliberale Abspaltungen

Im Nachhinein läßt sich das Jahr 1978 als Beginn der Schlußphase der sozialliberalen Zeit markieren. Nicht nur die verlorenen Landtagswahlen in Niedersachsen und Hamburg, nicht nur der zur Neige gehende Fundus inhaltlicher Gemeinsamkeit der Koalitionspartner, nicht nur die anwachsende Mühsal beim Administrieren in Bonn, sondern auch erste Ansätze zur Neuorientierung im organisatorischen Vorfeld der FDP im Jahre 1978 sprechen für diese Feststellung: Die Wurzeln für die spätere Trennung zwischen FDP und ihrer angestammten Jugendorganisation, den „Deutschen Jungdemokraten" (DJD) gehen ebenso in dieses Jahr zurück wie der Keim für die Nachfolgeorganisation der DJD, die „Jungen Liberalen" („Julis"). Zum Zeitpunkt des Koalitionswechsels 1982 waren die Julis schon so stark in der Partei verankert und die Jungdemokraten schon so weit im Abseits, daß die Ablösung des alten durch den neuen Verband wie eine strategisch geplante Fassette der Wende wirkte. Teilweise verwoben mit diesem Austausch eines Jugendverbandes, teil-

187 Die Hintergründe und Nebenereignisse beim konstruktiven Mißtrauensvotum des Jahres 1972 sind nachzulesen bei Arnulf Baring, a. a. O., S. 396 ff.

weise davon unabhängig erfolgte 1982/83 der Exodus vieler nach 1968 in die Partei gekommener Mitglieder. Ein Teil dieser Ausgezogenen fand sich in der Partei der „Liberalen Demokraten" (LD) wieder, der nach FVP und NLA mithin dritten von der FDP abgespaltenen Partei. Daß der Einbruch der sozialliberalen Basis bei der Mitgliederschaft der FDP nicht – wie 1982 von vielen Dissidenten gegenüber dem offiziellen Parteikurs gehofft – zum politischen „Aus" der FDP geführt hatte, ist schließlich zum großen Teil der Tatsache zu verdanken, daß sich aus den Freien Berufen, den Leitenden Angestellten und dem mittleren Unternehmertum rekrutierte Kreise der FDP „annahmen", zum Teil direkt als Mitglieder – in zunehmendem Maße aber auch als Wählerinitiativen. In der Wahrung deren Basisinteresses an einem innovations- und investitionsfreundlichen Grundklima in einer möglichst wenig staatlich geregelten und bürokratisierten Gesellschaft sieht die FDP seitdem eine Hauptaufgabe ihrer Politik.

Eine Besonderheit der Jungdemokraten im Verhältnis zur Mutterpartei ist es gewesen, daß sie einen unabhängigen Verband bildeten, der der FDP nahestand und von dieser „anerkannt" wurde. Stärker natürlich als die Mutterpartei wurde der Jugendverband Ende der sechziger Jahre von den Themen und Diskussionen der Studentenbewegung beeinflußt. Wenn auch die offizielle Politik des Bundesvorstandes gegenüber der APO vorsichtig-distanziert war, so trugen doch die Mitglieder Argumente der Studentenbewegung in den Verband hinein. Auf Druck der „Basis" hin verabschiedete so der Bundesjugendtag 1969 sechs Thesen zum Parlamentarismus, deren erste lautete:

> „Der Bundestag repräsentiert nicht das Volk. Das läßt sich durch ein paar ‚bessere' Abgeordnete nicht ändern, auch nicht durch eine ‚Parlamentsreform', die den Bundestag dramaturgisch aufputzt. Die Krise des Bundestages liegt nicht in der Inszenierung begründet, sondern im Stück."[189]

Das Parlament als vorgespieltes Theater: Für die sich als parlamentarische Partei durch und durch verstehende FDP waren das harte Worte. Aus derartigen Überlegungen heraus versuchten die Jungdemokraten, das Verhältnis zur FDP neu zu bestimmen. Viele Verbände der DJD betonten nun ihre „Zugehörigkeit zur außerparlamentarischen Bewegung", aus der sich die Notwendigkeit ergeben habe, „das gebundene Bewußtsein als FDP-Jugendverband" zu überwinden. Man wollte sich nicht mehr durch die „Erfolgskriterien der FDP" in den politischen Perspektiven einschränken lassen.[189] Andererseits aber war auch eine Trennung von der FDP nicht vorgesehen. Dafür wurde die Formel von der „Zwei-Wege-Strategie" gefunden: Innerhalb der Partei sollte der linksliberale Kurs gestärkt werden, außerhalb sahen sich die Jungdemokraten als Teil der „Linken" insgesamt. Es ist nicht zu erkennen, daß die DJD zu dieser Zeit in ihrem erwünschten gesellschaftlichen Betätigungsfeld eine Saugwurzelfunktion für den organisierten Liberalismus erfüllt, indem sie neue

188 Jürgen Kunze, a. a. O., S. 314.
189 Ebd., S. 317.

liberale Mitstreiter aus der Protestszene geworben hätten; vielmehr war es eher so, daß in den DJD organisierte junge Liberale sich „linken“ politischen Leitvorstellungen öffneten. Für die Mutterpartei war diese Situation natürlich nicht ersprießlich, denn auch sie wurde für umstrittene Aktionen der Jungdemokraten in der Öffentlichkeit wiederholt kritisiert,[190] – Aktionen, die sie selber nicht billigte und in denen sie auch keinen Vorteil erkannte. Denn was den Jungdemokraten vor vielen anderen „linken“ Clubs und Verbänden an politischem Gewicht zukam, war ihr Band zur FDP, so lose es auch sein mochte. Die Funktion als Jugendorganisation einer der beiden Bonner Regierungsparteien war es denn wohl auch, was die Judos daran hinderte, von sich aus von der Zwei-Wege- zur Ein-Weg-Strategie fortzuschreiten.

Die Abkoppelung der DJD von der FDP aber war das Ziel von innerparteilichen Initiativen, die ab 1978 von sich reden machten. Im Juni 1978 gründete sich in Berlin eine „Arbeitsgemeinschaft junger Liberaler“ als Alternative zu den Jungdemokraten. Die wohl noch nicht einmal aus zehn Personen bestehende Gruppe war national orientiert und fühlte sich besonders der Wiedervereinigung Deutschlands verpflichtet. Ihre personelle Schwäche wurde durch propagandistische Unterstützung seitens der Springer-Presse sowie durch politische Patenschaften einiger FDP-Funktionäre – so zum Beispiel des früheren und späteren Berliner Justizsenators Hermann Oxfort – kompensiert. Nachdem sich in anderen Landesverbänden ähnliche Initiativen gebildet hatten, schlossen sich diese Anfang 1979 in einer Arbeitsgemeinschaft auf Bundesebene zusammen. Bald darauf wurden jedoch große politische Differenzen zwischen der national orientierten Berliner Gruppe der Julis einschließlich saarländischer Verbündeter und den mehr liberal-konservativ eingestellten Initiatoren in Hannover, Frankfurt und Bonn sichtbar. Anläßlich des ersten Bundeskongresses der Jungen Liberalen am 1./2. November 1980 kam es hierüber zu Tumulten, nachdem einer Gruppe von 15 national orientierten Anwesenden aus Berlin der Delegiertenstatus (nach vorausgegangenem Gerichtsbeschluß) verweigert worden war: Einer der 15 mußte von der Polizei aus dem Tagungssaal geleitet werden. Politisch gesehen war der erste Kongreß der Julis am Ende sogar eine Stärkung des SPD/FDP-Bündnisses, denn es setzen sich Anhänger dieser Konstellation in den Führungspositionen durch. „Wir heißen Junge Liberale und nicht Junge Lambsdorffs.“, stellte ein Vorstandsmitglied fest. Ein halbes Jahr später war die Aufbauphase der neuen Jugendorganisation abgeschlossen: Sie soll im Mai 1981 1000 Mitglieder in zehn Landesverbänden gehabt haben. In Berlin, wo sich die FDP über der Diskussion um die Duldung eines CDU-Senats ohnehin in einer Zerreißprobe befand, befehdeten sich indes die verfeindeten

190 So druckten die Berliner Jungdemokraten einen „Buback-Nachruf“ aus der Anarcho-Szene nach, in der über die Ermordung des Generalbundesanwaltes Buback durch Terroristen „klammheimliche Freude“ bekundet, diese aber auch problematisiert wurde; so beteiligten sich die Judos 1978 an einem Pfingsttreffen in Dortmund, das von der der DKP zugerechneten Sozialistischen Deutschen Arbeiterjugend (SDAJ) veranstaltet wurde.

Gruppen der Jungen Liberalen weiter. Die bereits beim Bundeskongreß ausgeschlossene Gruppe, nach ihrem Wortführer „Münter"-Julis genannt, hatte inzwischen vor Ort Konkurrenz von einer Gruppe junger FDP-Mitglieder bekommen, die dem bundesweiten Dachverband angehörten und daher „Bundes-Julis" genannt wurden. Und das alles zu einem Zeitpunkt, da die Jungdemokraten noch der offizielle Jugendverband der FDP waren! Es machte den Wirrwarr nicht geringer, als die Jungdemokraten ihrerseits ihren Willen zur Zusammenarbeit mit der FDP betonten.

Der Wille zur Zusammenarbeit aber nahm bei der Mutterpartei ab. Von den FDP-Repräsentanten wurden die DJD als „Flohzirkus" (Lambsdorff) tituliert oder aber „in nie dargewesener Ferne zur FDP" geortet (Genscher). Gleichzeitig durften die Konkurrenten von den Julis im August 1980 in den Räumen der parteinahmen Theodor-Heuss-Akademie in Gummersbach zusammentreffen, um ihre Zukunft zu beraten – zu einem Zeitpunkt, da die Jugendorganisation der FDP immer noch DJD hieß. Im Oktober 1981 führte das FDP-Präsidium getrennte Gespräche mit den Jungdemokraten der Jungen Liberalen, denn diese forderten damals gleichberechtigte Behandlung mit den Jungdemokraten in der FDP, während die DJD auf ihrer Monopolstellung als Jugendverband beharrten. Insofern war es auch als eine Schwächung der DJD-Position zu werten, daß das Präsidium keine Empfehlung zugunsten des angestammten Jugendverbandes gab, sondern das Problem einfach offen ließ. Währenddessen räumte die niedersächsische FDP den Julis neben den Jungdemokraten das Teilnahmenrecht an Vorstandssitzungen ein; das gleiche war im Saarland beabsichtigt.

Die Gründung eines ordentlichen Bundesverbandes der Jungen Liberalen erfolgte im November 1981 in Mainz. Wieder verlangten die Julis die Anerkennung durch die FDP. Zugleich wurden erste inhaltliche Forderungen erhoben: Die „soziale Marktwirtschaft" sollte zu einer „ökologischen Marktwirtschaft" fortentwickelt werden, und die Ausbildungsförderung nach dem Bundesausbildungsförderungsgesetz (Bafög) sollte 100%ig auf Darlehen umgestellt werden. In der Folgezeit wurde der Grabenkampf zwischen Julis und DJD immer verwickelter. Als der Judo-Bundesvorsitzende Werner Lutz Ende 1981 gemeinsam mit sieben anderen Jungdemokraten erklärte, er wolle nunmehr bei den Julis Mitglied werden, bezeichneten dies die Julis als „verzweifelten aber untauglichen Versuch, den steilen Aufwärtstrend der Julis durch eine Unterwanderungskampagne zu stoppen". Bedingt durch einen stetigen organisatorischen Aufwärtstrend und enttäuscht durch das abwartende Taktieren des Bundesvorsitzenden der FDP in der Frage der Jugendorganisation erklärte der Juli-Vorsitzende Hans-Joachim Otto im Dezember 1981 gegenüber der „Frankfurter Allgemeinen Zeitung" trotzig: Seine Linie sei es nicht, „auf Knien in Genschers Vorzimmer rutschend" die Anerkennung zu erlangen.[191] Die Gesamtkonstellation war ohnehin günstig für die Julis. So war es ein qualitativer Durchbruch, als im März 1982 Hildegard Hamm-

191 Frankfurter Allgemeine Zeitung, 4. Dezember 1981, Die FDP-Jugend sind wir.

Brücher – damals noch Staatsministerin im Auswärtigen Amt – sich in einem Zeitungsinterview eindeutig von den Jungdemokraten distanzierte. Die DJD hätten sich „zum wiederholten Male als antikapitalistischer Kampfverband" bezeichnet, gegenüber der Mutterpartei zeigten sie eine „haßerfüllte Einstellung" und hätten nur deren Geld im Sinn. „Ich finde, so müssen wir uns nicht auf der Nase herumtanzen lassen." Sie persönlich wolle künftig die Jungen Liberalen unterstützen und würde sich freuen, wenn auch die Bundespartei dies täte.[192] Seit dieser Intervention gilt Hildegard Hamm-Brücher bei den Jungen Liberalen als eine besonders populäre Persönlichkeit. Die Waagschale neigte sich nun immer stärker den Julis zu: Das Parteipräsidium sperrte den Jungdemokraten drei Viertel der für 1982 zugesagten 50 000 DM, und nach Frau Hamm-Brücher kritisierten auch weitere nicht auf einen Bonner Koalitionswechsel hinarbeitende Politiker wie der Fraktionsvorsitzende Mischnik und der Innenminister Baum die angestammte Jugendorganisation.

Die Ersetzung der Jungdemokraten durch die Jungen Liberalen hätte eigentlich durch den Berliner Bundesparteitag 1982 legitimiert werden sollen, aber wegen der erfolgten Auseinandersetzung über den Koalitionswechsel ging dort das Thema unter. Der Bundesvorstand der FDP hatte dann am 29. November ohne Gegenstimme beschlossen: „Die Jungen Liberalen sind die Jugendorganisation der F.D.P.. Der Bundesvorstand fordert alle jungen Parteimitglieder auf, den Jungen Liberalen beizutreten ...". Es war nur noch ein quasi notarieller Akt, daß der Wahlparteitag vom Januar 1983 in Freiburg die Jungen Liberalen als einzige Jugendorganisation der FDP anerkannte. Nachgefechte fanden noch zwischen den national orientierten „Münter-Julis" und den „Bundes-Julis" in Berlin statt. Diese Nachgefechte waren insofern symptomatisch, als es hierbei auch um eine mehr demokratisch-liberale oder nationalliberale Linie des neuen Jugendverbandes ging. Vor dem Landgericht Berlin hatten sich Mitte Februar 1983 die Repräsentanten der Münter-Julis (angeblich 84 Mitglieder) und der Bundes-Julis (angeblich 54 Mitglieder) dahingehend verglichen, daß die ersteren in den Verband der letzteren – und damit in den Bundesverband – aufgenommen würden. Damit schien auch der Berliner FDP der Weg für die Anerkennung der Julis frei zu sein, was auch im August 1983 erfolgte. Der Berliner Landesvorstand setzte sich mit Nachdruck für ein Zusammengehen der beiden Julis-Gruppen ein. Eine Mitgliederversammlung des Landesverbandes Berlin der Jungen Liberalen lehnte im Oktober 1983 jedoch die Aufnahme von 51 Mitgliedern aus der Münter-Gruppe ab. Neben allen da hineinspielenden persönlichen Querelen war dies auch eine politische Entscheidung gegen einen allzu starken „Rechtskurs" des neuen Verbandes. Interessant dabei ist, daß die Mehrheiten gegen den Rechtskurs u. a. dadurch zustande gekommen waren, daß viele der in der FDP verbliebenen ehemaligen Jungdemokraten nun Mitglieder der Jungen Liberalen geworden waren und dort ihren Einfluß geltend machen konnten. Der Verband der Jungdemokraten selber

192 Das Interview erschien am 10. März 1982 in der „Augsburger Allgemeinen".

hatte bereits im November 1982, nach dem Berliner Bundesparteitag, seine Trennung von der FDP beschlossen.

Es wäre falsch, den Austausch des Jugendverbandes der FDP einfach als ein von der Parteiführung initiiertes Teilmanöver der Wende zu sehen. Gegen eine derartige Interpretation sprechen folgende Tatsachen:

1. Mit ihrer „Zwei-Wege-Strategie" hatten sich die Jungdemokraten schon während der sozial-liberalen Zeit von der Mutterpartei entfernt, ganz sicher nicht in der Absicht, damit eine CDU/CSU/FDP-Koalition in Bonn zu fördern.
2. Das Verhalten der Parteiführung in der Frage der Nachwuchsorganisation war viel zu abwartend und unsicher, als daß darin der Ausdruck einer bewußt-geplanten Strategie zu erkennen wäre.
3. Gerade auch solche Politiker, die sich später gegen die Wende zur Wehr setzten – wie Frau Hamm-Brücher und Baum – waren gegen die DJD und für die Julis.
4. Die Ausgrenzung der Berliner „Münter-Gruppe" zeigte, daß die Julis mehr ein demokratisch-liberaler Verband sein wollten als ein willfähriges Instrument der liberal-konservativen Koalition.

Andererseits hat natürlich der Koalitonswechsel den Prozeß des Abstoßens der Jungdemokraten und der Neuformierung einer wirklichen Nachwuchsorganisation der FDP gefördert. Die Julis passen insofern zur neuen Konstellation, als sie nicht – wie einst die DJD – in der FDP das kleinstel Übel sehen, sondern eine Partei, von deren Grundsätzen sie angetan sind. Aber sie wollen „Hefe im Teig der FDP" sein, wie es der Vorsitzende des Jahres 1984, Guido Westerwelle formulierte. Von der neuen Organisation der Jungen Liberalen wurden die alten Themen der FDP wieder kritisch aufgenommen: Westerwelle sagte, die FDP solle nicht nur Mehrheitsbeschaffer, sondern Programmpartei sein; sie müsse sich der Gefahr entziehen, zur Wirtschafts-Lobby-Partei zu werden, solle vielmehr ihre Rolle als Freiheits- und Fortschrittspartei entfalten. Was die rechtsliberalen Paten der ersten Juli – Initiativen des Jahres 1978 wohl nicht vorausgesehen hatten: Die Jungen Liberalen könnten durchaus zu einem Rekrutierungsinstrument für eine neue Generation von linksliberal eingestellten Mitgliedern der FDP werden.

Während die Jungen Liberalen die Rolle einer FDP-orientierten Jugendorganisation mit kritischem Anspruch der Mutterpartei gegenüber einnahmen, bildeten die Jungdemokraten den Kern der Abspaltung der Liberalen Demokraten (LD) von der FDP. Schon am Rande des Berliner Parteitags der FDP 1982 warben ehemalige Jungdemokratenvorsitzende wie Theo Schiller und Christoph Strässer für eine Abspaltung von der FDP. Die Bemühungen dieses Werbens galten den 2000 Mitgliedern der „Liberalen Vereinigungen", die sich aus Protest gegen die „Wende-Politik" gebildet hatten. Dem standen einerseits Kritiker der neuen Parteilinie wie Gerhart Baum, Liselotte Funcke und Uwe Ronneburger entgegen, die grundsätzlich vor Parteiaustritten warnten und andererseits Bundestagsabgeordnete wie Helga Schuchardt, Ingrid-Matthäus-Maier und Friedrich Hölscher, die zwar die FDP verließen – aber zur SPD gingen oder bei ihr mitarbeiteten. Von den Jungdemokraten wurde diesen Sozialliberalen vorgeworfen, sie setzten auf eine „Pensionssicherungs-Lösung". In jedem Fall gelang es schon im Vorfeld der eigentlichen Parteigründung nicht, alle Repräsentanten und Anhänger des sozialliberalen Flügels der FDP für die LD zu gewinnen.

Gegründet wurde die Partei LD am 28. November 1982 in Bochum bei einer Bundeskonferenz der Liberalen Vereinigungen. Nur 30 von 1500 Kongreßteilnehmern stimmten gegen die neue Partei, obwohl wiederum zum Beispiel Helga Schuchardt gewarnt hatte mit der Begründung, die LD könnten der SPD Stimmen abnehmen und damit der CDU nützen. Zum Bundesvorsitzenden wurde der ehemalige hessische Landtagsabgeordnete der FDP, Ulrich Krüger, gewählt. William Borm, der 87-jährige ehemalige Berliner Landes- und Ehrenvorsitzende sowie Bundestagsvorsitzende der FDP, wurde Ehrenvorsitzender des neuen Verbandes. Die politischen Perspektiven waren indes noch unklar: Während sich Krüger gegen eine Beteiligung an der vorgezogenen Bundestagswahl 1983 aussprach, beschloß die Konferenz dennoch: „Die neue Partei hat das Ziel, bei der nächsten Bundestagswahl zu kandidieren." Wie angesichts der Erfahrungen mit den früheren FDP-Abspaltungen die Fortexistenz der LD gesichtert werden sollte, war ebenfalls nicht deutlich: Theo Schiller meinte, in ökologischen Fragen bei den „Grünen" und bei der Sicherung des Sozialstaates bei den Sozialdemokraten Bündnispartner finden zu können. Manche Beobachter sahen darin jedoch „Traumgspinste". Als Reaktion auf die Parteigründung faßte die FDP-Führung einen Unvereinbarkeitsbeschluß hinsichtlich der Mitgliedschaft bei der FDP und den LD. Gleichzeitig wurde festgestellt, daß die bundesweit existierenden Liberalen Vereinigungen keine Organisation der FDP wären. Diese Vereinigungen, deren Vorsitzende Frau Schuchardt war, bestanden weiter fort; sie sollten eine Gesprächsmöglichkeit für die nun in verschiedene Verbände versprengten Sozialliberalen sein.

Nach der Bundesorganisation der Liberalen Demokraten bildeten sich Landesverbände – so am 18. Dezember 1982 in Berlin, wo sich knapp 100 Personen zusammenschlossen. In einem Interview mit der „Tageszeitung" wurde etwas von dem Selbstbild dieser Gruppierung deutlich. Die als „alternativ" einzustufende Zeitung schrieb:

> „Als ‚außerparlamentarische Opposition' wollen sie das linke Spektrum um eine weitere Gruppierung bereichern. Ihr Programm enthält denn auch, was linke Programme zu bieten pflegen –, den Verzicht auf die Stationierung von Mittelstreckenraketen und die Nutzung von Atomenergie, die 35-Stunden-Woche und das Wahlrecht für Ausländer. Ob Sekte oder nicht, wir sprachen darüber mit dem frisch gewählten 32-jährigen Vorsitzenden Rainer Konrad Bachmann.
>
> Warum habt Ihr in Berlin eine Zweigstelle der ‚Liberalen Demokraten' aufgemacht?
>
> ‚Die meisten Gründungsmitglieder sind Ehemalige aus der FDP, die die unglaubwürdige Politik der FDP-Spitze nicht mehr nachvollziehen konnten

und denen klargeworden ist, daß die Zusammenarbeit zwischen Wirtschafts- und Sozialliberalen nicht mehr möglich ist.'

...

Die Liberalen Demokraten drohen doch zwischen einer grünfreundlichen SPD und sozifreundlichen Grünen zerrieben zu werden.

,Das ist ein Punkt, der uns schwer zu schaffen macht. Es gibt aber einen Haufen Leute links von „Rechts", die der SPD nicht trauen, aber auch von Grünalternativ nicht überzeugt sind. Der Rest, der dazwischen steht, wird von uns aufgenommen ...' "[193]

In der Tat ist das Motiv für die Gründung der Liberalen Demokraten wohl weniger darin zu sehen, einer größeren Gruppe von Wählern parlamentarische Repräsentanz zu ermöglichen, als vielmehr darin, aktiv gegen die Politik der FDP-Parteiführung zu protestieren. Die LD sind das Auffangbecken jener FDP-Dissidenten, die in liberaler Parteiarbeit und Ideologie schon so weit sozialisiert waren, daß sie sich einerseits nicht mehr in das geistige Klima einer anderen Partei einfinden mochten, andererseits aber die gewohnte Arbeit in Parteigremien nicht vermissen mochten. Die LD ist insofern ein reines FDP-Produkt. Über private Kontakte, über die Liberalen Vereinigungen – hier allerdings im abnehmenden Maße – und über andere Institutionen[194] bestehen Beziehungen zu in der FDP verbliebenen sozial-liberalen Mitgliedern fort. Die Zahl der Mitglieder der LD wurde zwischen 1000 (Verheugen, s. o.) und 4000 (so ein Funktionär der LD 1983 sowie der Bundesvorsitzende 1985, Ralf Bartz) angegeben. Daß diese Personen oder ein Teil von ihnen wieder den Weg zurück in die FDP finden, gilt bei allen Beteiligten als wenig wahrscheinlich. Wie die folgende Zusammenstellung zeigt, haben sich die Liberalen Demokraten an den meisten Wahlen seit ihrer Gründung 1983 nicht beteiligt. Dort, wo sie – meist mit der erklärten Absicht, der FDP zu schaden – sich dem Wählervotum stellten, erlitten sie eindeutige Niederlagen:

Wahlbeteiligungen und -Ergebnisse der Liberalen Demokraten seit ihrer Gründung 1982 (zum Vergleich FDP-Wahlergebnisse) bis 1985

Wahl	Monat/Jahr	LD	FDP
Bundestag	3/83	–	6,9 %
Rheinland-Pfalz	3/83	–	3,5 %
Schleswig-Holstein	3/83	–	2,2 %
Hessen	9/83	0,4 %	7,6 %
Bremen	9/83	0,43%	4,59 %
Baden-Württemberg	3/84	–	7,2 %
Europa	6/84	–	4,8 %
Saarland	3/85	–	10,0 %
Berlin	3/85	0,1 %	8,4 %
Nordrhein-Westfalen	5/85	–	6,0 %

193 Die Tageszeitung, 20. Dezember 1982, Außenparlamentarisch zwischen AL und SPD.

194 So existierte auch 1985 noch der „Verein Liberaler Kommunalpolitiker" (VLK), dessen Berliner Landesverband als Vorsitzenden ein FDP-Mitglied des Abgeordnetenhauses

Zur Konsolidierung der FDP seit 1985, wie sie in den Wahlergebnissen in drei Bundesländern zum Ausdruck kam, trugen u. a. „Wählerinitiativen“ bei, die als Medien eines Meinungsumschwunges zugunsten der FDP wirkten. Besonders offensichtlich waren dabei die Aktivitäten einer Initiative „Bürger für Berlin“, die sich am 10. Dezember 1984 gebildet und ab Januar 1985 die Berliner Öffentlichkeit für die Wahl der FDP eingestimmt hatte. Hebammendienste bei der Gründung dieser Intiative haben der frühere Bundeswirtschaftsminister Graf Lambsdorff sowie die FDP-Schatzmeisterin Irmgard Adam-Schwaetzer neben Berliner Politikern geleistet. Die Stimmungslage zum Zeitpunkt der Konstituierung der Initiative war geprägt einerseits von publizierten Umfragen, nach denen die FDP die 5%-Grenze nicht erreichen würde, andererseits von der Furcht vieler Wähler, es könne nach der Wahl zu einer Zusammenarbeit zwischen der SPD und der Alternativen Liste bei der Senatsbildung kommen. Das Schrekkensbild des „rot-grünen Chaos“ verfing insbesondere in bürgerlichen Wählerkreisen.

So taten sich etwa 200 Bürger aus „Wirtschaft, Kultur und Wissenschaft“ zusammen, deren Ziel es war, die Fortsetzung der CDU/FDP-Koalition zu sichern. Mit dem fast schon traditionellen Slogan „Diesmal FDP“ wollte man zwischen 10000 und 12000 Wähler für die FDP werben. Einer der Initiatoren dieser Initiative war Peter Herlitz, Vorstandsmitglied eines Berliner Unternehmens für Schul- und Bürobedarf, weiterhin gehörten der Unternehmer Donald Herbst (1. Vorsitzender der Initiative) und der Verkaufsleiter eines Großunternehmens, Peter Lorenz, zur Führung der Initiative. Gegenüber der „Berliner Morgenpost“ bekannte Herlitz seine Philosophie, die ihn zum Wahlwerber für die FDP hatte werden lassen: Daß die CDU die absolute Mehrheit in Berlin erringe, halte er für „illusorisch“, sonst würde er – wie normalerweise – die CDU wählen. So müsse er – mit einer Zweitstimmenkampagne – der FDP helfen, „damit der Senat unter Eberhard Diepgen (CDU) weiter regieren kann“. Dieser Einsicht hätten sich – so Herlitz – Ende Februar 1985 schon 5000 bis 6000 Berliner angeschlossen, welche die Initiative entweder offen oder mit Spenden – „keine Spendenquittung“ – unterstützten. Unter diesen Sympathiesanten befänden sich sowohl SPD-Anhänger als auch CDU-Mitglieder. Auch von außerhalb käme Unterstützung, so habe ein Unternehmer aus Hamburg 2000 Mark gespendet und weitere 10000 Mark versprochen. Nachdem im Vorstand seines Unternehmens anfangs nur drei Stimmen für die Wählerinitiative zusammengekommen wären, unterstützten nun alle 15 Mitglieder der Führungsmannschaft der Firma die Aktivitäten von Herlitz. Auch der Betriebsrat habe Verständnis bekundet, denn eine Fortsetzung der Wirtschaftspolitik liege im Interesse der Arbeitsplätze.[195]

Fortsetzung Fußnote 194

und als stellvertretenden Vorsitzender einen LD-Funktionär (ehemals FDP) hatte. Dieser Verein steht seit der Gründung der CDU/FDP-Koalition in Berlin nicht mehr nur FDP-Mitgliedern und Parteillosen offen, sondern eben auch Mitgliedern der LD.

195 Berliner Morgenpost, 24. Februar 1985, Berliner Unternehmer mischt im Wahlkampf kräftig mit.

Wochen vor der Wahl forcierte die Wählerinitiative mit aufwendigen Zeitungsanzeigen einen Stimmungsumschwung zugunsten der FDP. Mit Namen, Berufsbezeichnung, Alter und Portraitfoto bekannten sich Einzelpersönlichkeiten zur FDP oder forderten zu deren Wahl auf. Beispielhaft dafür waren die drei Sprecher Herbst, Herlitz und Lorenz mit einer viertelseitigen Anzeige der im rheinischen Format erscheinenden Berliner Tageszeitung „Der Tagesspiegel". Die Überschrift lautete: „DARUM ergreifen Parteilose Partei!" Herlitz sprach darin „Liebe CDU-Freunde" an, Lorenz „Liebe SPD-Freunde" und Herbst „Verehrte Mitbürger". Herlitz bekundete, er habe „lange darüber nachgedacht", wie er als Stammwähler der CDU auch diesmal der Union helfen könne. Das Stimmenpotential außerhalb der CDU-Anhängerschaft könne für die FDP möglicherweise nicht ausreichend sein, die absolute Mehrheit für die CDU ein zwar „reizvolles aber unrealistisches Ziel", und deshalb brauche die FDP diesmal Stimmen von der CDU, „die, wenn auch nicht vom Herzen, so doch vom Verstand kommen." Lorenz war sich als „einem alten SPD-Wähler nicht sicher, ob die Berliner SPD nach der Wahl nicht doch mit den Alternativen kooperieren wolle. Daher: „Die Zweitstimme geben Sie der F.D.P., dann kommt sie über die 5%. Das ist jetzt schon fast sicher. Als kleiner Partner, der die CDU als liberaler Partner ergänzt, geht's dann weiter, bis wir wieder SPD wählen können, – wie in guten Zeiten." Und Herbst bezeichnete sich als „Wahlkämpfer auf Zeit". „Der Grund ist einfach: Ohne die F.D.P. wird unsere Stadt nach dem 10. März unregierbar werden, mit der jetzt zur Wahl des Abgeordnetenhauses stehenden F.D.P.-Mannschaft ist die Fortsetzung der erfolgreichen Koalition garantiert ... Setzen Sie ihre Stimmzettel sinnvoll ein: geben Sie die Erststimme (weißer Stimmzettel) einer der großen Parteien. Und wählen Sie, unabhängig von der Erststimme, mit ihrer Zweitstimme (grüner Stimmzettel) die F.D.P." Deutlicher konnte nicht mehr auf die Funktion der FDP als Partei der zweiten Wahl hingewiesen werden.

Nach der Wahl sollte sich – so war es geplant – die Initiative auflösen. Formell ist dies auch geschehen. Sehr bald gab es jedoch Bestrebungen, aus dem Potential dieser Initiativen – die es anderswo im Bundesgebiet ähnlich auch gegeben hatte – „Freundeskreise der FDP" zu schaffen, die im Vorfeld der Partei arbeiten sollten. Problematisch sind die Beziehungen zwischen derartigen Initiativen oder Freundeskreisen und der eigentlichen Parteiorganisation, wenn die außenstehenden Gruppen Einfluß auf die Partei begehren. Offensichtlich ist es so, daß es den Gruppen nicht gelingt, Mehrheitsentscheidungen auf Parteitagen zu beeinflussen, aber beispielsweise für Fraktionen und Amtsträger schaffen sie im Falle erfolgreicher Arbeit einen politischen Erwartungsdruck, ihren politischen Grundinteressen nicht zuwider zu handeln.

Der Exodus eines großen Teils des sozialliberalen Flügels der FDP, dessen Zersprengung in verschiedene Richtungen, das Zuwachsen einer neuen – gemäßigt-kritischen – Nachwuchsorganisation und die Ansiedlung mittelständisch-bürgerlicher Interessen entweder direkt innerhalb der FDP-Mitgliederschaft oder aber in deren Vorfeld markieren die Situation der FDP in der konservativ-liberalen Ära seit 1982. Wie schon 1969, so hat sich auch 1982 das soziale Profil der FDP auch deshalb konsoldiert, weil von der Studentenbewegung inspirierte und von Karl-Hermann Flach transmissionierte radikal-demokratische Politikinhalte in der Partei irrelevant geworden waren: Die „Reform des Kapitalismus" war kein Thema der FDP mehr. Dagegen stand 1985 die Formel „Weniger Staat, mehr Markt" im Mittelpunkt. Diese Formel signalisierte die Notwendigkeit einer Bürokratiekritik, die aber im Deklamatorischen stecken blieb. Immerhin bot der Anspruch nach Bürokratiekritik demokratisch-liberalen FDP-Politikern etwa beim Thema Datenschutz oder in der Ausländerpolitik einen geeigneten Artikulationsansatz. Für die mittelständisch-bürgerlichen Interessen war er weniger ideologisch und mehr pragmatisch gemeint: „Weniger Staat" hieß weniger Auflagen im Berufs- und Geschäftsleben, weniger soziale Absicherung und dadurch Betonung des Leistungsprinzips sowohl für den Einzelnen als auch für die Gesellschaft, und schließlich heißt „weniger Staat" auch weniger Steuern in den oberen Einkommensklassen. Das Äquivalenz dazu war „mehr Markt": Das alte liberale Prinzip kam wieder zu neuen Ehren – Leistungswille und Innovationskraft wurden als Folgen von Wettbewerb und Belohnungsanreiz gesehen. Indem die FDP sich nicht mehr so viel von staatlichen Reformen und Programmen versprach und statt dessen mehr auf den Markt setzte, drückte sie nicht nur eine Interessenlage aus ihrer Anhängerschaft aus, sondern wähnte sich auch als Avantgarde eines geistigen Klimawechsels, den Ralf Dahrendorf – vielleicht etwas voreilig – mit dem Begriff vom „Ende des sozialdemokratischen Jahrhunderts" umschrieben hat.[196] Daß das liberal-konservative Bündnis in Bonn schon in der Mitte der ersten „eigentlichen" Legislaturperiode gerade bei den Themen „Arbeitsmarkt" und „Sozialstaat" Grenzen erreicht hattte und vor allem dadurch im Mai 1985 im größten Bundesland Nordrhein-Westfalen einen glänzenden sozialdemokratischen Wahlsieg ertragen mußte, relativiert die Sicherheit von Aussagen über epochale politische Klimawechsel.

196 Ralf Dahrendorf, Die Chancen der Krise, a. a. O., S. 17 ff.

6. Zwischen Programmanspruch und Systemfunktion

6.1. Liberale Perspektiven

Die FDP wird weithin als der „organisierte Liberalismus" in der Bundesrepublik Deutschland bezeichnet. Im ursprünglich von der Lizensierungspolitik der Alliierten vorgesehenen „Grundmuster" des Parteiensystems hatte die FDP die liberalen Politikelemente einzubringen, so wie die CDU/CSU die christlichen, die SPD die sozialdemokratischen und die KPD die kommunistischen Elemente.[197] Auf der verbalen Ebene ist es der FDP auch gelungen, den Liberalismus für sich in Anspruch zu nehmen – ihn sogar in der Werbung einzusetzen: Das Markenzeichen „F.D.P. – Die Liberalen" bewirkt Identifikation und signalisiert Exklusivität. Demgegenüber ist einerseits in Deutschland schon seit Ende des vergangenen Jahrhunderts von einer „Orientierungskrise des Liberalismus" die Rede [198] und wird andererseits – wie eingangs dargestellt – auf die Gültigkeit liberaler Grundwerte in allen etablierten politischen Parteien hingewiesen: Zumindest das parlamentarische Regierungssystem und die Bindung allen staatlichen Lebens an die von den Grundrechten ausgehende Verfassung sind bei den Unionsparteien und bei der SPD ebenso verinnerlicht wie bei der FDP.

Um beurteilen zu können, ob die Identifikation der FDP mit „dem Liberalismus" lediglich eine verbale Markierung ohne inhaltliche Entsprechung ist – ein historisches Rudiment gewissermaßen oder ob – organisationssoziologisch gesehen – „Liberalismus" nur das vorgegebene Ziel der FDP ist, hinter dem sich ganz andere tatsächliche Ziele verbergen, oder aber ob die FDP als „Partei des politischen Liberalismus" in der spätindustriellen Gesellschaft der Bundesrepublik ureigene Funktionen erfüllen kann und erfüllt, scheint es angebracht, an die historischen Quellen des „Liberalismus" genannten Wertsystems zu erinnern. Als geistige und politische Kraft formierte sich der Liberalismus in Westeuropa und in Deutschland – unter anderen geographischen und politischen Umständen auch in den späteren Vereinigten Staaten von Amerika – vor den bürgerlichen Revolutionen in der vorindustriellen Zeit. Liberalismus war die von der Aufklärung, von der Wissenschaft und sicher auch von den Interessen des sich emanzipierenden Bürgertums getragene Weltsicht, die sich gegen die traditionelle Herrschaft der Fürsten und Feudalherren sowie gegen den Absolutheitsanspruch Religion und Kirche wandte. Schwärmerisch fast

197 Siehe Heino Kaack, a. a. O., S. 9.

198 Siehe dazu Lothar Gall, Liberalismus und „bürgerliche Gesellschaft". Zu Charakter und Entwicklung der liberalen Bewegung in Deutschland, in: ders. (Hrsg.), Liberalismus, Köln 1976, S. 177 und die dort angegebenen Quellen.

beschreibt J. Salwyn Scharipo das Credo des vorindustriellen Liberalismus: Ihm habe der „Glauben an die Kraft der Vernunft als Regulator des Lebens" zugunde gelegen, die tiefe Überzeugung, „daß der Mensch seinem Wesen nach gut sei", daß „alle menschlichen Wesen überall auf der Welt" gleich seien. Unumstößliche Wahrheiten würden abgelehnt, auch hier habe sich der Liberalismus in eine Frontstellung gegen die Kirche begeben. Insbesondere das Christentum habe ein vom Liberalismus zu bekämpfendes Menschenbild vertreten, indem es den Menschen als von Natur aus böse und nur durch Glauben und göttliche Gnade zu erlösen darstellte. Der Liberalismus dagegen war vom Segen des Fortschritts überzeugt, falls eine Gesellschaftsform gefunden würde, deren politisches System auf Repräsentativität, dessen sozial-ökonomische Basis auf Individualismus sowie „Mechanisierung und Industrialisierung" beruhe.[199] In dieser Gesellschaftsordnung war der Staat nicht länger als Vormund oder gar Ausbeuter vorstellbar, sondern als Bürge individueller Freiheiten. Die den Liberalismus tragende Gesellschaftsschicht war das Bürgertum, das jedoch – wie schon Karl Marx dargestellt hatte[200] – im Moment seines Sieges seine revolutionäre Rolle ausgespielt hatte und selber zur herrschenden Klasse geworden war. Denn in einem Punkt war der liberale Anspruch durch die Geschichte nicht erfüllbar: Die Gleichheit „aller menschlichen Wesen" war innerhalb der Industriegesellschaften zwar formal erreichbar, inhaltlich aber nicht. Die Rechtsgleichheit verhinderte keineswegs soziale Gegensätze und Ausbeutungsverhältnisse. Das Dilemma des Liberalismus tat sich auf: Entweder nahmen seine Vertreter die neu entstandenen sozialen Unterschiede hin, – dann verkümmerte der Liberalismus „zur bloßen Klassenideologie" und seine Parteien zu Klassenparteien –[201], oder aber man nahm Abschied von der Vorstellung des Nachtwächterstaates und wies dem Staat Struktur- und Umverteilungsaufgaben zu, dann schloß man sich damit entweder der neuentstandenen Idee der Sozialdemokratie an, oder man bemühte sich – wie Friedrich Naumann und Max Weber – um ein Bündnis zwischen Bürgertum und Arbeiterschaft, das jedoch unter liberaler Führerschaft niemals Wirklichkeit wurde. Allerdings schafft die an bürgerlichen Werten und Normen orientierte Mittelschichtengesellschaft der Bundesrepublik Deutschland Voraussetzungen, die dem Ziel eines derartigen Bündnisses immerhin näher kommen als frühere Epochen. Nur so war die sozial-liberale Koalition überhaupt möglich, allerdings nicht als historisches Bündnis, sondern „nur" als Koalition auf Zeit.

In der nationalen Frage wiederholte sich das Dilemma des Liberalismus. War die Vertretung nationaler Interessen, die Forderung nach einem Nationalstaat ursprünglich eine vorwärtsstürmende Konzeption, so diente die nationale Idee in den verwirklichten Nationalstaaten der Verteidigung einmal errungener sozialer oder politischer Machtpositionen. Aus Fortschritt und Freisinn wurde

199 J. Salwyn Scharipo, Was ist Liberalismus?; in: Lothar Gall, a. a. O., S. 20 ff.

200 Karl Marx/Friedrich Engels, Manifest der Kommunistischen Partei; in: Karl Marx/ Friedrich Engels, Werke. Band 4, Berlin 1969, S. 459 ff.

201 Lothar Gall, a. a. O., S. 176.

vielfach Reaktion und dem eigenen sozialen Milieu verhaftete Engstirnigkeit. Die Spaltungen der liberalen Parteien im Kaiserreich und in der Weimarer Republik legen ein beredtes Zeugnis ab einerseits von dieser Entwicklung, andererseits von dem nie erlöschenden Versuch, unter geänderten politisch-gesellschaftlichen Bedingungen dem Liberalismus neue Aufgaben, zeitgemäße Inhalte, zu geben.

Welche Funktion also kann der Liberalismus haben in einer Gesellschaft, deren politisches System parlamentarisch organisiert ist, die sich eine liberale Verfassung gegeben hat, die sich industrialisiert und dem technischen Fortschritt verpflichtet hat, in der Kirche und Religion ihren Platz innerhalb des Ideen- und Interessenpluralismus eingenommen haben, in der die Wissenschaft sozialem Handeln den Sinn gibt, in der schließlich mit nationalen Ideen die Herrschaft keinerlei Obrigkeit mehr infrage gestellt werden muß? Doch nicht nur diese Frage tut sich auf, sondern eine grundsätzliche: Ist der anthropologische Ansatz des Liberalismus überhaupt realistisch?

Gerade im Hinblick auf die letzte Frage gibt es in der spätindustriellen Gesellschaft klärungsbedürftige Ereignisse. Jedem Bürger der Bundesrepublik Deutschland sind die bürgerlichen Freiheitsrechte garantiert, aber die „sozialen Freiheiten" auf Entwicklung im Beruf, auf Konsumchancen, Macht und Einfluß sind ungleich verteilt. Insbesondere die durch Mikroelektronik und Rationalisierung bewirkte strukturelle Arbeitslosigkeit der spätindustriellen Gesellschaft teilt die Menschen auf in solche, die einen Platz im Produktions- und Arbeitsleben gefunden haben und solche, für die kein Platz da ist. Nach allgemeiner Wertschätzung jedoch ist der Beruf die wichtigste Institution der Selbstverwirklichung des Menschen in der modernen Welt. Freiheit als Grundbedürfnis des Menschen wird für den strukturell Berufslosen kaum nachvollziehbar sein, denn für ihn bedeutet es Freiheit der anderen – er aber ist nicht frei, sondern *nur* bar der Chance auf Selbstverwirklichung. In anderen Teilbereichen der Gesellschaft hilft das Ablehnen von Dogmen und ewigen Wahrheiten ebenso wenig weiter wie der Glaube an die Vernunft des Menschen. Viele werden in der rationalen und pluralistischen Welt orientierungslos, erkennen den Sinn ihres Lebens nicht. Sie werden dann zu manipulierbaren „außengelenkten" Menschen[202] oder bedingungslosen Anhängern radikaler politischer oder religiöser Bewegungen wie des menschenverachtenden Nationalsozialismus oder – in der Nachkriegszeit – der den Individualismus zerstörenden Jugendsekten. Schließlich ist der ursprüngliche platte Forschrittsglaube des Liberalismus, die Überzeugung, daß mit der Weiterentwicklung von Wissenschaft und Technik auch das Glück der Menschen sich vermehren werde, in dieser Form nicht mehr nachvollziehbar: Zu auffällig und folgenreich ist die Zerstörung der Natur durch die Technik, zu bedrohlich sind pathologische Entwicklungen von Wissenschaft und Technik wie beispielsweise bei der Gentechnologie oder der Rüstung, zu unglaublich der durch die moderne Weltwirtschaftsordnung bewirkte

202 Siehe David Riesman, Die einsame Masse. Eine Untersuchung der Wandlungen des amerikanischen Charakters, Hamburg 1960.

globale Klassengegensatz zwischen Industrienationen und Rohstofflieferanten. Widerlegt die vorhandene strukturbedingte soziale Unfreiheit einiger und die Manipulierbarkeit vieler Menschen zusammen mit den erkennbaren Grenzen von Wissenschaft und Technik in der Industriegesellschaft das liberale Weltbild?

Das liberale Weltbild des 19. Jahrhunderts bedarf in der Tat am Ende des 20. Jahrhunderts kräftiger Korrekturen. Die liberale Sicht des Menschen als freiheitsliebend, vernunftbegabt, lernfähig und tolerant ist keine empirische Kategorie, sondern ein Leitbild. Zur Verwirklichung dieses Leitbildes bedarf es allerdings einiger sozialer und politischer Voraussetzungen, die im Widerspruch stehen zum klassischen Liberalismus. So muß vor allem der Staat aktiv die Gesellschaftsordnung gestalten, in der der ideale liberale Lebensstil allgemein verbindlich sein könnte. Denn freiheitsliebend, vernunftbegabt, lernfähig und tolerant kann der Mensch nur sein, wenn er über eine sichere ökonomische Basis und einen ausreichenden intellektuellen Fundus verfügt. Die sichere ökonomische Basis für jedermann aber ist, wie die Erfahrung lehrt, durch das freie Spiel der Kräfte nicht erreichbar. Umverteilungen sind notwendig. Und Bildung als staatliche Aufgabe kann unter liberaler Zielvorstellung nicht nur Berufsvorbereitung sein, sondern schichtenunabhängige Befähigung zu einem eigenverantwortlichen Leben. Der Liberalismus also muß sein Verhältnis zum Staat, zu den Institutionen überhaupt, neu definieren. So plakativ die Formel vom Vorrang der Person vor der Institution ist, sie trifft die Realität in der organisierten Welt nicht, denn Persönlichkeiten können sich heute nur in Institutionen und durch Institutionen verwirklichen, im Beruf und in der Freizeit ebenfalls. Person und Institution bedingen sich gegenseitig. Auch der Liberalismus kann die Institution ernsthaft nicht mehr verdammen, er kann aber für einen solchen Aufbau und eine solche Arbeitsweise der Institution eintreten, daß möglichst allen ihren Mitgliedern die Verwirklichung des liberalen Ideals gelingt.

Das liberale Ideal selber wird in der Bundesrepublik nicht nur in der FDP, sondern auch in anderen Organisationen und Parteien vertreten. Hierüber gibt es einen breiten Konsens. Von einer Neudefinition des Verhältnisses zwischen Idividuum und Institution indes kann bei der FDP nicht die Rede sein. So erkennt das „Liberale Manifest“ von 1985 zwar die genannten Probleme der Arbeitslosigkeit, der pathologischen Auswüchse von Technik und Wissenschaft und die „Dritte-Welt-Problematik“ aus liberaler Sicht sehr wohl an, aber bei der Rezeptur gerät es doch wieder auf die alten Gleise: „Eine Politik, die alles Heil zuerst im Staat sucht, kann die Zukunft nicht bewältigen.“ Gemeint sind hiermit vor allem die Sozialdemokraten, und als parteipolitische Spitze mag eine derartige Formulierung ihren Sinn haben. Bei der Definition liberaler Ziele aber wäre sie unsinnig, denn in der Bundesrepublik existiert – bei Lichte betrachtet – keine ernsthafte Kraft, die „alles Heil zuerst im Staat sucht“. Da der Staat also – verbal – abgelehnt wird, verfällt das Manifest auf eine Kombination zweier Rezepturen sehr unterschiedlicher Provinienz: Einmal ist es der Markt, der helfen könne, Probleme wie Umweltzerstörung und Arbeitslosigkeit zu lösen. „Auch der Umweltschutz braucht mehr Marktwirtschaft." – „Die Arbeitslosigkeit kann dauerhaft nur in einer marktwirtschaftlichen Ordnung überwunden werden." Zum andern nimmt das Manifest eine Anleihe bei Alternativen und deren Selbsthilfegedanken sowie bei den Sozialausschüssen der Union und deren Subsidiaritätsprinzip, indem zur sozialen Absicherung „kleine soziale Netze" – allerdings ohne jegliche Konkretisierung – vorgeschlagen werden. „Kleine soziale Netze müssen die Solidargemeinschaften ergänzen und die Sozialbürokratie eindämmen." Mit solchen Floskeln und Halbheiten wird sich die FDP nicht gegen den Vorwurf immunisieren können, sie liefere mit ihren programmatischen Äußerungen zum Liberalismus nur die Ideologie für die Erhaltung des status quo der mittleren und höheren Mittelschichten. Neben dem grundsätzlichen Problem der anthropologischen Zielvorstellung des Liberalismus und dem Wege dahin bleibt mithin die Frage nach der Funktion des Liberalismus in einer Welt, in der die klassischen Grundforderungen aus der vorindustriellen Zeit erfüllt sind.

Da ist zunächst die allgemein etablierte Form der politischen Herrschaftsformation, der Parlamentarismus. Hier sei ein kleiner Exkurs gestattet: Es wäre falsch, zu behaupten, die repräsentative Demokratie sei im westlichen Teil Deutschlands nach dem Kriege von den Siegermächten importiert, ja als etwas völlig Neues verordnet worden. Der Parlamentarismus hat in der Geschichte Deutschlands eigene Wurzeln vom deutschen Wahlkönigtum über die Ständeversammlungen, die Länderparlamente des frühen 19. Jahrhunderts, die Frankfurter Nationalversammlung, die Reichstage und den Bundesrat. Freilich hat auch kein deutsches Parlament von sich aus jene Machtfülle gegenüber Landes- und Territorialherren erkämpft wie das britische Unterhaus der Krone gegenüber. So traf sich nach 1945 das Ziel der alliierten Lizensierungspolitik, in Deutschland parlamentarisch-demokratische Verhältnisse fest zu verankern, mit dem Bemühen der deutschen Nachkriegspolitiker, alle Mängel des Weimarer politischen Systems, welche die nationalsozialistische Machtergreifung ermöglicht hatten, zu vermeiden. Die Verdammung plebiszitärer Elemente aus dem Grundgesetz, die starke Stellung des vom Bundestag gewählten Kanzlers und die Fünf-Prozent-Grenze sind verfassungsrechtliche Reaktionen auf die Zerstörung der Weimarer Republik durch die Nationalsozialisten. Andere als demokratisch-repräsentative Systeme hätten die Westalliierten in ihren Zonen sicher nicht zugelassen, aber die konkrete Form des Parlamentarismus in der Bundesrepublik ist nur aus der politischen Kultur und Geschichte Deutschlands zu erklären: Weder von Frankreich noch von England wurde das in der Kaiserzeit auch hier gültige Mehrheitswahlrecht übernommen, sondern man entschied sich für das Verhältniswahlrecht der Weimarer Zeit, dies allerdings verbunden mit Elementen des Persönlichkeitswahlrechts – der eigentliche verfassungsrechtliche Nährboden für die Existenz der FDP, wie noch zu zeigen sein wird. Es ist also nicht so, daß den Bürgern der Bundesrepublik nach 1945 ein politisches System oktroyiert worden wäre, das ihnen fremd war. Allerdings hatte sich dieses System mit dem Niedergang der Weimarer Republik in den Augen vieler Deutscher diskreditiert, und darüber hinaus war es nicht nur durch die nationalsozialistische Propaganda verteufelt worden. Das personalisierte Verhältniswahlsystem war zusammen mit der Fünf-Prozent-Grenze zwar erst 1957 endgültig in Kraft getreten, ist aber als Reaktion auf die Parteienvielfalt der Reichstage in der Zeit von 1919 bis 1933 zu sehen.[203] Nach dem Niedergang des Nationalsozialismus wurde das korrigierte parlamentarische System von der Bevölkerung hoffnungsvoll bis sachlich-neutral angenommen. Als einer der stärksten Pfeiler stellte sich sehr bald heraus, daß das Bonner parlamentarische System den Bürgern vor allem eines garantieren konnte: Stabilität und Wohlstand.[204] Die bürgerlichen Koalitionsregierungen der ersten Legislaturperiode stellten hier die Weichen mit einer Politik, die mit den Schlagworten „Wirtschaftswunder" und „Westintegration" in die Geschichte eingegangen sind.

Mit der Garantie von Stabilität und Wohlstand wurde die parlamentarisch-repräsentative Demokratie als gut und richtig verinnerlicht. Infolge dieser Akzeptanz vollzog sich die Konzentration des Parteiensystems auf die wichtigsten Träger des neuen Parlamentarismus. Die Hauptregierungspartei CDU/CSU saugte ihre bürgerlichen Konkurrenzorganisationen wie BHE, DP und Bayernpartei auf, während im Oppositionslager die SPD bis 1961 bei um 30% der Wählerstimmen stagnierte, aber doch das „linke" Lager abdeckte und den im ersten Deutschen Bundestag noch vertretenen Kommunisten keine Chance ließ. In dem so herausgebildeten „dualen Parteiensystem"[205] überlebte von den kleineren Parteien des Jahres 1949 nur die größte, die FDP, in der Rolle eines Juniorpartners der beiden Hauptparteien. Nicht eine besondere – die FDP von allen anderen Parteien abhebende – inhaltliche Beziehung zum Parlamentarismus, sondern eine spezifische Funktion im parlamentarischen System der Bundesrepublik sicherte der Partei das Überleben.[206] So ist bei der FDP eine spezifische Nähe zum Parlamentarismus zwar festzustellen, aber diese Nähe ist eine funktionale und keine die FDP von CDU/CSU und SPD abhebende eigene inhaltliche Nähe.

Seine unkomplizierteste Verankerung hatte das parlamentarisch-demokratische Regierungssystem in der Bundesrepublik zweifellos in der Zeit bis 1961. Danach gab es Krisen und Zweifel an der Funktionsfähigkeit des Systems, die zwar nicht an die Substanz gingen, aber einer Verarbeitung bedurften. Die

203 Siehe Jürgen Dittberner, Zur Entwicklung des Parteiensystems zwischen 1949 und 1961; in: Dietrich Staritz (Hrsg.), Das Parteiensystem der Bundesrepublik, Geschichte – Entstehung – Entwicklung, Eine Einführung, 2. Auflage, Opladen 1980, S. 130.

204 Siehe Jürgen Dittberner/Rolf Ebbighausen (Hrsg.), Parteiensystem in der Legitimationskrise, a. a. O.

205 Siehe Herbert Sultan, Zur Soziologie des modernen Parteiwesens; in: Archiv für Sozialwissenschaft und Sozialpolitik, 55 (1926).

206 Hans Fenske sieht nicht einmal funktionale, sondern schlichte quantitative Gründe für das Überleben der FDP: „Daß sich die FDP in diesem Abschleifungsprozeß hielt, entsprach ihrem größeren Fundus zu Beginn der Entwicklung. Sie war keine große Partei, aber auch keine kleine. Von den kleinen Parteien unterschied sie eine wesentlich größere Spannbreite der Auffassungen und der sozialen Resonanz. „Hans Fenske, a. a. O., S. 211.

Stichworte für diese Krisen lauten „Spiegel-Affäre (1962), NDP (1969), „Außenparlamentarische Opposition“ (1968 ff.), „Die Grünen“ (1980 ff.) und „Spendenaffäre“ (ab 1975). Die Rolle der sich „Partei des Liberalismus“ und auch des „Parlamentarismus“ nennenden FDP bei diesen Krisen ist nicht einheitlich: Durch das Aufkommen der NPD und der „Grünen“ war die FDP in ihrer Stellung im Parteiensystem bedroht, also funktional betroffen. Mit dem Hinweis auf die mögliche „Unregierbarkeit“ der Bundesrepublik reagierte sie denn auch funktional und im wesentlich nicht inhaltlich auf die den neuen Parteien zugrunde liegenden politisch-sozialen Probleme. Derer nahmen sich die beiden Hauptparteien – die Union im Falle der NPD, die SPD im Falle der „Grünen“ – an. Bei der „Außerparlamentarischen Opposition“ vermochte die FDP dank ihrer Stellung als Opposition im Deutschen Bundestag zwar einige der dort aufgekommenen Themen ins Parlament zu tragen, aber ihr gelang in der Folgezeit nicht, ihre Politik auf die entstehenden Bürgerinitiativen und Basisgruppen auszuweiten und diese zu stützen, obwohl es vor allem im kommunalen Bereich[207] Ansätze dazu gegeben hatte. Das Bedürfnis nach Partizipation über den reinen Partei- und Parlamentsbetrieb hinaus vermochte die FDP nicht zu befriedigen und ließ damit Raum für die Partei der „Grünen“. Glanzvoll war die Rolle der FDP bei der „Spiegel-Affäre“, als der Bundestagsabgeordnete Wolfgang Döring in einer Parlamentsrede am 7. November 1962 rechtsstaatliche Prinzipien über Koalitionsraison stellte und damit zumindest den Bundesverteidigungsminister Franz-Josef Strauß zur politischen Konsequenz aus seiner Verwicklung in die Affäre zwang. Ruhmlos ist die Rolle der FDP bei der „Spendenaffäre“. Nicht nur, daß FDP-Politiker wie Otto Graf Lambsdorff, Hans Friderichs sowie der einem Mordanschlag zum Opfer gefallene Heinz Herbert Karry in die Affäre verwickelt sind, sondern daß eben dieser Verwicklung wegen die „Partei des Rechtsstaates und des Parlamentarismus“ zweimal am Versuch einer Amnestie für die mit der „Spendenaffäre“ verbundenen möglichen Straftaten startete, hat mit allem anderen als mit dem liberalen Elan der vorparlamentarischen Zeit zu tun. Immerhin war es die „Basis“ der FDP, die hierbei mehr in der liberalen Tradition handelte als ihre Führung (s. S. 90). Insgesamt also läßt sich eine existentielle Verwobenheit der FDP mit dem parlamentarischen System festhalten, aber inhaltlich ist sie genauso viel oder wenig eine „Hüterin des Parlamentarismus“ wie die Union oder die SPD.

Nach dem Parlamentarismus hatte sich der klassische Liberalismus für Industrielalisierung und technischen Fortschritt eingesetzt. Was die FDP angeht, so sind hier die Erben der liberalen Grundidee den Anfängen durchaus treu geblieben. Zwar werden ethische Probleme und Gefahren der Technik konstatiert, aber prinzipiell als lösbar und überwindbar angesehen. Die Zukunft hängt weiterhin von der Technik ab. Im Saarbrücker „Liberalen Manifest“ heißt es dazu: „Der internationale Wettbewerb zwingt die Bundesrepublik Deutschland

207 Jürgen Dittberner, Bürgerinitiative als partielles Partizipationsbegehren; in: Zeitschrift für Parlamentsfragen, Nr. 2/1973, S. 194.

zu immer neuen technologischen Spitzenleistungen. Die vermeintlichen und tatsächlichen Gefahren moderner Technologien lösen Zukunftsängste aus." So bürgen neue Techniken wie die Genetik und die „Neuen Medien" zwar Gefahren, aber es sei möglich, diese zu vermeiden und den Fortschritt den Menschen zugute kommen zu lassen. „Bio- und Gentechnologie eröffnen der Menschheit große Chancen im Kampf gegen Hunger, Krankheit und Umweltverschmutzung." ... „Medienvielfalt wird Freiheit, Selbstbestimmung und Selbstverantwortung des einzelnen stärken und mehr Mitwirkungschancen schaffen." Es würde nicht besonders treffen, der FDP bei der Befürwortung neuer Techniken Interessenideologie vorzuwerfen, denn einerseits macht sie keinen Hehl daraus, daß sie spezifisch bürgerliche Interessen vertritt, und zum anderen ist hier kein Widerspruch zur vorindustriellen Zeit zu konstatieren. Das Angenehme verbindet sich hier nach liberaler Auffassung mit dem Nützlichen, denn wenn auch die Förderung neuer Techniken den Produzenten in erster Linie nützt, so kämen dadurch nicht nur die speziellen Segnungen der jeweiligen Techniken den Menschen insgesamt zugute, sondern nur so könnten auch Arbeitsplätze in ausreichender Zahl geschaffen und gehalten werden.

Was nun das Verhältnis zwischen Bürger und Staat angeht, so erhebt die FDP sehr dezidiert den Anspruch, die Partei der Rechtsstaatlichkeit zu sein und entsprechend den Ursprüngen den Staat tatsächlich als Bürge individueller Freiheiten zu sehen. In der „Spiegel-Affäre" und bei der Verabschiedung der Notstandsgesetze ist die Partei auch diesem Anspruch gerecht geworden. Im Zusammenhang mit dem Kommunisten- und Extremistensyndrom der Bundesrepublik in den siebziger und achtziger Jahren war die Position der FDP uneinheitlich. Wie Union und SPD trug die Partei als Ganzes den gegen die Beschäftigung von „Verfassungsfeinden" im öffentlichen Dienst gerichteten „Radikalenerlaß" mit,[208] und sie beteiligte sich auch an der Verabschiedung von Gesetzen, die gegen die Praxis von Terroristen und gewalttätigen Demonstranten eingesetzt werden sollten. Da derartige Gesetze – wie das „Kontaktsperregesetz", wie die Einfügung eines die Darstellung von Gewalt dem Kunstprivileg entziehenden § 129a in das Strafgesetzbuch oder wie die Verschärfung des Demonstrationsstrafrechts – nicht nur Mißbräuche bürgerlicher Freiheiten einschränkten, sondern zugleich auch einzelne Freiheitsrechte gefährdeten, kam stets Widerstand gegen derartige Projekte aus Kreisen der Parteimitgliederschaft, dort – ähnlich wie bei der SPD – vor allem vom linken Flügel her. Gerade in Fragen der inneren Sicherheit wird das liberale Schisma immer wie-

208 Im Wahlprogramm der FDP vom Mai 1976 heißt es: „Kritik an Staat und Gesellschaft ist ein Lebenselement der Demokratie. Die F.D.P. tritt darum für den Vorrang der politischen Auseinandersetzung vor juristischen Verboten auch gegenüber extremistischen Parteien und Vereinigungen ein.
Für den öffentlichen Dienst jedoch gilt: Wer den Kernbestand unserer freiheitlich-demokratischen Grundordnung wie Volkssouveränität, Mehrparteienprinzip, Recht auf Opposition, Grundrechtsverbürgung, Gewaltenteilung und Unabhängigkeit der Gerichte nachweislich bekämpft, kann nicht im Dienst dieses freiheitlichen Staates stehen..."

der offenkundig. Das war zu allen Phasen der Entwicklung der Partei so. Die Parole „Im Zweifel für die Freiheit" ist im konkreten Fall auslegungsbedürftig, und es gibt innerhalb der FDP – wie in der Union und in der SPD ebenfalls – Mitglieder, die sich im Zweifel doch eher für den Staat und nicht für die Freiheit des Individuums entscheiden. Freilich ist die parlamentarische Republik in ihrem Verhältnis zum Bürger natürlich besonders aus liberaler Sicht grundsätzlich anders zu beurteilen als der absolutistische Obrigkeitsstaat gegenüber seinen Untertanen.

Eine zentrale Eigenschaft des modernen Verfassungsstaates und der heutigen Gesellschaft ist die Bürokratisierung von immer mehr Lebensbereichen. Die großen arbeitsteiligen bürokratischen Organisationen sind für den Einzelnen schwer durchschaubar und kaum kontrollierbar. Schon Max Weber hat die Gefahr der Entwicklung einer „bürokratischen Herrschaft", das heißt einer Verselbständigung der Apparate gegenüber den legitimen Inhabern der Macht, beschrieben,[209] und so ist nicht verwunderlich, daß das Thema „Bürokratiekritik" von der sich der liberalen Tradition verpflichteten Partei immer wieder aufgegriffen wird. Allerdings ist der Ausgangspunkt dabei weniger die Herrschaftstheorie Webers – wie überhaupt der Einfluß dieses bedeutenden liberalen Theoretikers auf die programmatische Diskussion innerhalb der FDP äußerst gering ist –, sondern das klassische Marktmodell: Bürokratie enge Eigeninitiative und Entscheidungsmut ein und behindere damit die Dynamik der Individuen und der Gesellschaft. Im „Liberalen Manifest" heißt es dazu:

> „Aufgabe des Staates ist die Freiheitssicherung, vor allem die Sicherung demokratischer Regeln, der Chancengleichheit für alle, des Friedens und der inneren Ordnung. Außerdem muß er die soziale Grundsicherung derjenigen ermöglichen, die sich weder allein noch gemeinschaftlich helfen können. Andere Aufgaben sollen auf den Bürger und private Organisationen übertragen werden. In der Wirtschaft hat der Staat primär den ordnungspolitischen Rahmen für die marktwirtschaftlichen, dezentralen Abläufe zu sichern. Staatliche Wirtschaftstätigkeit, die nicht mit hoheitlichen Aufgaben begründet werden kann, ist zu privatisieren."

In der Praxis läuft die „Bürokratiekritik" der FDP auf die Forderung nach Privatisierung hinaus. Das in der Bürokratietheorie entwickelte Problem wie Entfremdung der Mitglieder der Bürokratien selber, die Forderungen nach Transparenz des bürokratischen Verwaltungshandelns („gläsernes Rathaus") oder nach Kontrolle der Bürokratien durch die Bürger sowie ihnen dienende Organisationen und eben nach Verhinderung neuer und Abbau bestehender bürokratischer Herrschaft[210] spielen in Theorie und Praxis der FDP keine bedeutende

209 Max Weber, Wirtschaft und Gesellschaft. Grundriß der verstehenden Soziologie, Erster Halbband, Köln/Berlin 1964, sowie Wolfgang Schluchter, Aspekte bürokratischer Herrschaft. Studien zur Interpretation der fortschreitenden Industriegesellschaft, München 1972.

210 Siehe Thomas Ellwein, Das Regierungssystem der Bundesrepublik Deutschland, 3. Auflage, Opladen 1973, sowie Amitai Etzioni, Soziologie der Organisationen, München 1971.

Rolle. Lediglich beim Thema „Datenschutz" achtet die Partei auf den Schutz der Bürgerrechte – möglicherweise, weil sich hier nicht nur eine Entwicklung zur völligen Bloßlegung jeder Person durchsetzt, sondern auch wegen der damit verbundenen Gefahr einer Einengung der freien Entfaltung am Markt. Daß auch die konkrete Formulierung der Bürokratietheorie durch die FDP von den durch sie repräsentierten sozialen Interessen tangiert ist, ist indes vom Grundsatz her kein Novum in der Geschichte des Liberalismus.

Nationalstaatliche Forderungen des ursprünglichen Liberalismus waren gegen die Herrschaft der Fürsten gerichtet. In der besonderen Situation der nationalen Katastrophe 1945 als Folge der Naziherrschaft kam der nationalen Frage jedoch im Industriezeitalter in Deutschland wieder eine besondere Bedeutung zu. Während Konrad Adenauer von Anfang an eine Politik der Integration der drei westlichen Besatzungszonen in ein west-europäisches und atlantisches Bündnissystem betrieb, spielte der nationale und gesamtdeutsche Gedanke in der FDP eine entscheidende Rolle. Schon bei den heterogenen Parteigründungen nach 1945 ist der nationale Gedanke neben dem marktwirtschaftlichen Ansatz und der antikonfessionellen Ausrichtung einer der konstituierenden politischen Faktoren der liberalen Organisation gewesen: „Je nach Region konnte dabei der Akzent stärker auf dem einen oder anderen Aspekt liegen."[211] Bei dem Versuch einer nationalen Sammlung, in der Saarfrage, bei den ersten vorsichtigen Abkehrungen von der „Politik der Stärke" durch Thomas Dehler und andere,[212] im Schollwer-Papier (s. S. 115 f.), in der Deutschland- und Ostpolitik der Regierung Brandt-Scheel und wiederum im Bemühen um neue deutschlandpolitische Akzente nach 1982[213] erweist sich der hohe Stellenwert der nationalen Frage innerhalb der FDP, wie ja auch der Versuch einer gesamtdeutschen Parteiorganisation in Form der „Demokratischen Partei Deutschlands" (s. S. 28 f.) allein bei den Liberalen gewagt wurde. Daß die „nationale Politik" der FDP und in der FDP dennoch sehr unterschiedliche Zielrichtungen verfolgte – von der Integration nationaler und nationalsozialistischer Kräfte in das politische System der Bundesrepublik bis zum Interessenausgleich mit der DDR und dem Ostblock –, ist ein weiterer Ausdruck der programmatischen Flexibilität der Partei unter Beibehalt traditioneller plakativer Begriffe – in diesem Fall der „deutschen Frage". In diesem Zusammenhang schwierig zu beurteilen ist die Außenpolitik, wie sie sowohl in der SPD/FDP-Koalition als auch in der Koalition mit der Union nach 1982 von Hans-Dietrich Genscher betrieben wird. Für Genscher ist – hierin das Erbe Adenauers voll respektierend – die westeuropäische und atlantische Integration die Basis bundesdeutscher Außenpolitik überhaupt, hierauf baut sich auf eine „realistische Ostpolitik, in der die Bemühung um Entspannung mit dem Willen, das Kräfte-

211 Dieter Hein, a. a. O., S. 204.

212 Siehe Theo Rütten, Der deutsche Liberalismus 1945 bis 1955, a. a. O.

213 Siehe Friedrich-Naumann-Stiftung (Hrsg.), Lösung der deutschen Frage – wie, wann, mit wem? Dokumentation des Experten-Disputes der Friedrich-Naumann-Stiftung am 19. Oktober 1984 in Königswinter/Margarethenhof, Sankt Augustin 1985.

gleichgewicht aufrechtzuerhalten" sowie eine „vorausschauende Dritte-Welt-Politik, die darauf gerichtet ist, durch einen gerechten Interessenausgleich zwischen Nord und Süd ein stabiles Verhältnis der Kooperation zu schaffen."[214] Bei Lichte gesehen stellt sich die „liberale Außenpolitik" seit der Amtsübernahme Genschers als eine pragmatische und professionelle Verwaltung der historischen Entscheidungen für die Westintegration unter Adenauer und für die Ostpolitik unter Brandt und Scheel, verbunden mit einer nüchternen Reaktion auf die Dritte-Welt-Problematik, dar.

Noch einmal zurück zu den reinen Quellen des Liberalismus vor der Industrialisierung: Mit seinem Glauben an die Vernunft und Güte eines jeden Menschen verlangt der Liberalismus auch eine offene Einstellung Minderheiten gegenüber. Zum Liberalismus gehört daher „die Anerkennung des Rechtes der Minderheit, in der Nation zu existieren und eine offizielle Funktion im politischen System zu haben".[215] Nun läßt sich in der Tat nicht sagen, daß diese Forderung in der spätindustriellen Gesellschaft, auch nur formal, erfüllt sei. Im Gegenteil: Im Nachkriegseuropa entwickelte sich ab den sechziger Jahren eine unvorhersehbare Migrationsbewegung von Arbeitskräften aus den weniger industrialisierten in die industrialisierten Länder. Ihr folgte ab Mitte der siebziger Jahre ein globaler Flüchtlingsstrom von den armen in die reichen Länder der Welt. Die Bundesrepublik, belastet vom Trauma der systematischen Judenermordungen durch die Nationalsozialisten, hatte bis Anfang der achtziger Jahre keinerlei praktische Probleme mit Fremden oder Minderheiten. Angesichts der dann immer zahlreicher in Erscheinung tretenden Gastarbeiter mit ihren Frauen, Kindern und Kindeskindern, sowie angesichts von Asylbewerbern aus Ghana bis Sri Lanka mußte sich von da an herausstellen, wie praktisch die als Folge der Nazizeit liberal formulierte Verfassung tatsächlich war und welche Rolle die Liberalen des späten 20. Jahrhunderts in diesem Punkte spielen würden: 1985 lebten in der Bundesrepublik etwa 4,5 Millionen ausländische Erwerbstätige, hinzu kommen nach Schätzungen 60 000 Asylbewerber, von denen etwa ein Viertel mit ihrer Anerkennung als politisch Verfolgte rechnen konnten. Zur gleichen Zeit betrug die Einwohnerzahl der Bundesrepublik rund 60 Millionen Menschen bei zwei bis drei Millionen Arbeitslosen. Seitdem in den größeren Städten regelrechte Ausländer-, meist Türkenviertel, entstanden waren und viele der Gastarbeiter einschließlich ihrer Nachkommen offensichtlich auf Dauer in der Bundesrepublik bleiben wollten und seitdem sowohl Bundesländer als auch Gemeinden mit der sozialen Betreuung der Asylbewerber immer wieder Schwierigkeiten hatten, machte sich in einigen Kreisen der Bevölkerung ein gewisser Unmut über diese Entwicklung breit – ein Unmut, der in der öffentlichen Diskussion unter das Schlagwort von der „Ausländerfeindlichkeit" subsummiert wurde.[216] Extrem rechten politischen

214 Hans-Dietrich Genscher, Außenpolitik im Dienste von Sicherheit und Freiheit, Stuttgart 1976, S. 17.

215 J. Salwyn Scharipo, Was ist Liberalismus?, a. a. O., S. 33.

216 Siehe Lutz Hoffmann/Herbert Even, Soziologie der Ausländerfeindlichkeit. Zwischen nationaler Identität und multikultureller Gesellschaft, Weinheim und Basel 1984.

Gruppen war es nicht gelungen, sich zum Sprachrohr derartiger Stimmungen zu machen, wohl auch, weil mehrere Unionspolitiker ihrerseits diesen Unmut aufnahmen und politisch artikulierten. Auch in der SPD wurde vielfach Rücksicht genommen auf die Stimmung bei der deutschen Arbeiterschaft, so daß die in der FDP organisierten „Erben des Liberalismus“[217] die Chance hatten, für „die Anerkennung des Rechtes der Minderheit, in der Nation zu existieren“ einzutreten. Sowohl beim Ausländerrecht als auch in der Asylantenfrage verfocht die FDP in der Tat im Verhältnis zu CDU/CSU, aber auch zur SPD die toleranteste Position. So wandte sich die FDP, allen voran die Beauftragte der Bundesregierung für ausländische Arbeitnehmer, Liselotte Funcke, gegen eine Verschärfung des Ausländerrechts wie zum Beispiel bei der geforderten Herabsenkung des Nachzugsalters auf sechs Jahre, so sträubte sich die FDP gegen eine abermalige Verschärfung des erst von der sozial-liberalen Koalition mit dem Ziel einer Verkürzung der Verfahren novellierten Asylverfahrensgesetzes oder gar eine Änderung des Satzes im Artikel 16 des Grundgesetzes: „Politisch Verfolgte genießen Asylrecht.“ Beides wurde von Unionspolitikern in Bonn und in den Bundesländern gefordert. Zurückhaltender war die FDP allerdings gegenüber der vielfach auch in ihren eigenen Reihen erhobenen Forderung nach Gewährung eines kommunalen Wahlrechts für längerfristig in der Bundesrepublik lebende Ausländer. Nach anfänglichen Sympathien für diese Forderung, fand sie dann doch keine Mehrheit in den Gremien und gehört somit nicht zur Programmatik der FDP. Insgesamt jedoch läßt sich sagen, daß in der Ausländerfrage die FDP an aufklärerische Wurzeln des frühen Liberalismus anknüpft und dies offensichtlich aus „liberaler Grundüberzeugung“ tut, denn eine damit in Zusammenhang zu bringende größere Wählerschaft ist nicht zu sehen.

Liberalismus ist kein allezeit gültiges politisches Programm mit einer wohldefinierten Zielvorstellung von der „richtigen“ Gesellschaft und mit eindeutigen Rezepturen für den Weg dorthin. Liberalismus ist vielmehr eine Lebensauffassung, ein Prinzip, nach dem sich das Zusammenleben von Menschen organisieren ließe. Grundlage dieses Prinzips ist die Überzeugung von einer allen Menschen innewohnenden Vernunft, einer Lernfähig- und Einsichtigkeit. Je nach historischem Entwicklungsstand müßte eine vom Liberalismus als Idee motivierte Gesellschaftsanalyse für jede Zeit neu erarbeitet werden. Als erstes käme es dabei darauf an, diejenigen Strukturen einer jeweiligen Gesellschaft aufzudecken, welche Vernunft und Einsichtsfähigkeit entweder verhindern oder aber fördern. Weiterhin müßte gezeigt werden, wo neue Bewegungen initiiert oder neue Strukturen hergestellt werden könnten, die dem liberalen Prinzip mehr Geltung verschaffen würden. Der vom Bürgertum getragene vorindustrielle Liberalismus hatte diese Aufgaben erfüllt: Die Herrschaft der Fürsten und Priester wurde als antiliberal erkannt, Aufklärung und Wissenschaft als Medien der Vernunft begrüßt, und die Industrialisierung über den Markt wurde als der Hebel gesehen, mit dem dem liberalen Prinzip Gel-

217 Rolf Zundel, Die Erben des Liberalismus, Freudenstadt 1971.

tung zu schaffen wäre. Das Motiv für eine derartige Gesellschaftsanalyse lag im gesellschaftspolitischen Interesse jener Schicht, die den Liberalismus trug: im Interesse des Bürgertums.

In der sich industrialisierenden sowie in der industrialisierten Gesellschaft waren große Teile des aufsteigenden sowie aufgestiegene Teile des Bürgertums bestrebt, das Etikett „liberal" weiterhin für sich zu beanspruchen, doch das gesellschaftspolitische Interesse an einer grundlegenden Gesellschaftsanalyse schwand in dem Maße, wie wirtschaftlich bedingte Machtpositionen errungen wurden. Einerseits artikulierten sich innerhalb der liberalen Organisationen immer wieder Gruppen, die neue Gesellschaftsanalysen verlangten oder anboten, andererseits war der Liberalismus als Partei mit den neuen Machtverhältnissen zu sehr verwoben, daß lieber die klassischen Liberalismusansätze aufgegriffen und im zeitgemäßen Sprachgebrauch zu Interessenideologien umfunktioniert wurden.

So ist es auch mit der FDP. In der bürokratisierten spät-industriellen Gesellschaft der Bundesrepublik sind pathologische Auswüchse der Technik und des Marktes unübersehbar. Menschheitsgefährdende Entwicklungen wie die Umweltzerstörung etwa haben ebensowenig mit den liberalen Prinzipien zu tun wie die Ungleichverteilungen nicht nur von wirtschaftlicher Macht, sondern auch von Berufs- und damit individuellen Entwicklungschancen. Zwar werden diese und andere Pathologien in der FDP-Programmatik erwähnt, sie sind ja auch in der allgemeinen öffentlichen Diskussion, aber wegen einer fehlenden aktuellen Gesellschaftsanalyse werden keine wirklich originär liberalen Therapien dagegen angeboten. Die nach alten Rezepten immer wieder erfolgenden Hinweise auf den Markt werden allzuleicht als Interessenideologie höherer Gesellschaftsschichten – dem Wählerreservoir der FDP – erkennbar. Dennoch wäre es zu einfach, die sich „liberal" nennenden Gesellschaftsgruppen oder die sich mit diesem Etikett schmückende Partei als in Wirklichkeit reaktionär zu bezeichnen. In mancherlei Hinsicht wird in diesem gesellschaftlichen Milieu originale liberale Lebensauffassung immer wieder sichtbar: So beim Minderheitenproblem in der Bundesrepublik, so bei der Verteidigung bürgerlicher Freiheitsrechte gegenüber einem allzu gängelungswütigen staatlichen Machtapparat, so im gespaltenen Deutschland bei der Behandlung der nationalen Frage. Daneben gibt es noch einen seltsamen Hang zur folgenlosen Beschäftigung mit Ladenhütern aus der Gründerzeit des Liberalismus: In einer längst säkularisierten Gesellschaft hielt es die FDP 1974 für erforderlich, Thesen zum Verhältnis zwischen Kirche und Staat („Freie Kirche im Freien Staat") auf einem Bundesparteitag zu verabschieden.[218]

Die in der Bundesrepublik als Organisation des politischen Liberalismus markierte FDP wird also ihrem liberalen Erbe in dreierlei Weise gerecht:

1. Die FDP vertritt eine Reihe von politischen Grundpositionen, die ehedem spezifisch liberal waren, nunmehr jedoch zum Grundkonsens des ge-

218 Abgedruckt bei Heino Kaack, Zur Geschichte und Programmatik der Freien Demokratischen Partei, a. a. O., S. 201 ff.

samten politischen Systems zählen (Beispiele Verfassungsstaat und Parlamentarismus).

2. Darüber hinaus finden sich in der FDP liberale Spezifika, die diese Partei von allen anderen unterscheiden. Ein Teil dieser Spezifika ist Interessenideologie (die Marktgläubigkeit), ein Teil Ausdruck ursprünglich liberalen Denkens (die Toleranz Ausländern gegenüber).
3. Funktional gesehen ist jedoch „Liberalismus" schlicht das Firmenetikett der kleinsten unter den Bonner Traditionsparteien. Hinter diesem Etikett ist als wahre Ursache für die Existenz der FDP ihre Rolle im Parteiensystem als Mehrheitsbeschaffer und Juniorpartner, verbunden mit dem Eigeninteresse einer Organisation an ihrem Fortbestand, leicht zu erkennen.

In Existenzkrisen spielen liberale Traditionen und Spezifika keine die FDP legitimierende Rolle. Dann zählt allein die Funktion im Parteiensystem. Dennoch bemüht sich die Partei immer wieder – kaum daß Existenzkrisen überwunden sind – um „inhaltliche Arbeit".[219] Es ist dies Ausdruck eines Bedürfnisses der Parteimitglieder nach mehr als nur Pragmatismus und Taktik. Die so zustande kommenden liberalen Beiträge sind nun keineswegs für die Politik in der Bundesrepublik unerheblich: Gerade wegen der Grenzlage der FDP im Parteiensystem haben sie Gewicht, ob es sich nun um Interessenideologien oder originäre liberale Positionen handelt.

Wie aber ist die Grenzlage, wie ist die Funktion der FDP im westdeutschen Parteiensystem, zu erklären?

6.2. Partei der zweiten Wahl

Bei aller Orientierung auf die politische Mitte hin ist das Parteiensystem in der Bundesrepublik dual ausgerichtet: Der „linke" Part wird von der SPD als Hauptpartei besetzt, der rechte von der Union. Diesen beiden Hauptparteien ist es infolge ihres Volksparteianspruchs – um den sich auch die ehemalige Klassenpartei SPD seit 1959 in Anlehnung an die erfolgreichere CDU/CSU und die Parteien der Vereinigten Staaten bemüht – gelungen, die jeweiligen Interessen, Ideologien, Strömungen, Gruppen und Moden ihres Wählerpotentials auch weitgehend zu mobilisieren. Die marktbeherrschende Stellung der

219 So fand in der Theodor-Heuss-Akademie nach der Bonner Wende eine Tagung unter der Fragestellung „Hat sich der Liberalismus historisch überlebt?" statt. Teilnehmer waren die Professoren Albertin, Döhn, Kaack, Allerbeck sowie Hildegard Hamm-Brücher, Irmgard-Adam-Schwaetzer und der Bundesgeschäftsführer der FDP, Fritz Fliszar. Im „Jahresbericht 1983 der Friedrich-Naumann-Stiftung" heißt es: „Die Generalsekretärin der F.D.P., Dr. Irmgard Adam-Schwaetzer, beschrieb die F.D.P. im Parteiensystem als eine Partei der ‚Mitte', die eigenständig und programmatisch attraktiv sei. Professor Heino Kaack untersuchte die F.D.P. in den zwei ‚Machtwechseln' von 1969 und 1982 und stellte resümierend fest, daß in den 80er Jahren der Handlungsspielraum der F.D.P. im Parteiensystem der Bundesrepublik geringer geworden ist." Siehe Friedrich-Naumann-Stiftung (Hrsg.), Jahresbericht 1983, a. a. O., S. 111.

Hauptparteien hatte übrigens auch zur Folge, daß die Erfolgschancen extremer Parteien auf der „Rechten" ebenso wie auf der „Linken" gering sind: Mögliche Weggenossen solcher Parteien wählen meist trotz aller Vorbehalte die Hauptpartei „ihres" Lagers, um damit die Einflußmöglichkeiten der gegnerischen Hauptpartei zu schmälern. Lediglich in Form der NPD und der „Grünen" konnten sich – wenn auch unter unterschiedlichen gesellschaftlichen Bedingungen und mit nicht vergleichbaren politischen Zielsetzungen – nennenswerte temporäre Protestparteien gegen die Macht des etablierten Parteiensystems in Szene setzen. Im Falle der NPD ist es schließlich der Union gelungen, für den politischen Garaus der Nationaldemokraten eine ausreichende Zahl von Wählern zum Wechseln hin zur CDU/CSU zu motivieren, und die Landtagswahlen des Jahres 1985 im Saarland sowie in Nordrhein-Westfalen haben gezeigt, daß auf der anderen Seite auch die SPD in der Lage ist, den überwiegend in ihren Gefilden fischenden „Grünen" das Wasser abzugraben.

Normalerweise zielt die Werbung der beiden Hauptparteien nicht auf die extremen Protest- und Randgruppen der Gesellschaft. Die großen Parteien wollen möglichst viele Bürger aus den mittleren Schichten der Bevölkerung jeweils für sich gewinnen und bemühen sich daher vor allem um die dem herrschenden Wert- und Normensystem verpflichteten Facharbeiter, Angestellten und Beamten. Der Kampf der beiden Hauptparteien um diese Mitte, in der das „floating vote" besonders stark ist, läßt diese Parteien immer wieder mit ähnlichen politischen Zielvorstellungen hervortreten, so daß sie besonders in Wahlkampfzeiten – auf ihre Stammwähler weniger Rücksicht nehmend – hinter vordergründiger Oberflächendifferenzierung mittels Personalisierungen und Symbolisierungen durch Parteifarben und -embleme häufig zum Verwechseln ähnlich werden. Das beschwört immer wieder die Gefahr herauf, daß Protestgruppen doch erfolgreich sein könnten, so daß sich die Hauptparteien bei der Konkurrenz um die Mitte und gleichzeitiger Einbindung der Extreme ständig zwischen Skylla und Charybdis bewegen.

Nur einmal, 1957, gelang es der Union als einer der beiden Hauptparteien, durch die absolute Mehrheit der Stimmen alleine die politische Macht in Bonn zu erobern. CDU/CSU einerseits und SPD andererseits waren ansonsten stets auf Koalitionspartner angewiesen, um auf der Bundesebene regieren zu können. Spätestens 1961 hatte sich die FDP als die größte unter den kleinen im ersten Deutschen Bundestag 1949 bis 1953 vertretenen Parteien als die Koalitionspartei im Dualsystem durchgesetzt. Für die Hauptparteien des Dualsystems ist sie seitdem der natürliche Mehrheitsbeschaffer zum Regieren; für die Wähler der Partei, mit deren Wahl man die jeweils favorisierte Hauptpartei in die politische Verantwortung bringen kann: Partei der zweiten Wahl. In dieser Funktion ist der FDP im Parteiensystem mehrmals eine Schlüsselrolle zugewachsen: 1949 konnte nur mit der weit nach rechts ausladenden FDP die Politik der Westintegration und – mehr noch – die Politik der Marktwirtschaft durchgesetzt werden. 1969 bedurfte es der FDP, um notwendig gewordene „innere Reformen" des westdeutschen Gesellschaftssystems sowie eine Entrümpelung der Ost- und Deutschlandpolitik der Bundesrepublik zu verwirklichen, und

1982 zog die FDP mit dem fliegenden Koalitionswechsel nicht ganz uneigennützig die Konsequenz aus der allgemeinen, verbreiteten Erkenntnis, daß man besonders in der Gesellschafts- und Sozialpolitik die Grenzen des staatlich Machbaren erreicht habe. In jeder dieser historischen Situationen war es nun nicht etwa „die kleine FDP", welche den Kurs einer der beiden Hauptparteien und damit der bundesdeutschen Politik überhaupt diktierte, sondern im organisatorischen Eigeninteresse hat die FDP eine besondere Sensibilität für neue Strömungen und Denkrichtungen in der westdeutschen Gesellschaft entwickelt. Aufgrund ihres geringen Organisationsgrades und ihrer inhaltlichen Flexibilität ist die FDP eher als die schwerfälligeren Hauptparteien in der Lage, diese Strömungen und Denkrichtungen in das Parteiensystem einzubringen. Mit Hinweis auf politische Forderungen der FDP ist es den Führungsgruppen in der jeweils mit ihr verbündeten Hauptpartei dann möglich, auch gegen widerstrebende Kräfte in der eigenen Partei den jeweiligen politischen Kurs durchzusetzen: Die FDP als innerparteiliches Alibi bei CDU/CSU oder SPD.[220]

Daß es der FDP in dieser Rolle als die Koalitionspartei zweimal möglich war, das Lager im Parteiensystem – wenn auch unter eigener Existenzgefährdung – zu wechseln, hängt mit folgenden Strukturelementen des Parteiensystems der Bundesrepublik Deutschland zusammen:

1. Die Orientierung beider Lager und mithin beider Hauptparteien zur politischen Mitte des Wählervolkes hin ist so stark, daß ein Koalitionswechsel objektiv gesehen nicht eine Wanderung zwischen völlig verschiedenen Welten der Politik darstellt, sondern eher so etwas ist wie einen von der eigenen Interessenlage bestimmten Partnerwechsel im Geschäftsleben.
2. Die „Liberalismus" genannte programmatische Hülse ist groß genug und der organisatorische Kern der FDP klein genug, daß es der Partei unter Verschiebung des eigenen politischen Schwerpunktes und unter Austausch wesentlicher Teile der Führung sowie der Mitglieder möglich ist, das alteingesessene Firmenzeichen „FDP" ins jeweils andere Lager zu übertragen.
3. Daß sich die „alte Firma" dann am neuen Standort halten kann, liegt daran, daß sich alsbald genügend neue „Kunden" – also Wähler – einfinden, die die FDP nun wegen ihres neuen Standortes in der „richtigen Gegend" unterstützen: Funktionswähler.[221]

220 Siehe hierzu Hans F. W. Gringmuth, Der Handlungsspielraum der Freien Demokratischen Partei als Artikulationspartei. Wahlen und Forderungsverhalten der Freien Demokraten – unter Berücksichtigung ihres Einflusses in der Koalition gegenüber der SPD, Frankfurt/Bern/New York 1984.

221 So berichten Manfred Berger, Wolfgang G. Gibowski, Dieter Roth und Wolfgang Schulte in ihrer Analyse der Bundestagswahl 1983 nach der Wende: „Im Januar 1983 deutete sich eine Positionsverbesserung der FDP an, die sich im Februar weiter verfestigte. Entscheidend dafür war, daß die Unionsanhänger bei weiterhin bestehender emotionaler Distanz zur FDP die Rolle des kleineren Koalitionspartners für die gemeinsame Regierung höher bewerteten." Siehe Manfred Berger u. a., Regierungswechsel und politische Einstellungen. Eine Analyse der Bundestagswahl 1983; in: Zeitschrift für Parlamentsfragen, Jg. 14 (1983), H. 4, S. 574.

Kursmitbestimmungen wie 1949 oder Standortwechsel im Parteiensystem wie 1969 und 1982 bewirken zwar von sich aus Existenzgefährdungen, sind aber zugleich Strategien zur Aufrechterhaltung der Existenz der FDP überhaupt – Radikalkuren gewissermaßen. In der Ausnahmesituation der Gründungsphase der Bundesrepublik gelang es der FDP durch Profilierung innerhalb der Bürgerkoalition, sich dem Sog der Union zu entziehen, dem die anderen kleineren Parteien zum Opfer gefallen sind. Danach bestand gerade in innenpolitischen Krisensituationen eben 1969 wie 1982 die Gefahr, daß die letzte der überlebenden kleineren Parteien überflüssig wird, als offenbarer Satellit einer der beiden Hauptparteien erlischt. In „normalen" Zeiten einer Koalition bezieht die FDP ihre Legitimation aus der Rolle des „liberalen Korrektivs".[222] In Krisenzeiten jedoch, wenn die Legitimation einer überkommenen Koalition mehr und mehr in Zweifel gezogen wird, geht es der jeweiligen Hauptpartei um die Macht im Staate, – für die FDP aber um das eigene Fortleben. Dann und darum muß die FDP den Machtwechsel riskieren, in der Hoffnung, dies werde von genügend neuen Wählern honoriert – wie 1969 und 1982 auch geschehen. In der Rolle des Korrektivs jedoch ist die FDP ebenso wie als Medium des Machtwechsels im Parteiensystem nur zu verstehen in bezug auf die anderen, die Hauptparteien: Entweder sie hat eine allzugroße Machtakkumulation der mit ihr verbündeten Partei zu verhindern („Gegen die absolute Mehrheit"), oder aber mit ihren Stimmen wird ein Regierungswechsel von der einen zur anderen Hauptpartei hin ermöglicht. In beiden Fällen ist eine Wahlentscheidung für die FDP immer in Relation zu einer der beiden anderen Parteien zu sehen: Partei der zweiten Wahl.

Auf den ersten Blick scheinen sich die beiden Phasen, in denen sich die FDP im Deutschen Bundestag in der Opposition befand, diesem Schema zu entziehen. Der Bruch zwischen Adenauer und Dehler war in der Tat von manchem in der FDP als Chance zur Emanzipation der liberalen Partei als „Dritte Kraft" gesehen worden. Reale Existenzgrundlagen dieser Idee waren jedoch Mitte der fünfziger Jahre schon nicht mehr vorhanden, und die absolute Mehrheit für die Adenauer-Partei bei den Bundestagswahlen 1957 war der beredte Beweis hierfür. Folgerichtig stellte sich die FDP in der darauf folgenden Legislaturperiode wieder auf eine Koalition mit der CDU/CSU ein, die dann 1961 auch gebildet wurde. Die dieser Neuauflage der alten Koalition gefolgte Große Koalition war aus der Sicht der FDP ein Betriebsunfall, der – in Verbindung mit den geplanten Wahlrechtsänderungen der Regierung Kiesinger/Brandt – ihr politisches Ende hätte bringen können. Obwohl die FDP in dieser Periode manchen außerparlamentarischen Protest im Parlament artikulieren konnte, reichte dies jedoch nicht für eine eigenständige Parteirolle aus. So war die Zeit der Großen Koalition für die FDP zugleich die Zeit der Vorbereitung auf das Bündnis mit den Sozialdemokraten.

Eine der wichtigsten Grundlagen des dual ausgerichteten Parteiensystems

222 Siehe F.D.P. – Die Liberalen, Analyse der Bundestagswahl 1980, November 1980, ohne Ort, S. 4.

in der Bundesrepublik ist das hier gültige Wahlrecht. Natürlich ist es darüber hinaus von wirtschaftlichen, historischen und politischen Variablen geprägt. Das – jedenfalls auf Bundesebene und in den meisten Bundesländern geltende – personalisierte Verhältniswahlsystem mit der Erststimme für die Persönlichkeits- und der Zweitstimme für die Listenwahl ist geradezu eine Existenzgrundlage für die FDP. Da die Mandatsverteilung im Deutschen Bundestag und in den meisten Landesparlamenten nach den Zweitstimmen berechnet wird, ist die Stimmenteilung zwischen Erst- und Zweitstimmen das den Interessen der Funktionswähler der FDP adäquate Wählerverhalten: Mit der ersten Stimme wird der Wahlkreiskandidat der mit der FDP verbündeten Hauptpartei unterstützt; die zweite Stimme soll dem Juniorpartner über die Fünf-Prozent-Grenze helfen. Durch das System der Ausgleichsmandate, das durch „Auffüllen" der Parlamente mit Listenabgeordneten die Parität der über Erst- und Zweitstimmen gewählten Parlamentarier herstellt, kann das parlamentarische Gewicht der gewünschten Koalition durch die „Stimmensplitting" genannte Stimmenteilung noch erhöht werden.[223] Die Grundregeln des westdeutschen Wahlsystems sind bei den Wählern und den Parteien gleichermaßen verinnerlicht: Seit der Versuch der Großen Koalition zur Einführung des Mehrheitswahlrechts nicht nur am Eigeninteresse der hierdurch gegenüber der Union benachteiligten SPD gescheitert ist, sondern auch als Preis für die Errichtung der SPD/FDP-Koalition geopfert wurde,[224] gab es keinen von irgendeiner politischen Partei ausgehenden ernsthaften Versuch einer Wahlrechtsreform mehr. Andererseits gibt es keinen FDP-Abgeordneten im Deutschen Bundestag, der direkt ins Parlament gewählt worden wäre.

Häufig wird das Bundestagswahlergebnis von 1980 als Beleg dafür zitiert, daß es der FDP gelingen kann, sich anstelle der funktionalen eine inhaltliche Legitimation zu verschaffen. 1980 waren drei Viertel der FDP-Wähler engagierte Anhänger der SPD/FDP-Koalition. Aber auch bei dieser Wahl spielte der Funktionscharakter der FDP eine beträchtliche Rolle, was schon daran zu erkennen ist, daß die Partei immerhin noch 3,4 % mehr Zweit- als Erststimmen erhielt. Darüber hinaus war das Erststimmenergebnis von 7,2 % zwar für FDP-Verhältnisse „gut", aber der Vergleich mit den 46 % der CDU/CSU und den 44,5 % der SPD rückt dieses Resultat wieder ins rechte Licht.[225] Das Wahlergebnis von 1980 ist in Wirklichkeit nicht jene „glänzende Bestätigung" des Freiburger Kurses, die Helga Grebing vermutet,[226] sondern es ist funktional

223 Unter anderem diesem Mechanismus entsprach der vom CSU-Vorsitzenden Franz-Josef Strauß während der Zeit der sozial-liberalen Koalition immer wieder ins Spiel gebrachte Plan der Gründung einer „Vierten Partei", die auf der Unionsseite die Rolle der Partei der zweiten Wahl übernehmen sollte, solange die FDP als mit der SPD unauflöslich verbundene „Blockpartei" diffamiert wurde.

224 Siehe hierzu Bodo Zeuner, Das Parteiensystem in der Großen Koalition (1966–1969); in: Dietrich Staritz (Hrsg.), Das Parteiensystem der Bundesrepublik, a. a. O., S. 182 f.

225 F.D.P. – Die Liberalen, Analyse der Bundestagswahl 1980, a. a. O., S. 9 und 18.

226 Helga Grebing, Die Parteien; in: Wolfgang Benz (Hrsg.), Die Bundesrepublik Deutschland. Geschichte in drei Bänden, Band 1: Politik, Frankfurt/M. 1983, S. 171.

zu erklären: In der von der FDP herausgegebenen Wahlanalyse wird mitgeteilt, welches 1980 nach einer INFAS-Befragung die häufigsten Motive für die Wahl der FDP waren: 83 % der FDP-Wähler wollten mit ihrer Stimmabgabe „die Fortsetzung der sozialliberalen Koalition" sicherstellen, und 74 % hatten den „Wunsch, das Wirksamwerden linker Positionen in der Regierung zu verhindern".[227] Von einer Stimmabgabe für die liberale Partei um ihrer selbst willen ist nicht die Rede: Entscheidend ist die Relation zur Hauptpartei. Noch deutlicher war die funktionale Legitimation 1983, als es um den parlamentarischen Fortbestand der FDP in der neuen Koalition ging. Damals haben „über zwei Drittel der FDP-Wähler nicht den ‚eigenen' Kandidaten gewählt". Die diese Tatsache aufgreifenden Wahlsoziologen resümieren denn auch, es blieben „genügend Hinweise auf eine stark funktional beeinflußte Haltung von Unionswählern gegenüber der FDP".[228]

Ohnehin eine mitgliederarme Partei, könnte die FDP allein von ihren Stammwählern nicht existieren. Unterstellt man eine durchschnittliche Mitgliederzahl von 80 000 Personen und – wie 1983 – aufgerundet 2.800 000 Wähler, so lassen sich die festen Anhänger in beiden Gruppen günstig gerechnet auf jeweils die Hälfte einschätzen. Das heißt, es gibt in der Bundesrepublik etwa 40 000 Personen, die der FDP auch über Koalitionswechsel hinweg als Mitglieder die Treue halten und höchstens 1 400 000 Personen, die als Stammwähler infrage kommen. Diese Schätzung berücksichtigt nicht, daß zahlreiche dieser „festen" Anhänger (Mitglieder, Wähler) der FDP sicher den Rücken zukehren würden, falls diese Partei ihre parlamentarische Repräsentanz einbüßen würde: Das ergibt sich einfach aus der jedem Beobachter des FDP-Alltages bekannten Tatsache, daß der Anteil der besonders die Parteimitgliedschaft für berufliche Ambitionen instrumentalisierenden „Liberalen" sehr hoch ist.[229] Wenn also die FDP – hoch gerechnet – 1,4 Millionen normalerweise zur Wahl mobilisierbare Anhänger hat, so reicht das für ihre Existenz nicht aus, denn das sind nicht einmal 4 % der Gesamtwählerschaft. Die organisatorische und parlamentarische Existenz der FDP ist mithin darauf zurückzuführen, daß sie bei den beiden Koalitionswechseln jeweils die Hälfte ihrer Mitgliederschaft ausgetauscht und daß sie zu den mehr oder weniger sicheren Stammwählern jedenfalls auf Bundesebene Koalitions- oder Funktionswähler dazugewonnen hat – bei günstigen Wahlen wie 1980 sogar bis 50 % ihrer Gesamtwählerschaft. Diese Flüchtigkeit bei den Anhängern, also Mitgliedern und Wählern der FDP,

227 F.D.P. – Die Liberalen, Analyse ..., a. a. O., S. 19.

228 Manfred Berger u. a., a. a. O., S. 557 und 575.

229 Schon auf Landesebene läßt sich die Erfahrung machen, daß die Aufgabe beispielsweise eines FDP-Parlamentariers nach Ansicht mancher FDP-Mitglieder vor allem darin besteht, berufliche Wünsche „liberaler Freunde" durch Interventionen bei Behördenleitern zu befriedigen oder aber Kontakte – etwa im Baubereich – herzustellen, die einem der FDP angehörenden mittelständischen Unternehmer, Architekten oder Anwalt „von Nutzen" sein können. Zahllos sind darüber hinaus jene Lobbyisten und Interessenten, die zwar als Nichtmitglieder FDP-Repräsentanten aufsuchen, aber nicht müde werden zu betonen, sie hätten ihr ganzes Leben lang nur die FDP gewählt.

ist nun weniger ein Mangel als mehr eine Funktionsnotwendigkeit, die sich aus der Rolle als Partei der zweiten Wahl ergibt: Daß die Partei etwa je zur Hälfte über feste Mitglieder und Koalitonsmitglieder verfügt, ermöglicht in Krisensituationen durch das Auswechseln der Koalitionsmitglieder die innerparteiliche Absegung eines Kurswechsels. Zwar kann – wie bei der Wende 1982 – ein solcher Kurswechsel durch die Parteiführung eingeleitet werden, aber vor einer Legitimation durch die Wähler bedarf es für ein derartiges Manöver auch der innerparteilichen Absegnung durch Parteitagsbeschlüsse. Die Existenz und das in den achtziger Jahren immer bewußtere Hervortreten von Koalitions- und Funktionswählern machen einerseits für die FDP überhaupt erst die Erfolgschancen eines Koalitionswechsels aus, signalisieren andererseits aber auch den in der Wählerschaft vorhandenen Wunsch nach direkterem Einfluß auf die Machtverteilung und – Ausübung, als er mit der bloßen Stimmabgabe für eine der beiden Hauptparteien verbunden ist: Über das Instrument FDP läßt sich der Wunsch nach einem Korrektiv der regierenden Hauptpartei ebenso realisieren wie der Wunsch, daß eben diese und nicht die andere Hauptpartei regiert.

So sehr das Überleben und die Existenz der FDP mit ihrer Funktion im Parteiensystem zusammenhängen, so wenig darf übersehen werden, daß der Umgang mit dem inneren Schisma des politischen Liberalismus für den Bestand der Partei in der Bundesrepublik von Bedeutung ist. Daß die Geschichte des organisierten Liberalismus in der Bundesrepublik nicht wie in der Weimarer Republik und im Kaiserreich als eine Geschichte der Spaltungen erscheint, liegt zum einen daran, daß die Apspaltungen FVP, NLA und LD im Bewußtsein der Öffentlichkeit wohl mehr als Produkt innerparteilicher Querelen denn als wirkliche Spaltungen wahrgenommen worden sind und ist zum anderen darauf zurückzuführen, daß es der FDP auch während und nach den Koalitionswechseln gelungen ist, Mitglieder und Repräsentanten bei sich zu halten, die im Verhältnis zum erfolgreichen Mehrheitsflügel die innerparteiliche Einbindung der jeweiligen Minderheit symbolisierten. Personalisiert ausgedrückt: Der dem nationalliberalen Flügel der Partei zugerechnete Bundesminister Ertl war für die FDP nach der Installierung der sozial-liberalen Koalition ebenso wichtig wie der „linksliberale" stellvertretende Bundesvorsitzende Baum nach der Wende zum CDU/CSU/ FDP-Bündnis. So sehr die FDP ihre Existenz aus der Rolle des möglichen oder aktuellen Juniorpartners einer der beiden Hauptparteien ableitet, so sehr besteht doch auch die Gefahr, daß sie tatsächlich oder im öffentlichen Bewußtsein zum Anhängsel der jeweiligen Hauptpartei wird. Die Gefahr war groß, als gegen Ende der sozial-liberalen Zeit das Wort von der „Blockpartei" immer mehr die Runde machte, und die Resonanz in der Öffentlichkeit war nicht ausreichend, als sich die FDP unmittelbar nach dem konstruktiven Mißtrauensvotum 1982 in die fast völlige Abhängigkeit von der Union gegeben hatte. So gesehen sind für die Partei unter den etwa 40 000 festen Mitgliedern diejenigen besonders wichtig, die dem jeweils aktuellen Bündnis gegenüber am ehesten distanziert sind: Zur Zeit der SPD/FDP-Regierung waren das die „Rechtsliberalen", nach dem Wechsel zur Union sind es die „Linksliberalen".

Mit ihren inneren und äußeren Bedingungen verlangt die Position der FDP im Parteiensystem in der Bundesrepublik immer wieder eine Gratwanderung: Die Partei soll einer der beiden Hauptparteien zuzuordnen sein und darf zwischen den Lagern nicht herumvagabundieren. Gleichzeitig muß sie auf der Hut sein, wenn die Basis eines bestimmten Bündnisses schmilzt, daß sie dadurch nicht ihre innere Existenzgrundlage verliert. Wenn zu erwarten ist, daß genügend viele Wähler das honorieren, muß die Partei sich dann dadurch retten, daß sie sich zum Medium eines in der Luft liegenden Machtwechsels macht. Aber auch dies könnte ihr den Garaus bringen – zum Beispiel dann, wenn das Wählervotum zu früh eingeholt wird oder es der FDP nicht gelingt, genügend neue Wähler geeignet anzusprechen. Bei allem muß noch darauf geachtet werden, daß – unter welchen Umständen immer – Parteispaltungen oder aber auch die absolute Dominanz eines innerparteilichen Flügels vermieden werden.

Unter solchen Umständen wäre es vermessen, Prognosen über die Zukunft der FDP zu wagen. 5,8 % im Jahre 1969 war knapp über der Hürde des Sprunges ins Parlament, und hätten die Bundestagswahlen 1982 zwei oder drei Monate früher stattgefunden als tatsächlich, dann wäre das wohl zunächst das „Aus" für die Partei im Deutschen Bundestag gewesen. Schon diese aus der Parteigeschichte bekannten Risiken müßten künftige Parteiführungen und -mehrheiten davon abhalten, von sich aus leichtfertig und ohne Not das Koalitionslager zu wechseln. Aber gerade die Geschichte der Wende zeigt ja auch, daß die FDP unter bestimmten politischen Konstellationen von innen und außen unter Druck geraten kann, daß sie gar nicht mehr Herr ihres Handelns ist, sondern so sehr in die Zwickmühle gerät, daß sie sich zwischen dem Los einer funktionslosen Blockpartei oder dem eines des Verrats gescholtenen Mehrheitsbeschaffers für einen Machtwechsel entscheiden muß. Da, wo die FDP scheinbar die Weichen gestellt hatte, handelte sie in Wirklichkeit aus Existenznot. Sie hat das bisher zweimal überlebt, weil ihre Rolle im Parteiensystem bei Wählern und Politikern sehr stark verankert ist. In einer marktwirtschaftlich organisierten Gesellschaft ist auch auf dem Felde der Politik ein eingeführtes Markenzeichen häufig viel Wert. Vor allem in der Frage der Gestaltung der Wirtschaftsordnung signalisiert das Markenzeichen „FDP" inhaltliche Kontinuität, während auf dem Felde der tagespolitischen Taktik die Assoziation zur Flexibilität naheliegt.

In der politischen und wissenschaftlichen Diskussion schälen sich vier Grundpositionen bei der Einschätzung der Rolle der FDP im Parteiensystem heraus:

1. Die FDP sei überflüssig. Ihr Bezug zum Liberalismus sei anachronistisch. Die liberalen Grundwerte würden auch von den anderen Parteien vertreten. Organisatorisch sei die FDP nichts anderes als ein politisches Rudiment. Höchstens als Medium zur Ergatterung politischer Pfründe in der Staatsbürokratie und in staatsnahen Institutionen erfülle die FDP noch eine Funktion für ihre Mitglieder.

2. Die FDP pervertiere die Parteiendemokratie, hindere sie an ihrer eigentlichen Entfaltung. Nicht die großen Hauptparteien CDU/CSU und SPD bestimmten die Politik, sondern die kleine FDP. Während die Hauptparteien jedoch stabile Wählermehrheiten mit einem hohen Stammwähleranteil hinter sich brächten, repräsentiere die FDP jeweils nur eine kleine Minderheit der Wählerschaft mit einer auf Null zugehenden Bindung an die Partei. Die FDP sei der Nutznießer eines Wahlsystems, das der Wählermehrheit die Möglichkeit der politischen Artikulation nähme.
3. Die FDP sei eine selbständige, gleichwertige politische Kraft neben Union und Sozialdemokratie. In ihrer Rolle als dritte Kraft sei sie – so sagen die einen – Hüterin des Individualismus in einer bürokratisierten und kollektivierten Gesellschaft, sie sei – so sagen andere – der Agent des Kapitals auf der politischen Bühne.
4. Die FDP sei eine Funktionspartei. Ihre Aufgabe sei die des liberalen Korrektivs der beiden Hauptparteien.

Die Formel von der Partei der zweiten Wahl ist am ehesten der vierten Grundposition zuzuordnen. „Partei der zweiten Wahl" meint jedoch keine Zweitrangigkeit oder Minderwertigkeit der FDP den Hauptparteien gegenüber, sondern eine Systemfunktion: Betrachtet man die in Westdeutschland handelnden politischen Parteien allesamt als ein soziales System, so sind neben ihren eigenen inneren Ordnungen und den Institutionen, in denen sie handeln, die Parteien selber funktionserfüllende Strukturen dieses Systems. Zur interdependent mit dem Parteiensystem verbundenen Umwelt gehören die aus dem Staatsvolk der Bundesrepublik heraus konstituierten sonstigen politischen, die administrativen, kulturellen und wirtschaftlichen Institutionen: Das sind beispielsweise die Medien, die Ministerialbürokratie, die Hochschulen, die Unternehmer- und Arbeitnehmerverbände sowie zahlreiche weitere Institutionen. Die in diesem Rahmen vom Parteiensystem und seinen Strukturen wahrgenommenen Funktionen sind vielfältig. Politische Willensbildung, Interessenvertretung, Rekrutierung des politischen Führungspersonals und Machtausübung sind klassische Funktionen von Parteiensystemen.

Im Rahmen dieses Gesamtfeldes der Funktionen des westdeutschen Parteiensystems erfüllen die einzelnen Strukturen, also auch Parteien, spezifische Aufgaben. Die spezifische Funktion der FDP nun ist mit der von ihr selber zu Werbezwecken immer wieder beschworenen Aufgabe des „liberalen Korrektivs" nicht hinreichend beschrieben. Abgesehen davon, daß „liberales Korrektiv" für die einen auf den Erhalt der Grundlagen der Marktwirtschaft bezogen ist, für die anderen hingegen auf die bürgerlichen Freiheitsrechte, so erschöpft sich das Wirken der Partei selbst in „guten" – also existenziell krisenfreien – Koalitionszeiten nicht hierin. Unverblümt formuliert: Die FDP ist stets auch aktueller oder potentieller Mehrheitsbeschaffer für eine der beiden Hauptparteien. In halbwegs krisenfreien Koalitionszeiten bindet sie mit dieser Funktion Koalitionswähler, denen Geschichte, Programm, Organisation und Personen der FDP im Zweifel wenig, – der Bestand der jeweiligen Koalition oder aber das Verhindern ihrer Alternative sehr viel bedeutet. Bei abnehmender

Wählerlegitimation einer Koalition und der Möglichkeit einer existentiellen Krise läßt sich der Fortbestand der FDP dann allerdings nicht mehr durch die Korrektiv- oder die Mehrheitsbeschaffungsfunktion sichern. In solchen Entwicklungsphasen wird die liberale Partei innerhalb des gesamten Parteiensystems die anfälligste Struktur für einen in der Öffentlichkeit aufkommenden Wunsch nach einem Machtwechsel. Denn die weitere Existenz der FDP könnte durch die parlamentarische Artikulation und möglicherweise Umsetzung dieses Wunsches gesichert werden. Bisher erfüllte die FDP zweimal so die Funktion, Medium eines Machtwechsels zu sein. Jedoch aufgrund der strukturellen Notwendigkeit, das liberale Schisma in jeder Situation unter dem Dach der einen Parteiorganisation zu erhalten, kann sich die FDP auch in einer neuen Koalition der jeweiligen Hauptpartei nicht so weit annähern, daß sie zu ihrem bloßen Satelliten wird. Mit Rücksicht auf den durch den Wechsel in die Minderheit geratenen Parteiflügel und um in der Öffentlichkeit den Eindruck zu vermeiden, die innerparteiliche Opposition habe sich abgespalten, wird die Parteiführung auf einer Verteidigung der in der Vergangenheit erreichten wesentlichen politischen Ziele auch in der neuen Koalition bestehen müssen. So konnte es die FDP während der sozial-liberalen Zeit nicht zulassen, daß die marktwirtschaftlichen Grundlagen oder die Westbindung der Bundesrepublik infrage gestellt werden, und in der Koalition mit der CDU/CSU mußte sie auf Kontinuität in der Ost- und Deutschlandpolitik ebenso bestehen wie bei zentralen innenpolitischen Themen, etwa der Ausländerpolitik. Insofern erfüllt gerade bei Machtwechseln die FDP die Funktion der Erhaltung der politischen Kontinuität in wichtigen Bereichen der westdeutschen Politik. In anderen Parteiensystemen, etwa dem Großbritanniens, sind die Strukturen zur Erhaltung der politischen Kontinuität weit weniger ausgeprägt.

Die Funktion der FDP im westdeutschen Parteiensystem sind also die

1. des Korrektivs,
2. der Mehrheitsbeschafferin,
3. des Mediums für Machtwechsel und
4. der Wahrerin politischer Kontinuität.

Je nach der politischen Lage sind diese Funktionen entweder latent oder manifest. So wurde die FDP in der Schlußphase der sozial-liberalen Koalition – halb willig, halb unwillig –, in die Funktion, Medium des Machtwechsels, der Wende, zu sein, gedrängt. Bei den Bundestagswahlen 1983 war sie in erster Linie Mehrheitsbeschafferin für die Union und ihren Bundeskanzler. Nach erfolgter Wiederwahl in den Bundestag wurde die FDP wieder in ihrer Funktion als Hüterin der politischen Kontinuität sichtbar, und auf den unterschiedlichsten Feldern der Politik bemühte sie sich seitdem, liberales Korrektiv gegenüber der heteorgenen Union zu sein.

Jede der Funktionen der FDP ist nur in Relation zum gesamten Parteiensystem und zu seinen Hauptparteien verständlich. Über 95 % der Wähler orientieren sich primär an den Hauptparteien, was die durch Wahlsoziologie beratenen Parteimanager beispielsweise insofern berücksichtigen, als nur die beiden

Hauptparteien, nicht aber die FDP, bei Bundestagswahlen „Kanzlerkandidaten" nominieren. Unter diesen Voraussetzungen muß die FDP mit Hinweis auf das jeweils aktualisierbare Bündel ihrer spezifischen Funktionen zu ihrer nicht ausreichenden Zahl von Stammwählern weitere, an sich primär an einer Hauptpartei orientierte Wähler zu sich herüberziehen. Um eine oder mehrere spezifische FDP-Funktionen im Parteiensystem verwirklicht zu sehen, wählt ein Teil der Bürger nicht direkt entsprechend der eigenen Parteiidentifikation, sondern betätigt sich als Funktionswähler der FDP.

Diejenigen, die die FDP wegen des überparteilichen Konsensus bei der Anerkennung liberaler Grundwerte für überflüssig halten, übersehen die sich keineswegs in der Artikulation liberaler Programmatik erschöpfenden Funktionen der FDP im Parteiensystem. Wer dagegen von einer Perversion der Parteiendemokratie durch die FDP spricht,[230] beklagt damit, daß der Einfluß der kleinen FDP auf die großen Hauptparteien überdimensionalisiert sei, nicht im richtigen Verhältnis zur Wählerresonanz stünde. Als bessere Alternative erscheint in solchen Betrachtungen das Zweiparteiensystem. Dort könne sich der Wähler eindeutig zwischen zwei politischen Lagern entscheiden und sicher sein, daß danach keine dieser Hauptparteien auf eine „Erpresserpartei" vom Typ der FDP angewiesen sei. Vom Standpunkt einer der Hauptparteien aus gesehen mag diese Argumentation naheliegend sein, sie verkennt jedoch, daß in großen pluralistischen Parteien innerparteiliche Vereinigungen, Flügel oder Zirkel der Gesamtpartei gegenüber ebenso in eine Erpresserrolle geraten können. Weiterhin richtet sich der Vorwurf der Perversion der Parteiendemokratie nicht gegen einen Mangel an innerparteilicher Demokratie oder gegen ein Ausgeliefertsein von Mitgliedern und Wählern dem Schalten und Walten der Parteiführer, denn in dieser Beziehung unterscheiden sich die Hauptparteien nicht von der FDP. Vielmehr wird die Fehlentwicklung in der durch die Existenz der FDP angeblich erfolgenden strukturellen Verfälschung des Wählerwillens gesehen. Dem ist nun aber entgegenzuhalten, daß gerade die Funktionswähler der FDP ihren Willen sehr präzise ausdrücken und große Aussichten haben, daß die von ihnen gewünschte Funktion im Parteiensystem tatsächlich erfüllt wird. Gerade durch die Existenz der FDP, so läßt sich entgegengesetzt argumentieren, haben jedenfalls bestimmte Gruppen unter den Wählern die Chance, ihren Willen differenzierter als im Zweiparteiensystem auszudrücken.

In Wahrheit entspringt der Perversionsvorwurf nicht politikwissenschaftlicher Analyse, sondern parteipolitischer Wertung. Auf dieser wertenden Ebene der Tagespolitik ist es natürlich möglich und legitim, die Eliminierung der FDP aus dem Parteiensystem zu wünschen. Ebenso ist es politisch legitim, wenn etwa beklagt wird, daß durch die FDP spezifische Interessen besonders gut vertreten werden – zu Lasten anderer Interessen. Die FDP im Bündnis mit der Union muß sich im politischen Tageskampf sagen lassen, sie betreibe

230 Siehe hierzu beispielhaft Rüdiger Zülch, a. a. O.

Lobbyismus für den Mittelstand. Auch ist es politisch nachvollziehbar, wenn der Partei vorgeworfen wird, sie handele nicht immer entsprechend dem klar erkennbaren Willen ihrer eigenen Wähler. 1961, als entgegen dem Wahlslogan Konrad Adenauer doch wieder mit FDP-Stimmen zum Bundeskanzler gewählt wurde, war der „Umfaller"-Vorwurf insofern naheliegend. Und als 1982 Bundeskanzler Schmidt durch Bundeskanzler Kohl mit FDP-Stimmen beim konstruktiven Mißtrauensvotum ersetzt wurde, kam das Wort vom „Verrat" nicht ohne Grund auf: Waren doch alle FDP-Abgeordneten gerade für den Erhalt der SPD/FDP-Koalition unter Schmidt gewählt worden. Allerdings sind durch diese und weitere Entscheidungen der FDP die Spielregeln der parlamentarischen Demokratie nicht verletzt worden, denn die Partei mußte sich früher oder später – und sicher nicht immer optimistisch – stets wieder dem Wählervotum stellen. Daß sie dabei bisher am Ende immer erfolgreich war, zeigt, daß die FDP auch mit politisch bekämpfbaren Schritten Aufgaben – „Funktionen" – wahrnahm, die ihr als Teil des Parteiensystems in den verschiedenen Entwicklungsabschnitten der westdeutschen Geschichte gestellt worden waren.

In ihrer Rolle als Partei der zweiten Wahl ist die FDP ein konstitutiver Teil des westdeutschen Parteiensystems. Das gibt ihr weder einen höheren, noch einen geringeren „demokratischen Rang" unter allen Parteien. Wie sehr sich etwa bei der Wende 1982/83 viele über die FDP geärgert und andere sie vorher überschätzt hatten, ohne eine – notfalls nachzuholende – Wählerlegitimation konnte die FDP keiner ihrer Funktionen nachkommen. In der Bundespolitik sind der FDP insofern alle Operationen gelungen. Für die Landespolitik läßt sich das allerdings nicht sagen. Die drei folgenden Aspekte der Koalitionswende 1982 zeigen, welche Risiken mit einem Wechsel verbunden sein können:

- Bei den hessischen Landtagswahlen 1982 war es der FDP trotz erheblichem Engagements von Bundespolitikern nicht gelungen, genügend Wähler für die Funktion des Machtwechsels zu mobilisieren: Das Gesamterscheinungsbild der Partei war damals zu unglaubwürdig.
- Nach dem konstruktiven Mißtrauensvotum in Bonn war das Ansehen der FDP in der Öffentlichkeit so schlecht, daß um die Jahrhundertwende 1982/83 für die Mehrheitsbeschaffungsfunktion der Partei wahrscheinlich nicht genügend Wähler bereit gestanden hätten: Das moralische Urteil über die Partei dominierte gegenüber Funktionserwägungen.
- Die Ereignisse im Landesverband Berlin 1981 und 1983 zeigen, daß die innerparteiliche Willensbildung bei der FDP keinesfalls mit ihrem Funktionscharakter im Parteiensystem harmonisieren muß. Hätte nicht die Abgeordnetenhausfraktion Parteitagsbeschlüsse ignoriert, so wäre es zu einer Funktionsverweigerung der liberalen Partei gekommen.

Es ist also durchaus möglich, daß die FDP auch auf der Bundesebene ihrer Funktionsrolle nicht gerecht werden könnte. Da aber das Fortbestehen der FDP von der Verwirklichung ihrer Funktionen gerade in der Bundespolitik abhängt, wird jede Führung dieser Partei starken Rollenerwartungen ausgesetzt sein, alles daran zu setzen, einen derartigen „Ausfall" zu vermeiden.

Anhang

FDP-Mitgliederzahlen 1968–1984

Bundesparteitage der FDP (1949–1986)

Programme und programmatische Aussagen der FDP

Die Führungsspitze der FDP 1948–1986

Rechenschaftsbericht 1984 der FDP

Bundestagswahlergebnisse der FDP nach Ländern

Europa- und Landtagswahlergebnisse der FDP 1946–1986

Sozialstruktur der FDP-Wähler bei drei Bundestagswahlen

Die FDP in den Bundeskabinetten

Die FDP (BDV, DP, DPS, DVP, LDP) in den Kabinetten der Länder

Liberales Manifest für eine Gesellschaft im Umbruch (Saarbrücker Manifest 1985)

FDP-Mitgliederzahlen 1968–1984

Landesverband	31.12.71	31.12.72	31.12.73	31.12.74	31.12.75	31.12.76	31.12.77	31.12.78	31.12.79	31.12.80	31.12.81	31.12.82	31.12.84
Baden-W.	7.123	7.353	7.758	7.868	8.407	8.981	8.698	8.575	8.821	9.340	9.265	8.850	7.896
Bayern	4.663	5.206	5.847	6.584	6.792	7.373	7.683	8.465	8.859	8.787	9.153	8.774	6.963
Berlin	1.281	1.416	1.520	1.813	1.944	2.135	2.254	2.384	2.342	2.342	2.265	2.684	2.068
Bremen	620	733	744	784	831	863	854	830	845	875	886	870	687
Hamburg	1.743	1.880	1.978	2.174	2.261	2.457	2.320	2.159	2.122	2.262	2.279	2.198	1.442
Hessen	5.193	6.860	7.615	8.376	8.451	9.381	9.867	9.577	9.510	9.862	10.411	9.794	8.049
Nieders.	4.832	5.488	6.388	7.656	7.840	8.883	8.942	9.154	9.007	9.033	10.484	10.177	8.153
NRW.	16.859	18.744	20.199	21.791	23.730	25.046	24.568	24.103	25.741	26.338	26.311	24.990	20.973
Rhld. Pfalz	3.722	3.892	4.531	5.599	5.743	6.136	6.083	6.064	6.488	6.427	6.645	6.459	5.394
Saarland	3.448	3.256	3.324	3.482	3.482	3.452	3.399	3.750	4.019	3.982	4.320	4.033	3.634
Schl.-Holst.	3.763	2.876	3.420	4.776	4.463	4.401	4.383	4.679	4.574	4.455	4.507	4.593	3.254
Bundespartei	53.302	57.757	63.205	70.938	74.032	79.062	79.051	79.740	82.328	83.703	86.526	83.422	68.477

Bundesparteitage der FDP (1949–1986)

1.	10.–12. Juni	1949	Bremen
2.	29.–31. April	1950	Düsseldorf
3.	18.–23. September	1951	München
a.o.	12.–13. Juli	1952	Essen
4.	20. November	1952	Bad Ems
a.o.	26.–28 Juni	1953	Lübeck
5.	3.– 5. März	1954	Wiesbaden
6.	25.–26. März	1955	Oldenburg
7.	20.–21. April	1956	Würzburg
8.	25.–27. Januar	1957	Berlin
9.	28.–29. März	1958	Düsseldorf
10.	21.–23. Mai	1959	Berlin
11.	28.–29. Januar	1960	Stuttgart
12.	23.–25. März	1961	Frankfurt/M.
13.	23.–25. Mai	1962	Düsseldorf
14.	1.– 3. Juli	1964	München
15.	1.– 3. Juni	1964	Duisburg
16.	21.–23. März	1965	Frankfurt/M.
17.	6.– 7. Juni	1966	Nürnberg
18.	3.– 5. April	1967	Hannover
19.	19.–31. Januar	1968	Freiburg
20.	23.–25. Juni	1969	Nürnberg
21.	22.–24. Juni	1970	Bonn
22.	25.–27. Oktober	1971	Freiburg
23.	23.–25. Oktober	1972	Freiburg
24.	12.–14. November	1973	Wiesbaden
25.	20. Sept. – 2. Okt.	1974	Hamburg
26.	27.–29. Oktober	1975	Mainz
a.o.	30.–31. Mai	1976	Freiburg
27.	19.–20. November	1976	Frankfurt/M.
28.	6.– 8. November	1977	Kiel
29.	12.–14. November	1978	Mainz
30.	15.–17. Juni	1979	Bremen
a.o.	5.– 6. Juni	1980	Freiburg
31.	5.– 6. Dezember	1980	München
32.	29.–31. Mai	1981	Köln
33.	5.– 7. November	1982	Berlin
a.o.	29.–30. Januar	1983	Freiburg
34.	18.–20. November	1983	Karlsruhe
35.	1.– 3. Juni	1984	Münster
36.	23.–24. Februar	1985	Saarbrücken
37.	23.–25. Mai	1986	Hannover

Programme und programmatische Aussagen der FDP

1948	Dezember	Heppenheimer Proklamation
1949	Juni	Bremer Beschlüsse
1952	Juli	Sozialprogramme
		Aufruf zur Nationalen Sammlung: Das Deutsche Programm
	November	Liberales Manifest der Freien Demokratischen Partei
1953	Juni	Wahlprogramm der Freien Demokratischen Partei
1957	Januar	Das Berliner Programm der Freien Demokratischen Partei
	Juni	Wahlprogramm der Freien Demokratischen Partei
1959	März	„Deutschlandplan" der FDP
1967	April	Ziele des Fortschritts. Aktionsprogramm der Freien Demokratischen Partei (107 Thesen) („Hannoveraner Aktionsprogramm")
1969	Juni	Praktische Politik für Deutschland – Das Konzept der FDP („Nürnberger Wahlplattform")
1971	Oktober	Freiburger Thesen der FDP zur Gesellschaftspolitik
		„Vorfahrt für Vernunft" (Wahlaufruf zur Bundestagswahl 1972)
	Oktober	Grundsätze liberaler Wirtschaftspolitik
1976	Mai	Freiheit – Fortschritt – Leistung. Wahlprogramm der FDP
1977	November	Kieler Thesen
1980	Juni	Wahlprogramm für die Bundestagswahl 1980
1981	Mai	Anti-Drogen-Programm/Ökologisches Aktionsprogramm
1982	November	Berliner Manifest
1983	Januar	Wahlaussage für die Bundestagswahl 1983
1983	November	Friedens- und Sicherheitspolitik für die 80er Jahre
1985	Februar	Liberales Manifest für eine Gesellschaft im Umbruch („Saarbrücker Manifest")

Die Führungsspitze der FDP 1948–1986

Jahr	Vorsitzender	Stellvertreter	Stellvertreter	Stellvertreter
1948	Theodor Heuss	Franz Blücher		
1949	Theodor Heuss	Franz Blücher		
1950	Franz Blücher	Hermann Schäfer		
1951	Franz Blücher	Hermann Schäfer	Thomas Dehler	
1952	Franz Blücher	Hermann Schäfer	Friedrich Middelhauve	Eberhard Wildermuth
1953	Franz Blücher	Hermann Schäfer	Friedrich Middelhauve	
1954	Thomas Dehler	Hermann Schäfer	Friedrich Middelhauve	Carl Hubert Schwenicke
1955	Thomas Dehler	Wolfgang Haußmann	Friedrich Middelhauve	Wilhelm Nowack
1956	Thomas Dehler	Wolfgang Haußmann	Erich Mende	Oswald Kohut
1957	Reinhold Maier	Willy Max Rademacher	Erich Mende	Oswald Kohut
1958	Reinhold Maier	Bernhard Leverenz	Erich Mende	Oswald Kohut
1959	Reinhold Maier	Bernhard Leverenz	Erich Mende	Oswald Kohut
1960	Erich Mende	Hans Lenz	Heinrich Schneider	Oswald Kohut
1961	Erich Mende	Hans Lenz		
1962	Erich Mende	Hans Lenz	Bernhard Leverenz	Wolfgang Döring
1963	Erich Mende	Willi Weyer		
1964	Erich Mende	Willi Weyer	Wolfgang Mischnik	Ewald Bucher
1965	Erich Mende	Willi Weyer	Wolfgang Mischnik	Ewald Bucher
1966	Erich Mende	Willi Weyer	Wolfgang Mischnik	Ewald Bucher
1967	Erich Mende	Willi Weyer	Wolfgang Mischnik	Ewald Bucher
1968	Walter Scheel	Hans-Dietrich Genscher	Wolfgang Mischnik	Hermann Müller
1969	Walter Scheel	Hans-Dietrich Genscher	Wolfgang Mischnik	Hermann Müller
1970	Walter Scheel	Hans-Dietrich Genscher	Wolfgang Mischnik	Hermann Müller
1971	Walter Scheel	Hans-Dietrich Genscher	Wolfgang Mischnik	Hermann Müller
1972	Walter Scheel	Hans-Dietrich Genscher	Wolfgang Mischnik	Hildegard Hamm-Brücher
1973	Walter Scheel	Hans-Dietrich Genscher	Wolfgang Mischnik	Hildegard Hamm-Brücher
1974	Hans-Dietrich Genscher	Hans Friderichs	Wolfgang Mischnik	Hildegard Hamm-Brücher
1975	Hans-Dietrich Genscher	Hans Friderichs	Wolfgang Mischnik	Hildegard Hamm-Brücher
1976	Hans-Dietrich Genscher	Hans Friderichs	Wolfgang Mischnik	Uew Ronneburger
1977	Hans-Dietrich Genscher	Liselotte Funcke	Wolfgang Mischnik	Uwe Ronneburger
1978	Hans-Dietrich Genscher	Liselotte Funcke	Wolfgang Mischnik	Uwe Ronneburger
1979	Hans-Dietrich Genscher	Liselotte Funcke	Wolfgang Mischnik	Uwe Ronneburger
1980	Hans-Dietrich Genscher	Liselotte Funcke	Wolfgang Mischnik	Uwe Ronneburger
1981	Hans-Dietrich Genscher	Liselotte Funcke	Wolfgang Mischnik	Uwe Ronneburger
1982	Hans-Dietrich Genscher	Liselotte Funcke	Wolfgang Mischnik	Uwe Ronneburger
1983	Hans-Dietrich Genscher	Jürgen Morlock	Wolfgang Mischnik	Gerhart R. Baum
1984	Hans-Dietrich Genscher	Jürgen Morlock	Wolfgang Mischnik	Gerhart R. Baum
1985	Martin Bangemann	Wolfgang Gerhardt	Wolfgang Mischnik	Gerhart R. Baum
1986	Martin Bangemanr.	Wolfgang Gerhardt	Wolfgang Mischnik	Gerhart R. Baum

Rechenschaftsbericht 1984 der Freien Demokratischen Partei*

Gemäß § 23 Abs. 2 des Parteiengesetzes in der Fassung der Bekanntmachung vom 15. Februar 1984 im Bundesgesetzblatt veröffentlicht der Bundestagspräsident alljährlich die Rechenschaftsberichte der politischen Parteien. Der Rechenschaftsbericht 1984 der FDP wird hier wiedergegeben. Er enthält folgende Angaben:

* Deutscher Bundestag, 10. Wahlperiode, Drucksache 10/4104 (neu), 28.1.85. Unterrichtung durch den Präsidenten des Deutschen Bundestages: Bekanntmachung von Rechenschaftsberichten 1984 der politischen Parteien, S. 62–77.

Freie Demokratische Partei (FDP)

Rechenschaftsbericht 1984

A. Einnahmen

	Mitgliedsbeiträge und ähnliche regelmäßige Beiträge DM	Einnahmen aus Vermögen DM	Einnahmen aus Veranstaltungen, Vertrieb von Druckschriften und Veröffentlichungen und sonstiger mit Einnahmen verbundener Tätigkeit der Partei DM
	1	2	3
Bundespartei	30 638	—	—
Landesverbände			
Baden-Württemberg	1 002 403	66 842	221 239
Bayern	521 190	11 603	—
Berlin	372 024	5 719	—
Bremen	59 514	6 738	1 700
Hamburg	190 970	6 250	—
Hessen	824 128	87 980	11 618
Niedersachsen	824 238	15 598	16 233
Nordrhein-Westfalen	3 135 829	130 390	76 262
Rheinland-Pfalz	368 006	19 477	28 802
Saarland	257 909	5 474	237
Schleswig-Holstein	347 289	20 200	—

B. Ausgaben

	Personalausgaben DM	Ausgaben des laufenden Geschäftsbetriebes DM	Ausgaben für innerparteiliche Gremienarbeit und Information DM
	1	2	3
Bundespartei	2 152 233	2 444 982	1 536 409
Landesverbände			
Baden-Württemberg	609 268	609 156	155 060
Bayern	500 569	570 540	127 768
Berlin	270 889	213 200	143 599
Bremen	137 123	142 600	18 839
Hamburg	194 478	111 920	7 965
Hessen	200 332	283 135	147 898
Niedersachsen	213 840	407 244	219 278
Nordrhein-Westfalen	1 385 464	1 951 633	485 021
Rheinland-Pfalz	232 370	142 346	109 983
Saarland	77 619	141 848	22 873
Schleswig-Holstein	127 546	137 708	216 881

Einnahmen aus Spenden DM	Einnahmen aus dem Chancen-ausgleich[2a]) DM	Einnahmen aus der Wahlkampf-kostenerstattung DM	Zuschüsse von Gliederungen DM	Sonstige Einnahmen DM	Gesamt (1–8) DM
4	5	6	7	8	9
644 601	—	6 979 340	250	396 767	8 051 596
1 402 859	—	998 697	132 323	148 553	3 972 916
1 730 470	—	286 448	127 326	126 931	2 803 968
622 203	—	181 572	26 194	31 424	1 239 136
20 543	—	—	27 317	4 049	119 861
96 387	—	16 009	46 019	827	356 462
724 164	—	156 300	431 407	35 320	2 270 917
481 594	—	224 668	46 497	52 178	1 661 006
2 012 262	—	1 115 475	190 297	305 924	6 966 439
479 975	—	34 699	15 314	28 285	974 558
218 855	—	70 483	272 521	6 082	831 561
281 043	—	—	10 044	15 147	673 723

Ausgaben für Öffentlichkeitsarbeit und Wahlen DM	Zuschüsse an Gliederungen DM	Zinsen DM	Sonstige Ausgaben DM	Gesamt (1–7) DM
4	5	6	7	8
6 906 185	1 325 259	713 334	304 615	15 383 017
3 210 764	—	—	60 988	4 645 236
2 077 613	—	35 442	105 980	3 417 912
518 582	—	—	11 013	1 157 283
23 323	—	—	70	321 955
60 907	—	3 860	25 574	404 704
814 236	250	—	62 364	1 508 215
518 141	—	32 993	54 039	1 445 535
4 372 482	—	—	161 156	8 355 756
756 111	—	—	50 729	1 291 539
437 657	—	13 104	4 000	697 101
120 606	—	4 780	22 870	630 391

C. Besitzposten

	Haus- und Grundvermögen DM	Geschäftsstellenausstattung DM	Finanzanlagen DM	Anlagevermögen (1–3) DM
	1	2	3	4
Bundespartei	—	101 473	789 858[2c)]	891 331
Landesverbände				
Baden-Württemberg	2 000	32 993	115 798	150 791
Bayern	—	24 897	87 490	112 387
Berlin	—	4 227	50 608	54 835
Bremen	—	10	—	10
Hamburg	—	11 356	1	11 357
Hessen	—	5 850	1 424 868	1 430 718
Niedersachsen	519 784	2 492	35 301	557 577
Nordrhein-Westfalen	—	126 865	778 145	905 010
Rheinland-Pfalz	—	5 562	123 271	128 833
Saarland	—	3 274	—	3 274
Schleswig-Holstein	120 835	17 728	38 000	176 563

D. Schuldposten

	Rückstellungen DM	Beitragsverbindlichkeiten DM	Verbindlichkeiten gegenüber Kreditinstituten DM
	1	2	3
Bundespartei	1 129 106	—	9 358 759
Landesverbände			
Baden-Württemberg	6 600	29 746	137 394
Bayern	8 000	—	165 511
Berlin	—	—	80 969
Bremen	4 500	—	—
Hamburg	4 700	—	43 199
Hessen	6 000	—	8 861
Niedersachsen	30 000	—	412 346
Nordrhein-Westfalen	—	—	85 944
Rheinland-Pfalz	2 500	—	23 174
Saarland	9 420	—	115 397
Schleswig-Holstein	—	—	63 080

Beitrags-forderungen DM	Forderungen auf Erstattung von Wahlkampf-kosten DM	Forderungen auf Chancen-ausgleich[2a]) DM	Geldbestände DM	Sonstige Vermögens-gegenstände DM	Summe Umlauf-vermögen (5–9) DM	Gesamt (4 + 10) DM
5	6	7	8	9	10	11
17 398	—	—	52 458	3 275 332	3 345 188	4 236 519
200 191	—	—	1 027 282	63 769	1 291 242	1 442 033
87 237	—	—	455 271	218 104	760 612	872 999
67 133	—	—	398 430	51 268	516 831	571 666
4 130	—	—	84 697	66 000	154 827	154 837
9 256	—	—	46 972	35 141	91 369	102 726
97 829	—	—	979 238	183 179	1 260 246	2 690 964
81 449	—	—	924 467	83 390	1 089 306	1 646 883
460 465	—	—	1 948 576	52 563	2 461 604	3 366 614
52 108	—	—	287 872	1 446	341 426	470 259
19 148	—	—	322 685	14 984	356 817	360 091
21 664	—	—	304 896	46 578	373 138	549 701

Sonstige Verbindlichkeiten DM	Summe Verbindlichkeiten (2–4) DM	Summe Schuldposten (1–5) DM	Reinvermögen negativ DM	Reinvermögen positiv DM	Gesamt (6 + 7) DM
4	5	6	7		8
1 808 981	11 167 740	12 296 846	8 060 327 (2d)		4 236 519
167 538	334 678	341 278		1 100 755	1 442 033
351 455	516 966	524 966		348 033	872 999
185 396	266 365	266 365		305 301	571 666
164 886	164 886	169 386	14 549		154 837
135 577	178 776	183 476	80 750		102 726
357 261	366 122	372 122		2 318 842	2 690 964
54 791	467 137	497 137		1 149 746	1 646 883
249 302	335 246	335 246		3 031 368	3 366 614
81 969	105 143	107 643		362 616	470 259
48 342	163 739	173 159		186 932	360 091
147 679	210 759	210 759		338 942	549 701

Aufgliederung der Zahlen der Landesverbände
A. Einnahmen

	Mitgliedsbeiträge und ähnliche regelmäßige Beiträge DM	Einnahmen aus Vermögen DM	Einnahmen aus Veranstaltungen, Vertrieb von Druckschriften und Veröffentlichungen und sonstiger mit Einnahmen verbundener Tätigkeit der Partei DM
	1	2	3
Landesverband Baden-Württemberg			
Landesgeschäftsstelle	260 167	22 486	169 255
Nachgeordnete Gebietsverbände	742 236	44 356	51 984
Gesamt	1 002 403	66 842	221 239
Landesverband Bayern			
Landesgeschäftsstelle	26 274	2 252	—
Nachgeordnete Gebietsverbände	494 916	9 351	—
Gesamt	521 190	11 603	—
Landesverband Berlin			
Landesgeschäftsstelle	198 090	1 561	—
Nachgeordnete Gebietsverbände	173 934	4 158	—
Gesamt	372 024	5 719	—
Landesverband Bremen			
Landesgeschäftsstelle	49 886	6 533	1 700
Nachgeordnete Gebietsverbände	9 628	205	—
Gesamt	59 514	6 738	1 700
Landesverband Hamburg			
Landesgeschäftsstelle	176 758	6 250	—
Nachgeordnete Gebietsverbände	14 212	1 370	—
Gesamt	190 970	6 250	—
Landesverband Hessen			
Landesgeschäftsstelle	212 438	80 992	—
Nachgeordnete Gebietsverbände	611 690	6 988	11 618
Gesamt	824 128	87 980	11 618
Landesverband Niedersachsen			
Landesgeschäftsstelle	221 372	1 519	—
Nachgeordnete Gebietsverbände	602 866	14 079	16 233
Gesamt	824 238	15 598	16 233
Landesverband Nordrhein-Westfalen			
Landesgeschäftsstelle	553 452	50 165	5 875
Nachgeordnete Gebietsverbände	2 582 377	80 225	70 387
Gesamt	3 135 829	130 390	76 262
Landesverband Rheinland-Pfalz			
Landesgeschäftsstelle	186 774	1 351	—
Nachgeordnete Gebietsverbände	181 232	18 126	28 802
Gesamt	368 006	19 477	28 802
Landesverband Saarland			
Landesgeschäftsstelle	167 095	—	—
Nachgeordnete Gebietsverbände	90 814	5 474	237
Gesamt	257 909	5 474	237
Landesverband Sschleswig-Holstein			
Landesgeschäftsstelle	158 838	20 200	—
Nachgeordnete Gebietsverbände	188 451	1 547	—
Gesamt	347 289	20 200	—

Einnahmen aus Spenden DM	Einnahmen aus dem Chancen-ausgleich[2a]) DM	Einnahmen aus der Wahlkampf-kostenerstattung DM	Zuschüsse von Gliederungen DM	Sonstige Einnahmen DM	Gesamt (1–8) DM
4	5	6	7	8	9
137 752	—	998 697	—	—	1 588 357
1 265 107	—	—	344 608	148 553 (2b)	2 596 844
1 402 859	—	998 697	132 323	148 553	3 972 916
488 992	—	286 448	37 770	61 583 (2b)	903 319
1 241 478	—	—	120 306	65 348	1 931 399
1 730 470	—	286 448	127 326	126 931	2 803 968
554 469	—	181 572	18 000	31 424	985 116
67 734	—	—	8 194	—	254 020
622 203	—	181 572	26 194	31 424	1 239 136
10 383	—	—	27 317	4 049	99 868
10 160	—	—	—	—	19 993
20 543	—	—	27 317	4 049	119 861
91 512	—	16 009	24 000	381	314 910
4 875	—	—	22 019	446	42 922
96 387	—	16 009	46 019	827	356 462
128 952	—	156 300	25 523	28 065	632 270
595 212	—	—	660 860	7 255	1 893 623
724 164	—	156 300	431 407	35 320	2 270 917
145 639	—	224 668	2 440	12 580	608 218
335 955	—	—	48 583	39 598	1 057 314
481 594	—	224 668	46 497	52 178	1 661 006
236 776	—	1 115 475	—	61 271	2 023 014
1 775 486	—	—	241 547	244 653	4 994 675
2 012 262	—	1 115 475	190 297	305 924	6 966 439
107 329	—	34 699	—	4 532	334 685
372 646	—	—	84 914	23 753	709 473
479 975	—	34 699	15 314	28 285	974 558
136 640	—	70 483	272 521	654	647 393
82 215	—	—	14 500	5 428	198 668
218 855	—	70 483	272 521	6 082	831 561
94 823	—	—	—	—	273 861
186 220	—	—	10 044	15 147	401 409
281 043	—	—	10 044	15 147	673 723

Aufgliederung der Zahlen der Landesverbände
B. Ausgaben

	Personalausgaben DM	Ausgaben des laufenden Geschäftsbetriebes DM	Ausgaben für innerparteiliche Gremienarbeit und Information DM
	1	2	3
Landesverband Baden-Württemberg			
Landesgeschäftsstelle	480 572	257 470	16 604
Nachgeordnete Gebietsverbände	128 696	351 686	138 456
Gesamt	609 268	609 156	155 060
Landesverband Bayern			
Landesgeschäftsstelle	380 782	277 027	21 004
Nachgeordnete Gebietsverbände	119 787	293 513	106 764
Gesamt	500 569	570 540	127 768
Landesverband Berlin			
Landesgeschäftsstelle	262 787	176 103	8 378
Nachgeordnete Gebietsverbände	8 102	37 097	135 221
Gesamt	270 889	213 200	143 599
Landesverband Bremen			
Landesgeschäftsstelle	124 164	131 757	9 465
Nachgeordnete Gebietsverbände	12 959	10 843	9 374
Gesamt	137 123	142 600	18 839
Landesverband Hamburg			
Landesgeschäftsstelle	194 478	108 640	4 750
Nachgeordnete Gebietsverbände	—	3 280	3 215
Gesamt	194 478	111 920	7 965
Landesverband Hessen			
Landesgeschäftsstelle	154 156	45 074	3 674
Nachgeordnete Gebietsverbände	46 176	238 061	144 224
Gesamt	200 332	283 135	147 898
Landesverband Niedersachsen			
Landesgeschäftsstelle	166 562	193 750	61 352
Nachgeordnete Gebietsverbände	47 278	213 494	157 926
Gesamt	213 840	407 244	219 278
Landesverband Nordrhein-Westfalen			
Landesgeschäftsstelle	869 304	845 042	203 299
Nachgeordnete Gebietsverbände	516 160	1 106 591	281 722
Gesamt	1 385 464	1 951 633	485 021
Landesverband Rheinland-Pfalz			
Landesgeschäftsstelle	146 123	39 112	42 013
Nachgeordnete Gebietsverbände	86 247	103 234	67 970
Gesamt	232 370	142 346	109 983
Landesverband Saarland			
Landesgeschäftsstelle	77 456	129 924	6 493
Nachgeordnete Gebietsverbände	163	11 924	16 380
Gesamt	77 619	141 848	22 873
Landesverband Schleswig-Holstein			
Landesgeschäftsstelle	115 768	41 562	69 888
Nachgeordnete Gebietsverbände	11 778	96 146	146 993
Gesamt	127 546	137 708	216 881

Ausgaben für Öffentlichkeitsarbeit und Wahlen DM	Zuschüsse an Gliederungen DM	Zinsen DM	Sonstige Ausgaben DM	Gesamt (1–7) DM
4	5	6	7	8
773 961	20 000	—	15 400	1 564 007
2 436 803	192 285	—	45 588	3 293 514
3 210 764	—	—	60 988	4 645 236
347 455	30 750	28 698	88 116	1 173 832
1 730 158	—	6 744	17 864	2 274 830
2 077 613	—	35 442	105 980	3 417 912
466 313	—	—	3 982	917 563
52 269	—	—	7 031	239 720
518 582	—	—	11 013	1 157 283
17 615	—	—	—	283 001
5 708	—	—	70	38 954
23 323	—	—	70	321 955
46 610	—	5 231	24 199	383 908
14 297	—	—	1 375	22 167
60 907	—	3 860	25 574	404 704
141 526	254 976	—	29 398	628 804
672 710	250	—	32 966	1 134 387
814 236	250	—	62 364	1 508 215
187 234	4 526	32 993	24 999	671 416
330 907	—	—	29 040	778 645
518 141	—	32 993	54 039	1 445 535
149 617	51 250	—	34 950	2 153 462
4 222 865	—	—	126 206	6 253 544
4 372 482	—	—	161 156	8 355 756
72 757	69 600	—	11 266	380 871
683 354	—	—	39 463	980 268
756 111	—	—	50 729	1 291 539
204 763	14 500	13 104	4 000	450 240
232 894	—	—	—	261 361
437 657	—	13 104	4 000	697 101
86 753	—	6 327	7 138	327 436
33 853	—	—	15 732	304 502
120 606	—	4 780	22 870	630 391

Aufgliederung der Zahlen der Landesverbände
C. Besitzposten

	Haus- und Grundvermögen DM	Geschäfts-stellen-ausstattung DM	Finanz-anlagen DM	Anlage-vermögen (1–3) DM
	1	2	3	4
Landesverband Baden-Württemberg				
Landesgeschäftsstelle	—	26 002	20 000	46 002
Nachgeordnete Gebietsverbände	2 000	6 991	95 798	104 789
Gesamt	2 000	32 993	115 798	150 791
Landesverband Bayern				
Landesgeschäftsstelle	—	24 852	87 490	112 342
Nachgeordnete Gebietsverbände	—	45	—	45
Gesamt	—	24 897	87 490	112 387
Landesverband Berlin				
Landesgeschäftsstelle	—	2 627	37 389	40 016
Nachgeordnete Gebietsverbände	—	1 600	13 219	14 819
Gesamt	—	4 227	50 608	54 835
Landesverband Bremen				
Landesgeschäftsstelle	—	10	—	10
Nachgeordnete Gebietsverbände	—	—	—	—
Gesamt	—	10	—	10
Landesverband Hamburg				
Landesgeschäftsstelle	—	11 356	1	11 357
Nachgeordnete Gebietsverbände	—	—	—	—
Gesamt	—	11 356	1	11 357
Landesverband Hessen				
Landesgeschäftsstelle	—	529	1 335 599	1 336 128
Nachgeordnete Gebietsverbände	—	5 321	89 269	94 590
Gesamt	—	5 850	1 424 868	1 430 718
Landesverband Niedersachsen				
Landesgeschäftsstelle	519 784	2 492	301	522 577
Nachgeordnete Gebietsverbände	—	—	35 000	35 000
Gesamt	519 784	2 492	35 301	557 577
Landesverband Nordrhein-Westfalen				
Landesgeschäftsstelle	—	23 215	625 073	648 288
Nachgeordnete Gebietsverbände	—	103 650	153 072	256 722
Gesamt	—	126 865	778 145	905 010
Landesverband Rheinland-Pfalz				
Landesgeschäftsstelle	—	3 561	80 075	83 636
Nachgeordnete Gebietsverbände	—	2 001	43 196	45 197
Gesamt	—	5 562	123 271	128 833
Landesverband Saarland				
Landesgeschäftsstelle	—	3 274	—	3 274
Nachgeordnete Gebietsverbände	—	—	—	—
Gesamt	—	3 274	—	3 274
Landesverband Schleswig-Holstein				
Landesgeschäftsstelle	120 835	48	22 000	142 883
Nachgeordnete Gebietsverbände	—	17 680	16 000	33 680
Gesamt	120 835	17 728	38 000	176 563

Beitrags-forderungen DM	Forderungen auf Erstattung von Wahlkampf-kosten DM	Forderungen auf Chancen-ausgleich (2a) DM	Geld-bestände DM	Sonstige Vermögens-gegenstände DM	Summe Umlauf-vermögen (5–9) DM	Gesamt (4+10) DM
5	6	7	8	9	10	11
94 439	—	—	507 121	58 470	660 030	706 032
169 800	—	—	520 160	9 068	699 028	803 817
200 191	—	—	1 027 282	63 769	1 291 242	1 442 033
—	—	—	12 852	212 548	225 400	337 742
87 237	—	—	442 419	5 556	535 212	535 257
87 237	—	—	455 271	218 104	760 612	872 999
25 590	—	—	133 436	43 392	202 418	242 434
67 133	—	—	264 994	37 876	370 003	384 822
67 133	—	—	398 430	51 268	516 831	571 666
4 130	—	—	69 513	66 000	139 653	139 643
—	—	—	15 184	—	15 184	15 184
4 130	—	—	84 697	66 000	154 827	154 837
9 901	—	—	1 523	36 007	47 431	58 788
40 853	—	—	45 449	23 688	109 990	109 990
9 256	—	—	46 972	35 141	91 369	102 726
83 589	—	—	42 370	158 902	284 861	1 620 989
90 518	—	—	936 868	224 278	1 251 664	1 346 254
97 829	—	—	979 238	183 179	1 260 246	2 690 964
37 225	—	—	4 161	83 390	124 776	647 353
73 049	—	—	920 306	—	993 355	1 028 355
81 449	—	—	924 467	83 390	1 089 306	1 646 883
123 536	—	—	561 252	53 097	737 885	1 386 173
460 465	—	—	1 387 324	4 966	1 852 755	2 109 477
460 465	—	—	1 948 576	52 563	2 461 604	3 366 614
72 510	—	—	5 242	1 446	79 198	162 834
52 108	—	—	282 630	15 000	349 738	394 935
52 108	—	—	287 872	1 446	341 426	470 259
70 095	—	—	95 585	9 184	174 864	178 138
19 528	—	—	227 100	19 300	265 928	265 928
19 148	—	—	322 685	14 984	356 817	360 091
12 264	—	—	2 274	28 875	43 413	186 296
21 664	—	—	302 622	17 703	341 989	375 669
21 664	—	—	304 896	46 578	373 138	549 701

Aufgliederung der Zahlen der Landesverbände
D. Schuldposten

	Rückstellungen DM	Beitrags-verbindlichkeiten DM	Verbindlichkeiten gegenüber Kreditinstituten DM
	1	2	3
Landesverband Baden-Württemberg			
Landesgeschäftsstelle	6 600	29 746	—
Nachgeordnete Gebietsverbände	—	64 048	137 394
Gesamt	6 600	29 746	137 394
Landesverband Bayern			
Landesgeschäftsstelle	8 000	—	116 073
Nachgeordnete Gebietsverbände	—	—	49 438
Gesamt	8 000	—	165 511
Landesverband Berlin			
Landesgeschäftsstelle	—	—	77 628
Nachgeordnete Gebietsverbände	—	25 590	3 341
Gesamt	—	—	80 969
Landesverband Bremen			
Landesgeschäftsstelle	4 500	—	—
Nachgeordnete Gebietsverbände	—	—	—
Gesamt	4 500	—	—
Landesverband Hamburg			
Landesgeschäftsstelle	4 700	41 498	43 199
Nachgeordnete Gebietsverbände	—	—	—
Gesamt	4 700	—	43 199
Landesverband Hessen			
Landesgeschäftsstelle	206 000	—	—
Nachgeordnete Gebietsverbände	—	76 278	8 861
Gesamt	6 000	—	8 861
Landesverband Niedersachsen			
Landesgeschäftsstelle	30 000	—	412 346
Nachgeordnete Gebietsverbände	—	28 825	—
Gesamt	30 000	—	412 346
Landesverband Nordrhein-Westfalen			
Landesgeschäftsstelle	—	—	—
Nachgeordnete Gebietsverbände	—	123 536	85 944
Gesamt	—	—	85 944
Landesverband Rheinland-Pfalz			
Landesgeschäftsstelle	2 500	—	6 820
Nachgeordnete Gebietsverbände	—	72 510	16 354
Gesamt	2 500	—	23 174
Landesverband Saarland			
Landesgeschäftsstelle	22 920	—	113 119
Nachgeordnete Gebietsverbände	—	70 475	2 278
Gesamt	9 420	—	115 397
Landesverband Schleswig-Holstein			
Landesgeschäftsstelle	—	—	55 306
Nachgeordnete Gebietsverbände	—	12 264	7 774
Gesamt	—	—	63 080

Sonstige Verbindlichkeiten DM	Summe Verbindlichkeiten DM	Summe Schuldposten DM	Reinvermögen negativ DM	Reinvermögen positiv DM	Gesamt (6 + 7) DM
4	5	6	7		8
30 713	60 459	67 059		638 973	706 032
140 593	342 035	342 035		461 782	803 817
167 538	334 678	341 278		1 100 755	1 442 033
211 444	327 517	335 517		2 225	337 742
140 011	189 449	189 449		345 808	535 257
351 455	516 966	524 966		348 033	872 999
188 113	265 741	265 741	23 307		242 434
27 283	56 214	56 214		328 608	384 822
185 396	266 365	266 365		305 301	571 666
164 886	164 886	169 386	29 733		139 653
—	—	—		15 184	15 184
164 886	164 886	169 386	14 549		154 837
157 813	242 510	247 210	188 422		58 788
2 318	2 318	2 318		107 672	109 990
135 577	178 776	183 476	80 750		102 726
317 831	317 831	523 831		1 097 158	1 620 989
39 431	124 570	124 570		1 221 684	1 346 254
357 261	366 122	372 122		2 318 842	2 690 964
41 256	453 602	483 602		163 751	647 353
13 534	42 359	42 359		985 996	1 028 355
54 791	467 137	497 137		1 149 746	1 646 883
87 382	87 382	87 382		1 298 791	1 386 173
167 420	376 900	376 900		1 732 577	2 109 477
249 302	335 246	335 246		3 031 368	3 366 614
49 408	56 228	58 728		104 106	162 834
47 561	136 425	136 425		258 510	394 935
81 969	105 143	107 643		362 616	470 259
47 513	160 632	183 552	5 414		178 138
829	73 582	73 582		192 346	265 928
48 342	163 739	173 159		186 932	360 091
137 641	192 947	192 947	6 651		186 296
10 038	30 076	30 076		345 593	375 669
147 679	210 759	210 759		338 942	549 701

E. Berichterstattung über die wahlkampfbezogenen Kosten und die wahlkampfkostenbezogenen Einnahmen

	Personalausgaben DM	Ausgaben des laufenden Geschäftsbetriebes DM	Ausgaben für innerparteiliche Gremienarbeit und Information DM
	1	2	3
1. *Europawahl* am 17. Juni 1984	2 340 228	2 786 812	1 495 663
2. *Landtagswahl* Baden-Württemberg am 25. März 1984	808 655	595 895	120 829
3. *Kommunalwahl* Baden-Württemberg am 28. Oktober 1984	311 978	299 414	74 122
Bayern am 18. März 1984	320 155	445 932	120 188
Nordrhein-Westfalen am 30. September 1984	1 212 556	2 015 620	505 964
Rheinland-Pfalz am 17. Juni 1984	180 024	121 512	91 233
Saarland am 17. Juni 1984	23 496	42 957	6 960

F. Erläuterungen

1. Zur Rechenschaftslegung

a) Rechtliche Verhältnisse

Die Freie Demokratische Partei (F.D.P.) ist eine Partei im Sinne des Grundgesetzes der Bundesrepublik Deutschland und des Parteiengesetzes. Die Bundespartei hat die Rechtsform des eingetragenen Vereins. Die Partei gliedert sich in Landesverbände. In allen Landesverbänden gibt es Orts- oder Stadt- und Kreisverbände, in einigen auch Bezirksverbände. Außerhalb des Geltungsbereiches des Parteiengesetzes sind Auslandsgruppen zugelassen; die Auslandsgruppe Europa wurde mit in den Rechenschaftsbericht einbezogen.

Die Landesverbände haben bis auf die Landesverbände Berlin, Hamburg und Saarland die Rechtsform des eingetragenen Vereins. Die drei genannten Landesverbände sind nicht rechtsfähige Vereine des bürgerlichen Rechts.

b) Wahlrecht gemäß § 27 Abs. 3 PartG

Von dem Wahlrecht nach § 27 Abs. 3 PartG, daß Sach-, Werk- und Dienstleistungen, die die Mitglieder der Partei üblicherweise unentgeltlich zur Verfügung stellen oder die einen Wert von DM 1 000 im Einzelfall nicht übersteigen, unberücksichtigt bleiben, wurde Gebrauch gemacht.

c) Erstattungsbeträge nach dem Europawahlgesetz

In den Erstattungsbeträgen nach dem Dritten Abschnitt des Europawahlgesetzes (EuWG) ist der Betrag von DM 1 543 738,10 aufgrund der Erhöhung des Pauschalbetrages gemäß § 28 Nr. 1 EuWG durch Gesetzesänderung vom 21. Dezember 1983 nicht enthalten. Dieser Betrag ist zwar im Jahr 1984 zugeflossen, wurde jedoch als Erstattungsanspruch bereits im Rechenschaftsbericht des Jahres 1983 berücksichtigt.

Ausgaben für Öffentlichkeitsarbeit und Wahlen DM	Zinsen DM	Sonstige Ausgaben DM	Summe der Ausgaben (1–6) DM	Einnahmen aus der Wahlkampfkostenerstattung DM
4	5	6	7	8
11 180 920	420 344	340 456	18 564 423	10 847 358
2 398 956	31 700	46 476	4 002 511	2 382 106
2 814 202	—	29 558	3 529 274	—
3 216 100	21 851	63 826	4 188 052	—
9 470 394	—	196 607	13 401 141	—
1 391 234	—	43 936	1 827 939	—
280 367	3 971	1 210	358 961	—

d) Vollständigkeit und Konsolidierung der den Landesverbänden nachgeordneten Gebietsverbände

Die Abschlußziffern der den Landesverbänden nachgeordneten Gebietsverbände wurden vollständig erfaßt und nach den Richtlinien des Bundesschatzmeisters der Partei konsolidiert. Soweit in Einzelfällen Abschlußziffern fehlten oder unvollständig waren und diese Mängel in der gesetzten Frist nicht bereinigt werden konnten, wurden anhand der bekannten Vorjahreszahlen Schätzungen vorgenommen.

2. Fußnoten

a) Einnahmen aus Chancenausgleich / Forderungen auf Chancenausgleich

Der Anspruch auf Chancenausgleich nach § 22a PartG wurde im Rechenschaftsbericht der Bundespartei nicht berücksichtigt, da die Errechnung des Ausgleichsbetrages erst nach Veröffentlichung der Rechenschaftsberichte aller betroffenen Parteien i. S. von § 22a Abs. 2 PartG möglich ist.

b) Sonstige Einnahmen nach § 27 Abs. 2 PartG

— Landesverband Baden-Württemberg

Die sonstigen Einnahmen umfassen Kostenerstattungen von Dritten (DM 63 057), Boni und Skonti (DM 2 907) und andere Posten (DM 82 589).

— Landesverband Bayern

Die sonstigen Einnahmen umfassen Erträge aus der Auflösung von Rückstellungen (DM 60 050) und andere Posten (DM 1 533).

c) Finanzanlagen

Die Bundespartei ist zu 50 % an der Grundstücksgesellschaft Baunscheidtstraße GbR, Bonn, beteiligt. Die Gesellschaft ist Eigentümer des Bürogebäudes „Thomas-Dehler-Haus", in dem sich die Bundesgeschäftsstelle der Partei befindet. Diese Beteiligung ist mit DM 789 658 im Rechenschaftsbericht der Bundespartei als Finanzanlagen ausgewiesen.

d) Reinvermögen

Im Rechenschaftsbericht der Bundespartei übersteigen die Schuldposten die Besitzposten um DM 8 060 327 (buchmäßige Überschuldung). Auch nach tatsächlichen Werten (Verkehrswerten) ist die Bundespartei zum 31. Dezember 1984 überschuldet.

Der Vorstand hat in Ansehung der gesetzlichen Pflichten des § 42 Abs. 2 BGB sowie der §§ 213, 207, 208 KO mit den kreditgebenden Banken Verhandlungen zur Durchführung einer Sanierung aufgenommen. Diese Verhandlungen dauerten im Berichtszeitpunkt an. Der Bundesvorstand der Partei hat am 23. September 1985 ein Sanierungskonzept verabschiedet. Das Sanierungskonzept bietet nach seiner Verabschiedung sichere Aussicht auf Erfolg.

3. Spenden nach § 25 Abs. 2 PartG	DM
Dr. Irmgard Adam-Schwaetzer, 5160 Düren-Derichsweiler, Schelle 37	22 500,—
Ludwig-Georg Braun, 3508 Melsungen, Forstgarten 3	55 785,84
Ignatz Bubis, 6000 Frankfurt, Freiherr-vom-Stein-Str. 5	25 000,—
Bundesverband der Pharmazeutischen Industrie e. V, 6000 Frankfurt 1	50 000,—
Gerd Bucerius KG Zeitverlag, 2000 Hamburg 1, Pressehaus	25 000,—
Deutsche Bank Berlin AG, 1000 Berlin, Otto-Suhr-Allee 6	30 000,—
Deutsche Genossenschaftsbank, 6000 Frankfurt, Wiesenhüttenstr. 10	21 000,—
Institut für die Niedersächsische Wirtschaft e. V., 3000 Hannover, Schiffsgraben 36	30 000,—
Institut für politische Planung und Kybernetik GmbH, 5300 Bonn 2, Godesberger Allee 125	25 000,—
Kaufmarkt Warenhandelsgesellschaft mbH, 8500 Nürnberg, Laufamholzstr. 38-40	43 305,76
Firma Oskar Mahl, 7170 Schwäbisch-Hall, Aschenhausweg	25 395,45
Firma Rieger-Pelze, 8000 München 2, Frauenstr. 42	41 575,—
Firma Rombach & Co., 7800 Freiburg, Lörracher Straße	22 121,29
Bankhaus Sal. Oppenheim jr. & Cie., 5000 Köln, Unter Sachsenhausen	100 000,—
Dr. Peter Schmalisch, 8000 München 2	39 355,—
Strabag Bau AG, Siegburger Str. 241, 5000 Köln	32 000,—
Verband der Nord-Westdeutschen Textilindustrie, 4400 Münster, Moltkestr. 19	41 000,—
Wirtschaftsvereinigung der Bauindustrie e. V. NRW, 4000 Düsseldorf 1, Uhlandstr. 56	22 000,—

G. Prüfungsvermerk

„Nach unserer pflichtgemäßen Prüfung aufgrund der Bücher und Schriften der Partei sowie der von den Vorständen erteilten Aufklärungen und Nachweise entspricht der Rechenschaftsbericht zum 31. Dezember 1984 in dem geprüften Umfang (§ 29 Abs. 1 PartG) den Vorschriften dieses Gesetzes in der Fassung vom 24. Juli 1967 und des Europa-Wahlgesetzes vom 16. Juni 1978, beide zuletzt geändert durch das Gesetz vom 21. Dezember 1983. Die Freie Demokratische Partei e. V. (Bundespartei) ist zum 31. Dezember 1984 überschuldet (vgl. Erläuterung Ziffer 2 d).

Geprüft wurden neben der Freien Demokratischen Partei e. V. (Bundespartei) sämtliche Landesverbände, die Kreisverbände Dortmund und Mainz-Bingen, der Bezirksverband Niederbayern und der Stadtverband Bingen."

Dortmund/Erkrath, den 27. September 1985

Dipl.-Kfm. Heinz-Wilhelm Bühler
Wirtschaftsprüfer

Dipl.-Kfm. Heinz M. Röhl
Wirtschaftsprüfer

Erläuterungen der Freien Demokratischen Partei gemäß § 24 Abs. 6 PartG zum Rechenschaftsbericht der FDP für 1984

Die „Aufgliederung der Zahlen der Landesverbände" weist für die Positionen

— Zuschüsse,

— Beitragsforderungen,

— Sonstige Vermögensgegenstände,

— Beitragsverbindlichkeiten,

— Sonstige Verbindlichkeiten

unter „Gesamt" nicht die Summe der darüberstehenden Zahlen aus, sondern den jeweiligen Gesamtbetrag des betreffenden Landesverbandes (Landesgeschäftsstelle einschließlich nachgeordnete Gebietsverbände). Unter „Zuschüssen von Gliederungen" sind z. B. unter „Gesamt" die Zuschüsse ausgewiesen, die dem Landesverband insgesamt (Landesgeschäftsstelle und nachgeordnete Gebietsverbände) von anderen FDP-Verbänden (Bundesverband und/oder andere Landesverbände) zugeflossen sind.

Völlig unabhängig davon werden in den beiden Zeilen über „Gesamt" die Zahlen der

— Landesgeschäftsstellen,

— Nachgeordneten Gebietsverbände (zusammengefaßt)

mit deren tatsächlichen Werten ausgewiesen, d. h. es sind auch die landesverbandsinternen Bewegungen (Bewegungen zwischen Landesgeschäftsstellen und nachgeordneten Gebietsverbänden) in voller Höhe mit ausgewiesen, um entsprechend § 24 Abs. 1 Satz 2 PartG die Rechenschaftsberichte der „Landesverbände" sowie der Nachgeordneten Gebietsverbände je Landesverband mit ihren tatsächlichen Gesamtzahlen darzustellen.

Die Summe dieser beiden Zeilen muß um die landesverbandsinternen Bewegungen gekürzt werden, um den Betrag „Gesamt" zu erhalten.

Bundestagswahlergebnisse der FDP nach Ländern (oberer Block: Zweitstimmen absolut, unterer Block: Zweitstimmen in %)

Wahljahr	Bundesgebiet ohne Berlin	Schleswig-Holstein	Hamburg	Niedersachsen	Bremen	Nordrhein-Westfalen	Hessen	Rheinland-Pfalz	Baden-Württemberg	Bayern	Saarland
1949	2.829.920	103.492	143.371	252.141	39.228	581.456	597.081	226.625	482.381	404.145	
1953	2.629.163	61.486	108.722	260.894	26.777	682.902	502.548	214.805	455.535	315.494	
1957	2.307.135	73.656	108.451	226.463	23.311	554.781	232.872	185.288	561.538	240.695	100.080
1961	4.028.766	188.619	187.255	519.139	64.955	1.118.460	438.726	259.578	697.311	479.830	74.839
1965	3.096.739	132.761	112.047	440.860	51.894	739.954	209.028	582.928	582.913	413.744	54.119
1969	1.903.422	75.871	73.206	230.471	41.554	526.861	208.325	128.650	343.350	232.880	42.254
1972	3.129.982	141.497	138.607	393.282	54.428	856.963	355.558	193.499	544.832	399.554	51.762
1976	2.995.085	147.622	118.969	369.526	55.903	860.331	300.864	183.575	489.661	419.335	49.299
1980	4.030.999	216.552	115.701	535.514	68.720	1.191.643	377.448	239.921	654.882	532.620	57.598
1983	2.705.798	109.796	68.896	338.351	29.897	716.424	275.597	174.405	514.115	433.383	44.934
1949	11,9	7,4	15,8	7,5	12,9	8,6	28,1	15,8	17,6	8,5	
1953	9,5	4,5	10,3	6,9	7,5	8,5	19,7	12,1	12,7	6,2	
1957	7,7	5,6	9,4	5,9	5,8	6,3	8,5	9,8	14,4	4,6	18,2
1961	12,8	13,8	15,7	13,2	15,2	11,8	15,2	13,2	16,6	8,7	12,9
1965	9,5	9,4	9,4	10,9	11,7	7,6	12,0	10,2	13,1	7,3	8,6
1969	5,8	5,2	6,3	5,6	9,3	5,4	6,7	6,3	7,5	4,1	6,7
1972	8,4	8,6	11,2	8,5	11,1	7,8	10,2	8,1	10,2	6,1	7,1
1976	7,9	8,8	10,2	7,9	11,8	7,8	8,5	7,6	9,1	6,2	6,6
1980	10,6	12,7	14,1	11,3	15,1	10,9	10,6	9,8	12,0	7,8	7,8
1983	6,9	6,3	6,3	6,9	6,5	6,4	7,6	7,0	9,0	6,2	6,0

Europa- und Landtagswahlergebnisse der FDP 1946–1986

Wahl		Stimmen abs.	in %	Mandate
Europa	1979	1.662.621	6,0	4
	1984		4,8	–
Baden	1947[a)]	60.980	14,4	9
Württemberg-Hohenzollern	1947[b)]	67.018	17,7	11
Württemberg-Baden[c)]	1946	(LV) 195.053	16,8	17
	1946	247.710	19,5	19
	1950	303.510	21,1	22
Baden-Württemberg[d)]	1952	491.711	18,0	23
	1956	541.221	16,6	21
	1960	466.908	15,8	18
	1964	472.492	13,1	14
	1968	560.145	14,4	18
	1972	424.685	8,9	10
	1976	353.754	7,8	9
	1980	374.577	8,3	10
	1984		7,2	8
Bayern	1946	172.242	5,7	9
	1950	653.741	7,1	12
	1954	703.924	7,2	13
	1958	512.344	5,6	8
	1962	577.836	5,9	9
	1966	539.131	5,1	–
	1970	624.560	5,6	10
	1974	586.533	5,2	8
	1978	711.348	6,2	10
	1982	429.832	3,5	–
Berlin	1946[e)]	133.433	10,4	8
	1948[e)]	214.145	16,1	17
	1950	337.589	23,1	32
	1954	197.204	12,8	19
	1958	61.119	3,8	–
	1963	123.382	7,9	10
	1967	103.973	7,1	9
	1971	122.310	8,4	11
	1975	97.960	7,1	11
	1979	103.609	8,1	11
	1981	70.529	5,6	7
	1985	105.198	8,4	12
Bremen	1947[f)]	42.539	19,4	17
	1951[g)]	39.432	11,8	12
	1955	31.486	8,6	8
	1959	27.450	7,1	7
	1963	33.036	8,4	8
	1967	42.731	10,5	10
	1971	31.509	7,1	7
	1975	55.739	13,0	13
	1979	43.730	10,7	11
	1983	18,826	4,59	–

Wahl		Stimmen abs.	in %	Mandate
Hamburg	1946	509.632	18,2	7
	1949	x[h)]	–	–
	1953	x[i)]	–	–
	1957	88.201	8,6	10
	1961	95.061	9,6	12
	1966	64.837	6,8	8
	1970	70.875	7,1	9
	1974	113.930	10,9	13
	1978	45.903	4,8	–
	1982	26.505	2,6	–
Hessen	1946[j)]	252.207	15,7	14
	1950[k)]	588.739	31,8	21
	1954	513.421	20,5	21
	1958	250.310	9,5	9
	1962	301.783	11,4	11
	1966	293.994	10,4	10
	1970	316.270	10,1	11
	1974	238.726	7,4	8
	1978	171.514	4,2	–
	1982	246.973	5,3	8
	1986	257.873	6	9
Nordrhein-Westfalen	1947	298.995	5,9	12
	1951	278.088	8,3	12
	1955	264.841	7,9	12
	1959	179.522	5,2	8
	1963	316.552	8,8	14
	1967	245.318	6,9	10
	1970	169.457	4,4	–
	1974	302.165	7,0	11
	1978	171.514	4,2	–
	1982	246.973	5,3	8
Nordrhein-Westfalen	1947	298.995	5,9	12
	1950	748.926	12,1	26
	1954	793.736	11,5	25
	1958	566.258	7,1	15
	1962	553.426	6,8	14
	1966	633.765	7,4	15
	1970	478.420	5,5	11
	1975	689.623	6,7	14
	1980	489.225	4,98	–
	1985	565.370	6,0	14

Wahl		Stimmen abs.	in %	Mandate
Rheinland-Pfalz	1947	113.844	9,8	11
	1951	240.071	16,7	19
	1955	201.847	12,7	13
	1959	165.937	9,7	10
	1963	177.377	10,1	11
	1967	153.089	8,3	8
	1971	120.444	5,9	6
	1975	118.762	5,6	5
	1979	139.248	6,4	6
	1983	88.264	3,5	–
Saarland	1960	23.718	13,8	7
	1965	49.524	8,3	4
	1970	28.167	4,4	–
	1975	52.100	7,4	3
	1980	47.977	6,9	4
	1985	70.716	10,0	5
Schleswig-Holstein	1947	53.359	5,0	–
	1950	92.466	7,1	8
	1954	89.415	7,5	5
	1958	65.140	5,4	3
	1962	90.310	7,9	5
	1967	72.589	5,9	4
	1971	54.099	3,8	–
	1975	107.042	7,1	5
	1979	90.131	5,7	4
	1983	35.823	2,2	–

a) Als Demokratische Partei.
b) Als Demokratische Volkspartei (DVP).
c) Als Demokratische Volkspartei (DVP).
d) Als FDP/DVP.
e) Als Liberal-Demokratische Partei Deutschlands (LDP).
f) Die Bremer Demokratische Volkspartei (BDV) erhielt 30.541 Stimmen (14,0 %) und 15 Mandate, die FDP 11.998 Stimmen (5,4 %) und 2 Mandate.
g) Als BDV.
h) Gemeinsame Kandidatur mit der CDU als Vaterstädtischer Bund Hamburg (VHB). Der VHB erhielt 272.649 Stimmen (34,5 %) und 40 Mandate.
i) Gemeinsame Kandidatur mit CDU und Deutscher Partei als Hamburg Block (HB). Der HB erzielte 504.084 (50,0 %) Stimmen und 62 Mandate.
j) Als Liberaldemokratische Partei Deutschlands (LDP).
k) Wahlbündnis mit dem Gesamtdeutschen Block/BHE

Sozialstruktur der FDP-Wähler bei drei Bundestagswahlen* (in % der jeweiligen Strukturgruppen)

Bundestagswahl	1976	1980	1983
1. Beruf des Haushaltungsvorstandes:			
– ungel. Arbeiter	2	6	3
– gel. Arbeiter	6	11	2
– bis mittl. Angestellte u. Beamte	10	15	4
– leitende Ang. u. Beamte	14	10	3
– kleine u. mittl. Selbständige	5	13	11
2. Konfession			
– katholisch	4	7	5
– nicht-katholisch	11	16	5
3. Kirchenbindung			
– stark	4	9	5
– mäßig	9	14	5
– keine	7	12	4

FDP-Wähler 1983 nach Geschlecht und Alter** (in % der gültigen Zweitstimmen)

Altersgruppe (Jahre)	Männer	Frauen
18–24	5,4	5,2
25–34	6,3	6,2
35–44	8,8	8,3
45–59	8,0	6,7
60 und älter	6,8	5,4

* Aus Manfred Berger/Wolfgang G. Gibowski/Dieter Roth/Wolfgang Schulte (Forschungsgruppe Wahlen e.V., Mannheim), Regierungskrise und politische Einstellungen. Eine Analyse der Bundestagswahlen 1983; in: Zeitschrift für Parlamentsfragen, H. 4/1984, S. 578 und 580.

** Ebd., S. 559.

Die FDP in den Bundeskabinetten

Amtsperiode	Koalition	Anz. d. Ressorts	Vizekanzler (VK) Minister
1949–1953	CDU/CSU, FDP, DP	3	Franz Blücher (VK) Thomas Dehler Eberhard Wildermuth (b. 52) Fritz Neumayer (ab 52)
1953–1957 (ab Febr. 56: FVP)	CDU/CSU, FDP, GB/BHE, DP	4	Franz Blücher (VK) Fritz Neumayer (b. 56) Victor Emanuel Preusker Hermann Schäfer (ab 55/56)
1961–1963	CDU/CSU, FDP	5	Wolfgang Stammberger (b. 62) Ewald Bucher (ab 62) Heinz Starke (b. 62) Rolf Dahlgrün (ab 62) Wolfgang Mischnik Hans Lenz Walter Scheel
1963–1965	CDU/CSU, FDP	5	Erich Mende (VK) Ewald Bucher (b. 65) Rolf Dahlgrün Hans Lenz Walter Scheel
1965–1966	CDU/CSU, FDP	4	Erich Mende (VK) Ewald Bucher Rolf Dahlgrün Walter Scheel
1969–1972	SPD, FDP	3	Walter Scheel (VK) Hans-Dietrich Genscher Josef Ertl
1972–1976	SPD, FDP	4	Walter Scheel (VK) (b. 74) Hans-Dietrich Genscher (VK ab 74) Hans Friderichs Josef Ertl Werner Maihofer
1976–1980	SPD, FDP	4	Hans-Dietrich Genscher (VK) Werner Maihofer (b. 78) Gerhart R. Baum (ab 78) Hans Friderichs (b. 77) Otto Graf Lambsdorff (ab 77) Josef Ertl
1980–1982	SPD, FDP	4	Hans-Dietrich Genscher (VK) Gerhart R. Baum Otto Graf Lambsdorff Josef Ertl
1982–1983	CDU/CSU, FDP	3	Hans-Dietrich Genscher (VK) Otto Graf Lambsdorff Hans A. Engelhard
ab 1983	CDU/CSU, FDP	3	Hans-Dietrich Genscher (VK) Otto Graf Lambsdorff (b. 84) Martin Bangemann (ab 84) Hans. A. Engelhard

Die FDP (BDV, DP, DPS, DVP, LDP) in den Kabinetten der Länder

Bundesland	Amtsperiode	Koalition	Ministerpräsident (MP) Bürgermeister, Minister Senator
(Süd-) Baden	1945/46	Direktiorium	Paul Haußer
	1946/47	Staatssekretariat	Paul Waeldin
(Süd-)Württemberg Hohenzollern	1946/47	Staatssekretariat	Eberhard Wildemuth
	1947–49	CDU, SPD, DVP	Eberhard Wildemuth
(Nord-)Württemberg-(Nord-)Baden	1945/46	CDU, DVP, KPD, SPD	Reinhold Maier (MP) Theodor Heuss (bis 1946)
	1946–51	CDU, DVP, KPD (bis 1948), SPD	Reinhold Maier (MP) Edmund Kaufmann (ab 1949)
	1951/52	DVP, SPD	Reinhold Maier (MP) Karl Frank Friedrich Hermann
Baden-Württemberg	1952/53	DVP, GB/BHE, SPD	Reinhold Maier (MP) Karl Frank Friedrich Hermann Edmund Kaufmann
	1953–56	CDU, DVP, GB/BHE, SPD	Wolfgang Haußmann Karl Frank
	1956–60	CDU, DVP, GB/BHE, SPD	Wolfgang Haußmann Karl Frank
	1960–64	CDU, DVP, GB/BHE	Wolfgang Haußmann Hermann Müller Eduard Leuze
	1964–66	CDU, DVP	Wolfgang Haußmann Hermann Müller Eduard Leuze
Bayern	1954–57	BP, GB/BHE, SPD	Otto Bezold
	1957/58	CSU, FDP, GB/BHE	Otto Bezold
	1958–62	CSU, FDP, GB/BHE	Albrecht Haas
Berlin	1946–49	CDU, LDP, SED, SPD	Carl Delius (bis 1947) Hugo Holthöfer Bruno Harms
	1949–51	CDU, LDP, SPD	Hugo Holthöfer Marie-Elisabeth Lüders Walter Conrad
	1951–55	CDU, FDP, SPD	Walter Conrad (bis 1954) Wilhelm Eich Hugo Holthöfer Karl Mahler (bis 1953) Hermann Fischer (ab 1953) Heinz Ullmann (ab 1953)
	1963–67	FDP, SPD	Wolfgang Kirsch Hans-Günter Hoppe Gerhardt Habenicht
	1967–71	FDP, SPD	Hans-Günter Hoppe
	1975–77	FDP, SPD	Hermann Oxfort (bis 1976)

Bundesland	Amtsperiode	Koalition	Ministerpräsident (MP) Bürgermeister, Minister Senator
Berlin			Walter Rasch
			Wolfgang Lüder
			Jürgen Baumann (ab 1976)
	1977–79	FDP, SPD	Wolfgang Lüder
			Jürgen Baumann (bis 1978)
			Gerhard Meyer (ab 1978)
			Walter Rasch
	1979–81	FDP, SPD	Wolfgang Lüder
			Gerhard Meyer
			Walter Rasch
	1981	FDP, SPD	Guido Brunner
			Walter Rasch
			Gerhard Meyer
	1983–85	FDP, CDU	Hermann Oxfort
			Horst Vetter
	ab 1985	FDP, CDU	Horst Vetter (bis 1986)
			Günter Rexrodt
			Cornelia Schmalz-Jakobsen
			Jürgen Starnick (ab 1986)
Bremen	1945/46	BDV, KPD, SPD	Theodor Spitta
			Hermann Wenhold (bis 1946)
			Hermann Apelt
			Gustav Wilhelm Harmssen
	1946–48	BDV, KPD, SPD	Theodor Spitta
			Gustav Wilhelm Harmssen
			Hermann Apelt
	1948–51	BDV/FDP, SPD	Theodor Spitta
			Hans A. F.Meineke
			Hermann Apelt
			Wilhelm Nolting-Hauff
			Gustav Wilhelm Harmssen
			Erhard Heldmann
	1951–55	CDU, FDP, SPD	Theodor Spitta
			Hermann Apelt
			Wilhelm Nolting-Hauff
			Gustav Wilhelm Harmssen (bis 1953)
			Ludwig Helmken (ab 1953)
	1955–59	CDU, FDP, SPD	Ludwig Helmken
	1959–63	FDP, SPD	Georg Borttscheller
			Ulrich Graf
			Wilhelm Nolting-Hauff (bis 1962)
			Johann Diedrich Noltenius (ab 1962)
	1963–67	FDP, SPD	Georg Borttscheller
			Ulrich Graf
			Johann Diedrich Noltenius (bis 1966)

Bundesland	Amtsperiode	Koalition	Ministerpräsident Minister
Bremen			Rolf Speckmann (ab 1966)
	1967–71	FDP, SPD	Georg Borttscheller Ulrich Graf Rolf Speckmann
Hamburg	1946	CDU, FDP, KPD, SPD	Hans-Harder Biermann-Ratjen
	1946–50	FDP, KPD (bis 1948), SPD	Christian Koch Ludwig Hartenfels (bis 1949)
	1953–57	Hamburg-Block (CDU, DP, FDP)	Edgard Engelhard Johannes Büll (1954) Ernst Plate Hans-Harder Biermann-Ratjen Emilie Kiep-Alternloh (ab 1954)
	1957–61	FDP, SPD	Edgard Engelhard Emilie Kiep-Altenloh Hans-Harder Biermann-Ratjen
	1961–66	FDP, SPD	Edgard Engelhard Peter-Heinz Müller-Link Hans-Harder Biermann-Ratjen
	1970–74	FDP, SPD	Hans Rau (bis 1973) Reinhard Philipp
	1974–78	FDP, SPD	Dieter Biallas Ulrich Klug (bis 1977) Gerhard Meyer (ab 1977)
Hessen	1945/46	CDU, KPD, LDP, SPD	Rudolf Mueller
	1970–74	FDP, SPD	Heinz-Herbert Karry Hanns-Heinz Bielefeld
	1974–78	FDP, SPD	Heinz-Herbert Karry Hanns-Heinz Bielefeld (bis 1976) Ekkehard Gries (ab 1976)
	1978–1982	FDP, SPD	Ekkehard Gries Heinz-Herbert Karry, († 11.5.1981) Klaus-Jürgen Hoffie (ab 1981)
Oldenburg	1946	CDU, FDP, SPD	Theodor Tantzen (MP)
Hannover	1946	FDP, KPD, NLP, SPD	Wilhelm Heile
Niedersachsen	1946/47	CDU, FDP, NLP, SPD	Theodor Tantzen Ernst Martens
	1947/48	CDU, DP, DZP, FDP, SPD	Johannes Alberts
	1955/57	CDU, DP, GB/BHE	Leonhard Schlüter (bis 1955)

Bundesland	Amtsperiode	Koalition	Ministerpräsident Minister
Niedersachsen			Richard Tantzen (bis 1956)
			Arvid v. Nottbek (ab 1956)
			Konrad Mälzig
	1959–63	FDP, GB/BHE, SPD	Carlo Graaff
			Arvid von Nottbek
	1963–65	FDP, SPD	Carlo Graaff
			Johann Eilers
			Hans Mühlenfeld
			Arvid v. Nottbek
	1974–76	FDP, SPD	Rötger Gross
			Erich Küpker
	1977–78	CDU, FDP	Rötger Gross
			Erich Küpker
	ab 1986	CDU, FDP	Walter Hirche
			Heinrich Jürgens
Nordrhein-Westfalen	1946	DZP, FDP, KPD, SPD	Franz Blücher
	1946/47	CDU, KZP, FDP, KPD, SPD	Franz Blücher
	1954–56	CDU, DZP, FDP	Friedrich Middelhauve
			Willi Weyer
	1956–58	DZP, FDP, SPD	Willi Weyer
			Paul Luchtenberg
			Hermann Kohlhase
			Josef Effertz
	1962–66	CDU, FDP	Willi Weyer
			Gerhard Kienbaum
	1966	CDU, FDP	Willi Weyer
			Gerhard Kienbaum
	1966–70	FDP, SPD	Willi Weyer
			Hermann Kohlhase
	1970–75	FDP, SPD	Willi Weyer
			Horst-Ludwig Riemer
	1975–80	FDP, SPD	Horst-Ludwig Riemer (bis 1979)
			Burkhard Hirsch
			Liselotte Funcke (ab 1979)
Rheinland-Pfalz	1947/48	CDU, FDP, KPD, SPD	Fritz Neumayer
	1951–55	CDU, FDP	Bruno Becher
			Wilhelm Nowack
	1955–59	CDU, FDP	Bruno Becher
			Wilhelm Nowack (bis 1958)
			Hans-Georg Dahlgrün
	1959–63	CDU, FDP	Fritz Glahn
	1963–67	CDU, FDP	Fritz Schneider
			Fritz Glahn (bis 1966)
			Hermann Eicher (ab 1966)
	1967–71	CDU, FDP	Hermann Eicher
			Fritz Schneider

Bundesland	Amtsperiode	Koalition	Ministerpräsident Minister
Saarland	1956	CDU, DPS, SPD	Fritz Schuster Erich Schwertner
	1957–59	CDU, DPS, SPD	Heinrich Schneider Erich Schwertner
	1961–65	CDU, FDP/DPS	Arthur Heitschmidt (bis 1963) Paul Simonis
	1965–70	CDU, FDP/DPS	Paul Simonis Reinhard Koch
	1977–80	CDU, FDP	Rosemarie Scheurlen Werner Klumpp
Schleswig-Holstein	1950/51	BHE, CDU, DP, FDP	Hermann Andersen
	1951	CDU, FDP	Hermann Andersen
	1951/52	CDU, DP, FDP, GB/BHE	Hermann Andersen
	1954–58	CDU, FDP, GB/BHE	Bernhard Leverenz
	1958–62	CDU, FDP	Bernhard Leverenz
	1963–67	CDU, FDP	Hans-Hellmut Qualen Bernhard Leverenz
	1967–70	CDU, FDP	Hans-Hellmut Qualen Otto Eisenmann

Nach: Anna-Christine Storbeck, Die Regierungen des Bundes und der Länder seit 1949, München 1970, Ergänzungsband 1973; Handbücher der Landtage.

Zukunftschance Freiheit

Liberales Manifest für eine Gesellschaft im Umbruch

beschlossen vom Bundesparteitag der F.D.P.
am 23./24. Februar 1985 in Saarbrücken

Liberales Manifest für eine Gesellschaft im Umbruch

Zukunftschance Freiheit

I. Freiheit ist unser Auftrag

Unser Land steht vor großen Herausforderungen. Überall deuten sich Umwälzungen an, mit denen die dritte industrielle Revolution den Weg in die Informationsgesellschaft der Zukunft öffnet.

Gegen alle Katastrophenfurcht und Zukunftsängsten setzen die Liberalen das Vertrauen in die Fähigkeit des Menschen, aus eigener Verantwortung eine freie, friedliche und sozial gerechte Welt zu gestalten.

Nie zuvor waren die Möglichkeiten für eine Zukunft mit mehr persönlicher Freiheit größer als heute. Doch unsere Gesellschaft steckt in einer Krise der Institutionen und Wertorientierungen. Der Einzelne steht vor den Folgen einer Politik, die mehr Gleichheit und Glück will, aber oft mehr Unmündigkeit, Anonymität und Bürokratie bewirkt. Die Grenzen umfassender Vorsorge und Wohlfahrt durch den Staat sind doppelt sichtbar geworden: Die Finanzierung der sozialen Sicherheit ist gefährdet. Die Bürokratisierung menschlichen Schicksals droht Individualität, Freiheit und persönliche Verantwortung zu ersticken. Eine Politik, die alles Heil zuerst im Staat sucht, kann die Zukunft nicht bewältigen.

Wir Liberalen wollen eine Politik, die den Einzelnen in den Mittelpunkt von Staat, Wirtschaft und Gesellschaft stellt und die größtmögliche Freiheit jedes einzelnen Bürgers verwirklicht. Wir wollen die modernen Ketten abstreifen, die unsere Freiheit immer mehr abschnüren. Wir machen Ernst mit dem Kampf gegen Bürokratie, Bevormundung, Vorurteile und Gängelei, gegen die Freiheitsverweigerung von rechts und links, gegen konservatives, sozialistisches und grünes Ordnungs- und Planungsdenken.

Nur eine konsequente Politik für die Freiheit des Einzelnen sorgt auch für die Freiheit der vielen. Wer selbst wirklich frei ist, wird den notwendigen Respekt vor der Freiheit der anderen entwickeln, wird zu einer aktiven Toleranz fähig, die nicht nur leben läßt, sondern durch eigenes Handeln zur Beseitigung von Bevormundungen und Abhängigkeiten, zum Abbau von Vorurteilen und zur gleichberechtigten Teilhabe aller beiträgt.

Wir sagen dem Bürger: Es gibt keine Freiheit ohne Bindung. Persönliche Freiheit und soziale Verantwortung sind untrennbar. Zur Freiheit gehört die Bereitschaft des Einzelnen, für sich und andere Verantwortung zu übernehmen und Leistung zu erbringen. Die Freiheit des Einzelnen ist gerade in der heutigen Zeit des Strukturwandels und der großen technischen Neuerungen der Ausgangspunkt dafür, daß unsere

Gesellschaft sich frei, offen und solidarisch entwickeln kann. Nur wenn sich Leistung für den Einzelnen lohnt, kann die soziale Sicherheit für alle finanziert werden.

Die Liberalen waren es, die den Rechtsstaat erkämpft haben. Sie sind es auch, die ihn am besten verteidigen und weiterentwickeln können. Das ist heute wichtiger als in früheren Zeiten, in denen sich die Staatstätigkeit auf einige wenige Aufgaben beschränkte. Gewachsene Staatsaufgaben erfordern zunehmende Wächterstellung der Liberalen, sonst bleiben die Bürgerrechte auf der Strecke, sonst werden Bürger- und Freiheitsrechte entweder den Sozialutopien oder autoritärem Staatsdenken geopfert.

Mit diesem gesellschaftspolitischen Manifest knüpft die F.D.P. an die Freiburger Thesen von 1971 an — das Programm größtmöglicher Freiheit des einzelnen Menschen, seiner Würde und Selbstbestimmung in Staat, Wirtschaft und Gesellschaft — und gibt Antworten auf neue Herausforderungen.

Im Freiburger Programm der F.D.P. von 1971 wird der Staat nicht mehr nur als Garant der individuellen Freiheit, sondern auch von Gerechtigkeit im Sinne eines freiheitlichen Sozialstaates verstanden. Die F.D.P. bekräftigt die Grundposition der Freiburger Thesen, den Einzelnen nicht nur als Individuum, sondern zugleich in seiner sozialen Identität zu sehen.

Wir rufen alle dazu auf, mit uns gemeinsam für mehr Freiheit und mehr Lebenschancen, für den inneren Frieden in unserem Land zu kämpfen, ebenso wie für den äußeren Frieden — denn ohne Frieden ist alles nichts. Die Zukunft ist nicht unabänderlich; wir können sie gestalten. Die Zukunftschance Freiheit muß genutzt werden.

II. Chancen und Gefahren unserer Zukunft

Viele Spekulationen bestimmen heute das Denken über unsere Zukunft. Optimistischen Zukunftsbildern stehen zahllose düstere Visionen gegenüber. Alle diese Voraussagen leiden darunter, daß sie den gestaltenden menschlichen Eingriff vernachlässigen und häufig nur schematische Fortschreibungen darstellen. Wohl aber lassen sich Entwicklungen erkennen, die bei den politischen Antworten heute zu berücksichtigen sind:

Die schnelle wissenschaftlich-technische Entwicklung verändert Wirtschaft und Gesellschaft grundlegend. Sie schafft neue Wirtschaftsstrukturen und ermöglicht immer effizientere und arbeitskraftsparendere Produktionsverfahren, die zugleich rohstoff- und umweltschonender sind. Der internationale Wettbewerb zwingt die Bundesrepublik Deutschland zu immer neuen technologischen Spitzenleistungen. Die vermeintlichen und tatsächlichen Gefahren moderner Technologien lösen Zukunftsängste aus. Die Beherrschbarkeit heutiger und künftiger Technik und ihre ethischen Dimensionen werden zur zentralen Herausforderung und zum Mittelpunkt der gesellschaftlichen Diskussion. Die Geschwindigkeit des technischen Fortschritts stellt zusätzliche Anforderungen an die oft zu langsamen staatlichen Entscheidungsprozesse.

Die Arbeit und ihre Bedeutung im Leben der Menschen wandelt sich. Die technische Entwicklung verändert die Arbeit in Zeiten, Inhalten und Abläufen. Die Chancen für eine individuellere Gestaltung der Arbeit werden größer. Gleichzeitig wird die starre Trennung von Lernen, Arbeit und Ruhestand immer weniger den menschlichen und wirtschaftlichen Bedürfnissen gerecht. Die Menschen wollen sich zunehmend auch außerhalb des Arbeitslebens verwirklichen. Der Rückgang der deutschen Bevölkerung verändert die Altersstruktur erheblich.

Die sozialen Strukturen verändern sich durch die schnelle Entwicklung der Produktions- und Informationstechniken und durch den Bewußtseinswandel. Die Systeme sozialer Sicherung konnten in den letzten Jahrzehnten entscheidend verbessert werden. Dabei sind aber auch die Gefahren der Vereinsamung, der Bevormundung und des Mißbrauchs größer geworden. Der Bedeutungsverlust herkömmlicher sozialer Bindungen sowie wachsender Gruppenegoismus sind Ursachen für die Abnahme zwischenmenschlicher Kommunikation, für Einsamkeit und Vereinzelung. Werte wie Liebe, Mitleid, Zuwendung, Toleranz und gegenseitige Achtung können geschwächt werden; Aggressivität, Vorteilsdenken und Mutlosigkeit hingegen an Bedeutung gewinnen.

Trotz wachsender Umweltschutzanstrengungen besteht die Gefährdung unserer natürlichen Lebensgrundlagen weiter. Das steigende Umweltbewußtsein führt dazu, daß die Menschen auch im persönlichen Bereich ihr Verhalten ändern. Die Bereitschaft wächst, sich für praktische Verbesserungen der Umwelt persönlich einzusetzen. Der Mensch begreift sich immer mehr als Teil der Natur und erkennt immer stärker die komplexen Vernetzungen in unserer Umwelt. Aber zugleich stößt der Einzelne wie der nationale Staat zunehmend an Grenzen der eigenen Gestaltungsmöglichkeiten.

Regionale und weltweite, soziale und wirtschaftliche Ungleichgewichte zwischen Industrieländern und der Dritten Welt nehmen zu. Wettrüsten und der Ost-West-Gegensatz gefährden die Entwicklungsländer ebenso wie die Bundesrepublik. Kriege, Bevölkerungsexplosionen, Hungerkrisen und ökologische Fehlentwicklungen in der Dritten Welt ebenso wie Verteilungskonflikte in Entwicklungsländern und zwischen armen und reichen Ländern werden uns immer mehr berühren und Zugeständnisse von uns verlangen.

Diese Herausforderungen werden von aktiven und veränderungsbereiten Gesellschaften besser bewältigt.

III. Mehr Freiheit und Selbstbestimmung in allen Lebenskreisen

Wir müssen die politischen Voraussetzungen für den Übergang von der anonymen Massengesellschaft zu einer an der Persönlichkeit orientierten und dezentralisierten Gemeinschaft schaffen. In ihr hat der Einzelne den Freiraum zur sinnvollen Lebensgestaltung, zur Selbsthilfe, zur Nachbarschaftshilfe, zur Eigenverantwortung und Mitsprache. Die Liberalen fordern zum Mut auf, die Vernunft zu gebrauchen, zum Mut, sich der Zukunft zu stellen. Der Angst vor dem Fortschritt, dem Zögern und Zaudern setzen wir eine Gesellschaft aktiver Bürger entgegen.

Freiheit ist nie endgültig sicher. Sie ist immer wieder und überall neu zu erstreiten und zu sichern. Wir wollen die größtmögliche Freiheit des Einzelnen und die daraus erwachsende Verantwortung für die Gesellschaft. Deshalb gehen wir bei unseren politischen Antworten von den Lebenskreisen des Einzelnen aus:

- seiner Persönlichkeit
- seiner Beziehung zur Natur
- seinen Tätigkeiten
- seinem sozialen Umfeld und
- seiner Stellung gegenüber Institutionen und Staat.

Die Freiheit des Einzelnen hat dort ihre Grenzen, wo die Freiheit anderer beeinträchtigt wird.

Liberale Politik will mehr Freiheit und Selbstbestimmung in allen Lebenskreisen — denn Freiheit ist unteilbar.

1. Der Einzelne und seine Persönlichkeit

Jeder Mensch braucht einen unverletzbaren privaten Bereich, den er selbständig gestalten kann.

Der Einzelne braucht Gemeinschaft, aber auch eine geschützte Privatsphäre. Sein persönlicher Freiraum muß gegen zunehmende Bevormundung und Einmischung gesichert und ausgebaut werden. Deshalb sind die klassischen Persönlichkeitsrechte durch mehr Datenschutz zu ergänzen. Der Bürger selbst muß über Preisgabe und Verwendung seiner personenbezogenen Daten entscheiden können.

Die Privatsphäre des Einzelnen muß auch vor den Medien geschützt werden. Das Informationsrecht der Öffentlichkeit hat gegenüber dem Schutz vor Entblößung und ruinöser Berichterstattung zurückzustehen.

Der Einzelne muß sich frei und unüberwacht bewegen können.

Dem Druck zur Uniformität setzen die Liberalen das Recht auf Individualität entgegen. Jeder muß seine Lebensweise frei und ohne Diskriminierung wählen können.

Nicht der Staat, nicht die Gesellschaft, sondern die Bürger selbst sollen ihr Leben gestalten, um so in persönlichen freigewählten Bindungen Lebenschancen wahrnehmen und zur Entwicklung des Gemeinwesens beitragen zu können.

Einen genetisch manipulierten Menschen darf es nicht geben.

Bio- und Gentechnik eröffnen der Menschheit große Chancen im Kampf gegen Hunger, Krankheit und Umweltverschmutzung. Grenzen sind dort erforderlich, wo Menschenwürde, Individualität und natürliche Lebensgrundlagen gefährdet sind.

Menschenschutz muß ein neues Feld der Politik werden und die technische Weiterentwicklung begleiten sowie rechtzeitig für die notwendigen rechtlichen Sicherungen sorgen. Dazu sind begleitende Risikoforschung und Technologiefolgenabschätzung auch auf europäischer Ebene unerläßlich; die Instrumente zur Genehmigung und Prüfung gentechnologischer Forschung und Anwendung müssen weiterentwickelt werden.

Die Fortentwicklung der Medien soll mehr Kommunikation und Meinungsvielfalt bringen; wir wollen keine Medienmonopole.

Nicht der Staat, sondern der einzelne Bürgersoll entscheiden, was er sehen, hören und lesen will. Der Medienbereich ist deshalb von staatlichen Ge- und Verboten möglichst weitgehend freizuhalten.

Notwendig sind jedoch Rahmenbedingungen, die ein Gleichgewicht zwischen freier Presse, öffentlichen Anstalten und privaten Anbietern herstellen. Hierzu bedarf es vor allem für den Bereich der neuen Medien verbesserter Möglichkeiten der Fusionskontrolle. Medienvielfalt wird Freiheit, Selbstbestimmung und Selbstverantwortung des Einzelnen stärken und mehr Mitwirkungschancen schaffen.

Jungen Menschen müssen dazu die Gefahren eine unreflektierten Konsums der Medien bewußt gemacht werden. Menschenverachtende Darstellungen müssen vor allem durch Selbstkontrolle in den verschiedenen Medienbereichen bekämpft werden, die viel wirksamer als der Staat für einen ethischen Mindestrahmen sorgen kann.

Die freie Entfaltung der Persönlichkeit muß durch Vielfalt in der Bildung und die gerechte Chance zur Entwicklung individueller Neigung und Begabung unterstützt werden.

Bildung ist ein Wert an sich. Sie ist Bürgerrecht und Aufstiegschance zugleich. Nicht nur formale Wissensvermittlung und Ausbildung, sondern ebenso Erziehung zur Freiheit, Toleranz und Selbstverantwortung, zu Kreativität und demokratischem Verhalten ist das liberale Bildungsziel.

Die Reform unseres Bildungswesens ist inhaltlich und organisatorisch erstarrt, sie braucht den freien Wettbewerb der Ideen. Wir wollen mehr Chancen für freie Bildungsträger.

Die neuen Medien und Technologien und die damit verbundenen gesellschaftlichen Veränderungen müssen in den Unterricht aufgenommen werden. Die bürokratische Gängelung in Schulen und Hochschulen muß abgebaut und die Selbstbestimmung der Eltern, Lehrenden und Lernenden verbessert werden. Der freie Zugang zu allen Bildungseinrichtungen muß gewährleistet bleiben.

Für die Liberalen sind Breiten- und Hochbegabtenförderung unerläßlich. Chancengleichheit heißt gleiche Chancen am Start, nicht Garantie der Erfolgsgleichheit am Ziel.

Die Gleichwertigkeit von akademischer und beruflicher Bildung ist noch keineswegs erreicht. Gerade die Sicherung der Ausbildungschancen für den jungen Menschen erfordert eine Verbesserung und Aufwertung der beruflichen Bildung. Ebenso muß angesichts des Vordringens neuer Technologien für jeden die Chance eröffnet werden, an einer qualifizierten allgemeinen, beruflichen und innerbetrieblichen Weiterbildung teilzunehmen.

Wir wollen mehr Freiheit für die Kultur.

Der liberale Staat enthält sich jeder Bevormundung und greift nicht zensierend in das Kunst- und Kulturleben ein. Er gibt Raum für neuartige und experimentelle Kulturformen. Er unterstützt die freie Initiative auch außerhalb staatlicher Kultureinrichtungen.

Kunst und Kultur gewinnen zunehmend an Bedeutung für Lebenserfüllung und Selbstfindung — auch in neuen Formen außerhalb des traditionellen Kulturbegriffes. Liberale werden dazu beitragen, daß die Rahmenbedingungen für Kunst und Kultur weiter verbessert werden.

2. Der Einzelne und seine Umwelt

Mehr Aufklärung und Mitgestaltung des Einzelnen, aber auch vorbildliches Handeln des Staates müssen bewirken, daß sich die Menschen als Teil der Natur verstehen.

Nicht nur der Staat und die Wirtschaft, sondern auch der einzelne Bürger steht in einer ökologischen Verantwortung. Er muß davon überzeugt werden, daß eine funktionsfähige Natur Voraussetzung für menschliches Leben und Überleben ist. Denn nur dann werden aus eigenem Antrieb die notwendigen Verhaltensänderungen vorgenommen, die kein Staat mit Ge- und Verboten im erforderlichen Umfang bewirken könnte.

Ökologische Zielsetzungen und Inhalte des Umweltschutzes sind weit mehr als bisher in den Unterricht der Schulen aufzunehmen. Im Bereich der Verbraucheraufklärung ist die Umweltfreundlichkeit von Produkten stärker in den Vordergrund zu stellen. Bund, Länder und Gemeinden müssen durch vorbildliches Umweltverhalten zum Bewußtseinswandel beitragen.

Vor jeder die Natur betreffenden Verwaltungsentscheidung ist deren Umweltverträglichkeit zu prüfen. Wir wollen das Recht der Verbandsklage im Naturschutz. Die Forderung unseres Freiburger Programms nach Aufnahme des Umweltschutzes als Staatszielbestimmung im Grundgesetz ist endlich zu verwirklichen. Mehr Umweltschutz ist außerdem durch europäische und internationale Zusammenarbeit zu sichern.

Die Umweltzerstörung muß auch durch eine ökologisch und sozial verpflichtete Marktwirtschaft bekämpft werden.

Grundsatz für das Wirtschaften der Zukunft muß sein, die Umwelt nicht über die Grenze der natürlichen Regenerationsfähigkeit hinaus zu beeinträchtigen oder diese zumindest durch direkte Kompensationsmaßnahmen wiederherzustellen. Umweltgüter wie reine Luft, sauberes Wasser, gesunder Boden und unzerstörte Landschaft sind als knappe Güter zu betrachten. Ihre Nutzung muß in unserem Wirtschaftssystem zum Kostenfaktor werden.

Auch der Umweltschutz braucht mehr Marktwirtschaft. Unsere heutige Umweltpolitik bietet zu wenig ökonomische Anreize, pfleglich und sparsam mit der Natur umzugehen. Das starre staatliche Instrumentarium von Umweltauflagen, das im Rahmen der Vorgaben eine kostenlose Verschmutzung der Umwelt ermöglicht, muß deshalb ergänzt werden. Dazu gehören konsequente Anwendung von Verursacherprinzip und Vorsorgegrundsatz sowie neue marktwirtschaftliche Instrumente wie z.B. Kompensationslösungen, Branchenabkommen oder bestimmte Formen von Emissionsabgaben.

Vom Staat müssen Richtwerte für den Schutz der Umwelt im voraus bestimmt und stufenweise als Zielvorgabe für die notwendigen Maßnahmen und Entwicklungen festgesetzt werden. Die zur Einhaltung der Grenzwerte erforderlichen Maßnahmen und technischen Entwicklungen sind durch steuerliche Anreize zu fördern. Dezentralen Lösungen von Umweltproblemen ist der Vorzug zu geben, sofern sie ökologisch wirksamer und wirtschaftlich vertretbar sind.

Die technische Weiterentwicklung muß in den Dienst des Umweltschutzes gestellt werden.

Technische Entwicklungen haben viele Umweltprobleme geschaffen. Aber nur mit technischer Weiterentwicklung werden wir sie lösen können und zugleich neue Arbeitsplätze in der Bundesrepublik schaffen.

Verantwortungsbewußt angewandt, bietet die Gen- und Biotechnik eine neue Chance für umweltfreundliche und rohstoffschonende Produktionsverfahren. Sie zeigt neue Wege für Schadstoffverringerung, -aufbereitung und -abbau auf.

Wer auf den technischen Fortschritt verzichten will, schadet dem Umweltschutz. Eine moderne Forschungs- und Technologiepolitik ist Voraussetzung für den Schutz unserer natürlichen Lebensgrundlagen. Sie muß den Transfer von Forschungsergebnissen verbessern, für verantwortliche Berücksichtigung der Folgen und ökologischen Risiken technischer Entwicklungen sorgen sowie die Entwicklung umweltfreundlicher Techniken vorantreiben.

3. Der Einzelne und seine Tätigkeiten

Die neuen Techniken müssen das starre Arbeitsleben überwinden helfen, damit der Einzelne Erwerbstätigkeit, Eigenleistung, soziales Engagement und Zeiten der Muße stärker nach seinen eigenen Wünschen gestalten kann.

Neue Kommunikations- und Produktionstechniken bieten Chancen zu mehr Kreativität und Selbstbestimmung im Arbeitsleben und damit für sinnvollere Tätigkeiten. Voraussetzung ist aber, daß sie mehr als bisher auf die individuellen Fähigkeiten des Arbeitenden abgestellt werden. Neue Techniken werden auch die Arbeitsorganisation dezentralisieren; die Mitwirkungsrechte des Einzelnen am Arbeitsplatz sind entsprechend auszugestalten.

Die damit verbundene Möglichkeit eines individuellen Zuschnitts der Arbeit soll eine partnerschaftliche Aufteilung der Aufgaben in Beruf und Familie erleichtern. Sozial- und arbeitsrechtliche Vorschriften dürfen Teilzeitarbeit nicht erschweren. Aus dem Betrieb in den Wohnbereich verlagerte Arbeitsplätze müssen arbeitsrechtlich unter gleichwertigem Schutz stehen. Wir fordern den Ausbau der Mitwirkungsrechte, um der neuen Arbeitsorganisation Rechnung zu tragen. Aber auch insgesamt muß die Mitbestimmung verbessert werden, z.B. durch gesetzliche Absicherung der Sprecherausschüsse für Leitende Angestellte und Einrichtung von betrieblichen Arbeitsgruppen.

Mehr wirtschaftliche Mitbeteiligung und Vermögensbildung soll die Verantwortung und Unabhängigkeit des Einzelnen zusätzlich stärken.

Arbeitslosigkeit bedroht die Freiheit des Einzelnen und die demokratische und soziale Stabilität; sie muß durch konsequente marktwirtschaftliche Politik bekämpft werden.

Die Überwindung der Arbeitslosigkeit ist nicht allein ein individuelles Problem der Arbeitslosen, sondern ein Problem der gesamten Gesellschaft. Das Zusammengehörigkeits- und Verantwortungsgefühl von Arbeitsplatzbesitzenden mit Arbeitslosen ist gefordert.

Zur Linderung der Arbeitslosigkeit sind verschiedene Maßnahmen notwendig. Die Arbeitslosigkeit kann dauerhaft nur in einer marktwirtschaftlichen Ordnung überwunden werden. In der Marktwirtschaft entfalten sich die dynamischen Kräfte der Gesellschaft am wirkungsvollsten. Individuelle Freiheit und wirtschaftlicher Fortschritt werden so gleichermaßen verwirklicht. Entstandene Verkrustungen im marktwirtschaftlichen System müssen auf allen Märkten — auch auf dem Arbeitsmarkt — beseitigt werden. Das Verhältnis von Arbeitskosten (Löhne und Abgaben) zu Kapitalkosten muß günstiger werden, damit Schwarzarbeit eingedämmt und mehr Arbeit nachgefragt wird. Wir fordern energische Maßnahmen gegen Protektionismus und Monopolbildung, die konsequente Wiederherstellung der Märkte und Abbau von Reglementierungen.

Eigeninitiative und Risikobereitschaft sind Voraussetzung für die Überwindung der Arbeitslosigkeit. Durch eine weitere Verbesserung der Investitionsbedingungen muß die Wettbewerbs- und Innovationsfähigkeit der deutschen Wirtschaft gestärkt werden. Dazu müssen wir die Staatsverschuldung abbauen, die Subventionen schrittweise linear zurückführen, bisher vom Staat vorgenommene wirtschaftliche Tätigkeiten privatisieren und generell die Bürokratie eindämmen.

Auch auf der Ebene der Europäischen Gemeinschaft müssen alle bürokratischen, technischen und sonstigen Handelshemmnisse endlich beseitigt werden, damit sich unsere Wirtschaft die Chancen des Gemeinsamen Marktes voll zunutze machen und dadurch Arbeitsplätze schaffen und erhalten kann.

Eine innovative Mittelstandspolitik muß neue Arbeitsplätze schaffen. Der Weg in die Selbständigkeit muß erleichtert werden.

Unsere Gesellschaft gibt dem Einzelnen um so mehr Freiraum, je vielfältiger sie ist, je unabhängiger die Entscheidungszentren sind, je mehr Mittel- und Kleinbetriebe und selbständige Existenzen es gibt. Gerade die kleinen und mittleren Unternehmen in Handwerk, Industrie und Handel sowie die in den freien Berufen Tätigen beweisen Bereitschaft zu Innovation und zum Risiko und schaffen viele neue Arbeitsplätze.
Zur Sicherung wettbewerbsfähiger Strukturen in der Wirtschaft müssen Konzentrationsprozesse, die den Einzelnen in seiner Existenz bedrohen, vermieden werden. Eine liberale Mittelstandspolitik ist auf die Vermeidung von Wettbewerbsnachteilen für kleine und mittlere Unternehmen bedacht. Großindustrie darf nicht bevorzugt, alle wirtschaftlich Tätigen sollen gleichbehandelt werden.

Wir fordern eine grundlegende Vereinfachung des Steuerrechts, die Abschaffung der Gewerbesteuer bei gleichzeitigem Ausgleich mit eigenem Heberecht für die Kommunen, mehr Existenzgründungshilfen, Verbesserung des Forschungstransfers und der Rahmenbedingungen zur Risikokapitalbildung.

Fairer Leistungswettbewerb muß gesichert werden. Insbesondere sind die kleinen Betriebe gegen Mißbrauch von Marktmacht auch der öffentlichen Hand zu schützen.

Der technische Fortschritt, eine längere Lebenserwartung und kürzere Arbeitszeit erfordern die Überwindung der strikten Trennung der Lebensabschnitte in Ausbildung, Arbeitsleben und Ruhestand.

Der Strukturwandel kann nur mit der Bereitschaft zu lebenslanger Weiterbildung innerhalb und außerhalb des Berufs, durch Umschulung und Mobilität bei der Arbeitsplatzwahl bewältigt werden. Teilzeitarbeit und arbeitsfreie Jahre schaffen die Voraussetzung dafür. Im Beruf wie in Zeiten der Arbeitslosigkeit müssen Weiterbildungsangebote gerade für zukunftsträchtige Tätigkeiten verstärkt werden.

Lebenslanges Lernen dient der freien Entfaltung des einzelnen Menschen, gibt ihm die Freiheit zu beruflicher Veränderung, zu sinnvoller Gestaltung seiner Freizeit, zur Wahrnehmung sozialer Verantwortung, eben zu bewußter, eigenverantwortlicher Lebensgestaltung.

4. Der Einzelne und sein soziales Umfeld

Kleine soziale Netze müssen die Solidargemeinschaften ergänzen und die Sozialbürokratie eindämmen.

Freiheit bedarf einer sozialen Grundsicherung. Wir bekennen uns zur gemeinschaftlichen Sicherung gegen individuelle Not. Der anonyme Versorgungsstaat aber lähmt die eigene Initiative und Bereitschaft, für sich und andere Verantwortung zu tragen. Wir wollen deshalb mehr Freiraum für Eigenvorsorge und Eigenverantwortung, Selbstbeteiligung und Stärkung des Versicherungsprinzips schaffen. Durch Beiträge finanzierte soziale Sicherung verdient Vertrauensschutz.

Unser Gesundheitswesen droht unbezahlbar zu werden. Es muß deshalb wirtschaftlicher gestaltet werden. Drängende soziale Probleme wie Pflegefälle und Altenbetreuung werden besser durch die Stärkung kleiner sozialer Netze mit Aufwandsentschädigung und steuerlicher Begünstigung gelöst.

Praktische Solidarität, Mitmenschlichkeit und freiwillige soziale Dienste müssen — neben dem Ausbau ambulanter professioneller Dienste — eine stärkere Bedeutung erlangen. Mit mehr nachbarschaftlicher Sorge für ältere und kranke Mitbürger, Selbsthilfegruppen, Arbeiten in den Wohnquartieren zur Verbesserung der Lebensbedingungen und der Umwelt können wir das Leben aller, auch der ausländischen Mitbürger, menschlicher und freier gestalten als durch staatliche Maßnahmen je möglich sein wird. Staatliche Unterstützungsmaßnahmen haben möglichst darauf abzuzielen, sozial Abhängige wieder zu Selbständigkeit zurückzuführen.

Die freie Entscheidung des Einzelnen für die Ehe oder andere Formen des Zusammenlebens muß erhalten bleiben. Die Benachteiligung von Familien mit Kindern ist abzubauen, die volle Gleichberechtigung von Mann und Frau ist zu verwirklichen.

Zu einer echten Partnerschaft gehört, daß Männer und Frauen die Aufgaben in Familie und Beruf besser als bisher miteinander teilen. Flexibilisierung von Arbeits-, Einkaufs- und Behördenzeiten sowie ganztägig geöffnete Schulen mit Freizeitangeboten und die Förderung privater Kinderbetreuungseinrichtungen sollen dies erleichtern.

Die Entscheidung für Kinder darf nicht zu einer drastischen Verschlechterung der materiellen Lebensbedingungen führen.

Darüber hinaus wollen wir die gesellschaftliche Anerkennung für andere Formen des Zusammenlebens. Bestehende rechtliche Diskriminierungen sind abzubauen.

Die Entwicklungschancen der Jugendlichen müssen durch Förderung der Eigeninitiative, Mitwirkung und Selbstverantwortung verbessert werden.

Gerade der junge Mensch braucht viel Freiheit, aber auch stabile soziale Bindungen. Nicht nur die Familie, sondern auch die Gesellschaft trägt dafür Verantwortung. Für alle entsteht Schaden, wenn die Jugendlichen bereits am Beginn ihres beruflichen Werdegangs scheitern. Gleichgültigkeit gegenüber dem bestehenden demokratischen System und Ablehnung unserer Gesellschaft sind eine Folge.

Gute Jugendpolitik ist heute vor allem auch die Bekämpfung der Jugendarbeitslosigkeit. Dazu gehören solide wirtschaftliche Rahmenbedingungen, noch größere Anstrengungen zur Beschaffung von Lehrstellen auch durch private unentgeltliche Vermittlung, die Verbesserung der Ausbildungsqualifikation sowie die Förderung privater überbetrieblicher Ausbildungsstätten und die vermehrte Bereitstellung von qualifizierten Ausbildungsplätzen in staatlichen und halbstaatlichen Unternehmen. Damit kann keine Übernahmegarantie verbunden sein.

Auch im Hinblick auf den europäischen Arbeitsmarkt von morgen müssen Jungen und Mädchen schon in den allgemeinbildenden Schulen stärker mit Fremdsprachen und den neuen Technologien vertraut gemacht werden.

Ältere Menschen müssen entsprechend ihrer Erfahrung, Leistungsfähigkeit und Bereitschaft zu einem aktiven Alter voll in das gesellschaftliche Leben einbezogen werden.

Der ältere Mensch soll eigenverantwortlich und selbständig am gesellschaftlichen Leben teilnehmen. Eigene Initiativen und gemeinschaftliche Selbsthilfe müssen gefördert werden. Für ein aktives, geistig reges und erfülltes Alter müssen die Bildungseinrichtungen den älteren Menschen offenstehen und mehr Möglichkeiten für das Engagement in Wohnquartier und Gemeinde geschaffen werden.

Der Übergang vom Berufsleben in den Ruhestand soll nach unserem Modell der Teilarbeit und Teilrente nicht abrupt, sondern schrittweise und ohne starre Altersgrenze erfolgen können.

Unabhängig von der Berufstätigkeit sollen ältere Menschen die Gesellschaft der Zukunft mitgestalten können; ihre Erfahrung ist unverzichtbar.

5. Der Einzelne, der Staat und die Organisationen

Wir wollen weniger Staat und weniger Bürokratie durch Dezentralisierung, Privatisierung und Abbau von Reglementierungen.

Der demokratische Rechtsstaat sichert die Freiheit des Einzelnen, staatliches Handeln gefährdet sie aber auch. Jede Einschränkung bedarf der Begründung.

Die Grenzen der Staatstätigkeit sind immer wieder neu zu bestimmen. Aufgabe des Staates ist die Freiheitssicherung, vor allem die Sicherung demokratischer Regeln, der Chancengleichheit für alle, des Friedens und der inneren Ordnung. Er muß die soziale Grundsicherung derjenigen ermöglichen, die sich weder allein noch gemeinschaftlich helfen können. Andere Aufgaben sollen auf den Bürger und private Organisationen übertragen werden.

In der Wirtschaft hat der Staat primär den ordnungspolitischen Rahmen für die marktwirtschaftlichen, dezentralen Abläufe zu sichern. Staatliche Wirtschaftstätigkeit, die nicht mit hoheitlichen Aufgaben begründet werden kann, ist zu privatisieren. Wirtschaftsförderungen des Staates sind konsequent von indirekten Steuervergünstigungen auf direkte Finanzhilfen umzustellen. Staatliche Hilfen sollten aus Gründen der Transparenz und der Gerechtigkeit nicht mehr über das Steuersystem gewährt werden, es sei denn, der mit der Subvention angestrebte Zweck ist durch eine steuerliche Regelung besser zu erreichen.

Effizienzkontrollen und leistungsbezogene Beförderung müssen im öffentlichen Bereich zur Regel werden.

Alle vorhandenen und künftigen Gesetze, Verordnungen und Verwaltungsvorschriften sind darauf zu überprüfen, ob sie unbedingt notwendig, einfach anwendbar und leicht verständlich sind. Insbesondere ist das Steuersystem grundlegend zu vereinfachen.

Die Mitwirkungsrechte des Einzelnen in seiner direkten Umgebung müssen erweitert werden.

Unserer Forderung nach weniger Staat und mehr Verantwortung des Einzelnen muß ein Ausbau der Informations- und Mitwirkungsrechte des Einzelnen entsprechen. Auch deshalb fordern wir die Stärkung der kommunalen Selbstverwaltung.

Die verschiedensten Formen von Bürgermitwirkung wie z.B. Volksbegehren, Bürgerentscheid, Urwahl der Bürgermeister und der Landräte sowie Abänderung der Listen durch Kumulieren und Panaschieren sollen bundesweit unser repräsentatives System ausbauen und es so glaubwürdiger und attraktiver machen. Das Wahlrecht ist so zu verbessern, daß die Wähler mehr Auswahlmöglichkeiten unter den Kandidaten einer Partei haben.

Zugleich müssen die gewählten Mandatsträger der Verwaltung gegenüber gestärkt werden, deren Struktur und Arbeitsweise aufgabengerechter zu gestalten ist. Die kommunale Verwaltung muß sich stärker als Dienstleistungseinrichtung verstehen und für die Bürger alternative Vorschläge entwickeln, um sie stärker am kommunalen Geschehen mitentscheiden zu lassen.

Wachsende Macht von Organisationen erfordert mehr innere Demokratie und verstärkte Berücksichtigung der Interessen von Nichtorganisierten und Drittbetroffenen.

Viele Menschen brauchen die Zusammenarbeit mit anderen, um sich gegen Stärkere in Wirtschaft und Gesellschaft behaupten zu können. Wir begrüßen das Entstehen neuer Selbsthilfegruppen, das wachsende Engagement in Bürgerinitiativen, berufsständischen sowie sozialen Organisationen und wünschen die offene Leistungskonkurrenz der Verbände.

Aber die Tendenz zu zentralistischen Großorganisationen muß umgekehrt, der Mißbrauch von Organisationsmacht verhindert werden. Dazu müssen demokratische Willensbildung und freiwillige Mitgliedschaft ebenso gesichert werden wie die Rechte der Nichtorganisierten und Drittbetroffenen.

Angesichts des großen gesellschaftlichen Gewichts der Tarifparteien brauchen wir auch klare Regeln für Arbeitskämpfe, wenn möglich durch freiwillige Vereinbarungen, andernfalls durch Gesetz. Ein gemeinsamer Verhaltenskodex kann zum Abbau von Einschüchterung, Gewalttätigkeit und Machtmißbrauch, insbesondere bei Arbeitskonflikten, beitragen.

Unser parlamentarisches System erfordert eine hohe Glaubwürdigkeit der politischen Parteien. Insbesondere stehen die Politiker in der Verantwortung, sich durch Übereinstimmung zwischen ihrem Anspruch und ihrem Handeln glaubwürdig darzustellen.

Parteien brauchen praktizierte innere Demokratie, offene und kritische Diskussion unterschiedlicher Meinungen und mehr Angebote zur Mitwirkung.

Die Parteien dürfen ihren grundgesetzlichen Auftrag zur politischen Willensbildung nicht mit einem Alleinvertretungsanspruch verwechseln. Den Versuchen, alle wesentlichen öffentlichen Bereiche zu durchdringen und öffentliche Funktionen unter Parteigesichtspunkten zu besetzen, erteilen die Liberalen eine klare Absage. Unser Bekenntnis zur Leistungsgesellschaft ist eine Absage an den Parteibuchstaat.

Die F.D.P. ist die Partei des Parlamentarismus. Die ausschließliche Verantwortung des Abgeordneten gegenüber seinem Gewissen darf weder durch das imperative Mandat noch durch parlamentarische Rituale gefährdet werden. Die innere und äußere Unabhängigkeit muß wieder zum Leitbild aller Abgeordneten werden.

So wollen wir das Vertrauen unserer Bürger, gerade auch der Jugendlichen, in unsere freiheitliche demokratische Ordnung und ihre politische Mitwirkung stärken und mehr Freiheit für den Einzelnen verwirklichen.

Literatur

Im Literaturverzeichnis sind solche Titel aufgeführt, die für das Studium der Geschichte und Funktion der FDP wichtig sind. Einige dieser Titel sind im Text der Arbeit nicht extra zitiert; andere im Text zitierte Arbeiten werden im Literaturverzeichnis nicht erwähnt – sie stehen nur mittelbar mit dem Thema im Zusammenhang.

1. *Beiträge zur politischen Soziologie*

Rolf Ebbighausen, Politische Soziologie. Zur Geschichte und Ortsbestimmung, Opladen 1981

Max G. Lange, Politische Soziologie, 5. Auflage, München 1961

Otto Stammer/Peter Weingart unter Mitarbeit von Hans-Helmut Lenke, Politische Soziologie, München 1972

2. *Das politische System der Bundesrepublik Deutschland und seine Geschichte*

Arnulf Baring, Machtwechsel. Die Ära Brandt–Scheel, Stuttgart 1982

Wolfgang Benz (Hrsg.), Die Bundesrepublik Deutschland. Geschichte in drei Bänden. Band 1: Politik. Band 2: Gesellschaft. Band 3: Kultur, Frankfurt a. M. 1983

Thomas Ellwein, Das Regierungssystem der Bundesrepublik Deutschland, 3. Auflage, Opladen 1973

Hans Fenske, Deutsche Verfassungsgeschichte. Vom Norddeutschen Bund bis heute, Berlin 1981

Kurt Sontheimer/Hans H. Röhring (Hrsg.), Handbuch des politischen Systems der Bundesrepublik Deutschland, München/Zürich 1977

Kurt Sontheimer, Grundzüge des politischen Systems der Bundesrepublik Deutschland, 8., völlig überarbeitete Auflage, München/Zürich 1980

3. *Das Parteiensystem der Bundesrepublik Deutschland*

Ulrich von Alemann, Parteiensystem im Parlamentarismus. Eine Einführung und Kritik von Parlamentarismustheorien, Düsseldorf 1973

Manfred Berger/Wolfgang G. Gibowski/Dieter Roth/Wolfgang Schulte, Regierungswechsel und politische Einstellungen. Eine Analyse der Bundestagswahl 1983; in: Zeitschrift für Parlamentsfragen, Jg. 14 (1983), H. 4

Manfred Berger/Wolfgang G. Gibowski/Dieter Roth und Wolfgang Schulte (Forschungsgruppe Wahlen e. V. Mannheim), Starke Wählerbewegungen und stabile Strukturen, kein Test für Bonn – Landtagswahlen 1985; in: Zeitschrift für Parlamentsfragen, Jg. 16 (1985), H. 3, S. 411 ff.

Klaus Bohnsack, Die Koalitionskrise 1981/82 und der Regierungswechsel 1982; in: Zeitschrift für Parlamentsfragen, Jg. 14 (1983), H. 1, S. 5 ff.

Werner Boldt, Die Anfänge des deutschen Parteiwesens. Fraktionen, politische Vereine und Parteien in der Revolution 1848. Darstellung und Dokumentation, Paderborn 1971

Michael Bretschneider, Mitgliederzahlen der Parteien und ihre räumliche Verteilung 1977, (Deutsches Institut für Urbanistik), Berlin 1978

Jürgen Dittberner, Zur Entwicklung des Parteiensystems zwischen 1949 und 1961; in: Dietrich Staritz (Hrsg.), Das Parteiensystem der Bundesrepublik, a. a. O., S. 129 ff.

Jürgen Dittberner/Rolf Ebbighausen (Hrsg.), Parteiensystem in der Legitimationskrise. Studien und Materialien zur Soziologie der Parteien in der Bundesrepublik Deutschland, Opladen 1973
Christian Fenner, Das Parteiensystem seit 1969. Normalisierung und Polarisierung; in: Dietrich Staritz (Hrsg.), Das Parteiensystem der Bundesrepublik, a. a. O., S. 194 ff.
Hans Fenske, Strukturprobleme der deutschen Parteiengeschichte. Wahlrecht und Parteiensystem vom Vormärz bis heute, Frankfurt a. M. 1974
Ossip K. Flechtheim, Dokumente zur parteipolitischen Entwicklung in Deutschland seit 1945, Berlin 1963
Manfred Friedrich, Landesparlamente in der Bundesrepublik, Opladen 1975
Helga Grebing, Die Parteien; in: Wolfgang Benz (Hrsg.), Die Bundesrepublik Deutschland, Geschichte in drei Bänden, Band 1, a. a. O., S. 126 ff.
Michael Th. Greven, Parteien und politischen Herrschaft. Zur Interdependenz von innerparteilicher Ordnung und Demokratie in der BRD. Meisenheim am Glan 1977
Emil Hübner, Wahlsysteme und ihre möglichen Wirkungen unter spezieller Berücksichtigung der Bundesrepublik Deutschland, München 1976
Manfred Jenke, Verschwörung von rechts?, Ein Bericht über den Rechtsradikalismus in Deutschland nach 1945, Berlin 1961
Heino Kaack, Geschichte und Struktur des deutschen Parteiensystems, Opladen 1971
Heino Kaack, Landtagswahlen und Bundespolitik 1970–1972; in: aus politik und zeitgeschichte, Beilage zur Wochenzeitschrift Das Parlament, B 13/74 v. 30.3.1974
Heino Kaack/Reinhard Roth (Hrsg.), Handbuch des deutschen Parteiensystems, Bd. 2 Opladen 1980
Max Kaase, Wahlsoziologie heute. Analysen aus der Bundestagswahl 1976; in: Politische Vierteljahresschrift, 18. Jg. (1977), H. 2/3
Werner Kaltefleiter, Zwischen Konsens und Krise. Eine Analyse der Bundestagswahl 1982, Köln/Berlin/Bonn/München 1973
Hans Werner Kilz/Joachim Preuss, Flick. Die gekaufte Republik, Hamburg 1983
Alf Mintzel, Die Volkspartei. Typus und Wirklichkeit. Ein Lehrbuch, Opladen 1984
Wolf-Dieter Narr (Hrsg.), Auf dem Wege zum Einparteienstaat, Opladen 1977
Manfred Rowold, Im Schatten der Macht. Zur Oppositionsrolle der nicht-etablierten Parteien in der Bundesrepublik, Düsseldorf 1974
Horst W. Schmollinger/Richard Stöss, Die Parteien und die Presse der Parteien und Gewerkschaften in der Bundesrepublik Deutschland 1945–1974, München 1975
Horst W. Schmollinger/Richard Stöss, Sozialstruktur und Parteiensystem, in: Dietrich Staritz (Hrsg.), Das Parteiensystem der Bundesrepublik, a. a. O., S. 217 ff.
Hans See, Volkspartei im Klassenstaat oder Das Dilemma der innerparteilichen Demokratie, Reinbek 1972
Dietrich Staritz (Hrsg.), Das Parteiensystem der Bundesrepublik. Geschichte – Entstehung – Entwicklung. Eine Einführung, Opladen
Richard Stöss (Hrsg.), Parteien-Handbuch. Die Parteien der Bundesrepublik Deutschland 1945–1980. Band I: AUD bis EEP. Band II: FDP bis WAV, Opladen 1983 und 1984
Richard Stöss, Einleitung: Struktur und Entwicklung des Parteiensystems der Bundesrepublik – Eine Theorie, in: Richard Stöss (Hrsg.), Parteien-Handbuch, Bd. 1, a. a. O., S. 17 ff.
Herbert Sultan, Zur Soziologie des modernen Parteienwesens; in: Archiv für Sozialwissenschaft und Sozialpolitik, 55 (1926)
Walter Tormin, Geschichte der deutschen Parteien seit 1848, Stuttgart/Berlin/Köln/Mainz 1966
Elmar Wiesendahl, Parteien und Demokratie. Eine soziologische Analyse paradigmatischer Ansätze der Parteienforschung, Opladen 1980
Rudolf Wildenmann, Partei und Fraktion, Meisenheim am Glan 1954
Bodo Zeuner, Das Parteiensystem in der Großen Koalition (1966–1969); in: Dietrich Staritz (Hrsg.), Das Parteiensystem der Bundesrepublik, a. a. O., S. 174 ff.

4. *Die FDP*

a) *Gesamtdarstellungen*

Lothar Albertin (Hrsg.), Politischer Liberalismus in der Bundesrepublik, Göttingen 1980
Herbert Bertsch, Die FDP und der deutsche Liberalismus 1789–1963, Berlin 1975
Karl Dietrich Bracher, Theodor Heuss und die Wiederbegründung der Demokratie in Deutschland, Tübingen 1965
Ralf Dahrendorf, Die Chancen der Krise. Über die Zukunft des Liberalismus, Stuttgart 1983
Jürgen Dittberner, Die Freie Demokratische Partei; in: Richard Stöss (Hrsg.), Parteien-Handbuch, Band II, S. 1311 ff.
Wolfram Dorn/Harald Hofmann, Geschichte des deutschen Liberalismus, 2. Auflage, Bonn 1976
Hans F. W. Gringmuth, Der Handlungsspielraum der Freien Demokratischen Partei als Artikulationspartei. Wahlen und Forderungsverhalten der Freien Demokraten – unter Berücksichtigung ihres Einflusses in der Koalition gegenüber der SPD, Frankfurt a. M./Bern/New York 1984
Jörg Michael Gutscher, Die Entwicklung der FDP von ihren Anfängen bis 1981, Meisenheim am Glan 1967
Dieter Hein, Zwischen liberaler Milieupartei und nationaler Sammlungsbewegung. Gründung, Entwicklung und Struktur der Freien Demokratischen Partei 1945–1949, Düsseldorf 1985
Friedrich Henning, F.D.P. Die Liberalen. Portrait einer Partei, München 1982
Peter Juling, Programmatische Entwicklung der FDP 1946–1969. Einführung und Dokumente, Meisenheim am Glan 1977
Peter Juling (Hrsg.), Was heißt heute liberal?, Gerlinden 1978
Heino Kaack, Zur Geschichte und Programmatik der Freien Demokratischen Partei. Grundriß und Materialien, Meisenheim am Glan 1976
Kurt J. Körper, FDP. Bilanz der Jahre 1960–1966. Braucht Deutschland eine liberale Partei?, Köln 1968
Max Gustav Lange, Die FDP. Versuch einer Erneuerung des Liberalismus; in: Parteien in der Bundesrepublik, Studien zur Entwicklung der deutschen Parteien bis zur Bundestagswahl 1953, Stuttgart und Düsseldorf 1955
Paul Luchtenberg/Walter Erbe (Hrsg.), Geschichte des deutschen Liberalismus, Köln und Opladen 1976
Erich Mende, Die FDP. Daten – Fakten – Hintergründe, Stuttgart 1972
Hans Karl Richarts, Die F.D.P. auf dem Wege nach links, Stuttgart 1972
Theo Rütten, Der deutsche Liberalismus 1945 bis 1955. Deutschland- und Gesellschaftspolitik der ost- und westdeutschen Liberalen in der Entstehungsphase der beiden deutschen Staaten, Baden-Baden 1984
Theo Schiller, Wird die F.D.P. eine Partei?; in: Wolf-Dieter Narr (Hrsg.), a. a. O., S. 122 ff.
Eduard Sußmann, Liberale in der Verantwortung. Vorgeschichte und Entwicklung der FDP, Hamburg 1963
H. G. Thal (Hrsg.), Pofile der Parteien. F.D.P., Neuss-Uedesheim o. j.
Günter Verheugen, Der Ausverkauf. Macht und Verfall der FDP, Hamburg 1984
Rüdiger Zülch, Von der FDP zur F.D.P. Die dritte Kraft im deutschen Parteiensystem, Bonn 1972
Rolf Zundel, Die Erben des Liberalismus, Freudenstadt 1971

b) *Regionalstudien*

Karl Heinz Gehm, Der Machtzerfall der sozialliberalen Koalition in Berlin. Innenansicht einer Stadtpolitik, Berlin 1984

Karl-Heinz Grundmann (unter Mitarbeit von Dieter Hein), Zwischen Verständigungsbereitschaft, Anpassung und Widerstand: Die Liberal-Demokratische Partei Deutschlands in Berlin und der Sowjetischen Besatzungszone 1945–1949 – Eine Dokumentation zur Sonderausstellung der F.D.P. – Bundestagsfraktion im Reichstagsgebäude, Bonn 1978

Hans-Jürgen Heß, Innerparteiliche Gruppenbildung. Macht- und Demokratieverlust einer politischen Partei am Beispiel der Berliner SPD in den Jahren 1963 bis 1981, Bonn 1984

110 Jahre Bürgerschaftswahlen im Lande Bremen 1854 bis 1963. Statistische Berichte des Statistischen Landesamtes Bremen, Sonderheft, ausgeg. September 1966

Helmuth Kohl, Die politische Entwicklung in der Pfalz und das Wiederentstehen der Parteien nach 1945, Diss. Phil., Heidelberg 1958

Ekkehart Krippendorf, Die Liberal-Demokratische Partei Deutschlands in der Sowjetischen Besatzungszone 1945–1948. Entstehung. Struktur, Politik. Düsseldorf 1961

Ludwig Luckemeyer, Liberale in Hessen. 1958–1980, Melsungen 1980

Erich Lüth, Die Hamburger Bürgerschaft 1946–1971, Hamburg 1971

Heinz Marten, Die unterwanderte FDP. Politischer Liberalismus in Niedersachsen. Aufbau und Entwicklung der Freien Demokratischen Partei, Göttingen 1978

Heinz Georg Marten, Die FDP in Niedersachsen. Demokratie der ersten Stunde, Hannover o. J.

Berthold Mauch, Die bayerische FDP. Portrait einer Landespartei 1945–1949, Phil. Diss. Nürnberg, Nürnberg 1965

Jürgen Morlock (Hrsg.), Baden-Württemberg Stammland der Liberalen, Stuttgart 1983

Klaus Riebschläger, Vor Ort. Blicke in die Berliner Politik.

Paul Rothmund/Erhard R. Wiehn (Hrsg.), Die F.D.P./DVP in Baden-Württemberg und ihre Geschichte, Stuttgart usw. 1979

Horst W. Schmollinger, Die Wahl zum Berliner Abgeordnetenhaus vom 10. Mai 1981: Einbruch der Sozialliberalen; in: Zeitschrift für Parlamentsfragen, Jg. 14 (1983), H. 1, S. 38 ff.

Horst W. Schmollinger, Die Wahl zum Berliner Abgeordnetenhaus vom 10. März 1985. Zunehmende Mobilisierungs- und Integrationsschwäche des Parteiensystems; in: Zeitschrift für Parlamentsfragen, Jg. 16 (1985), H. 3, S. 337 ff.

Karsten Schröder, Die FDP in der britischen Besatzungszone 1946–1948. Ein Beitrag zur Organisationsstruktur der Liberalen im Nachkriegsdeutschland, Düsseldorf 1985

Athanasios Sissimopoulos/Ernst Eggers, Die F.D.P. in Köln, Bonn 1972

Hans Georg Wieck, Christliche und Freie Demokraten in Hessen, Rheinland-Pfalz, Baden und Württemberg 1945/46, Düsseldorf 1958

c) Zur Liberalismusgeschichte

Lothar Albertin, Liberalismus und Demokratie am Anfang der Weimarer Republik. Eine vergleichende Analyse der deutschen demokratischen Partei und der deutschen Volkspartei, Düsseldorf 1972

Lothar Döhn, Politik und Interesse. Die Interessensstruktur der Deutschen Volkspartei, Meisenheim am Glan 1970

Lothar Gall (Hrsg.), Liberalismus, Köln 1976

J. Salwin Scharipo, Was ist Liberalismus?; in: Lothar Gall (Hrsg.), a. a. O., S. 20 ff.

Werner Stephan, Aufstieg und Verfall des Linksliberalismus 1918–1933. Geschichte der Deutschen Demokratischen Partei, Göttingen 1973

d) Spezielle Untersuchungen

H. Bilstein/H. Hohlbein/H.-U. Klose, Jungsozialisten/Junge Union/Jungdemokraten. Die Nachwuchsorganisationen der Parteien in der Bundesrepublik, Opladen 1971

Heinz-Dietrich Fischer, Parteien und Presse in Deutschland seit 1955, Bremen 1971

Jürgen Kunze, Die Jungdemokraten zwischen Liberalismus und Sozialismus; in: Jürgen Dittberner/Rolf Ebbighausen (Hrsg.), Parteiensystem in der Legitimationskrise, a. a. O., S. 307 ff.

Hermann Maassen/Elmar Hucko, Thomas Dehler, der erste Bundesminister der Justiz, Köln 1977

Werner Stephan, Die Friedrich-Naumann-Stiftung. Entstehung und Entwicklung, in: Friedrich-Naumann-Stiftung (Hrsg.), Jahresbericht 1983, Jubliäumsausgabe 25 Jahre Friedrich-Naumann-Stiftung, St. Augustin 1984

Henning Konrad von Vieregge, Parteinahe Stiftungen und ihre Parteien. Zur Rolle der parteinahmen Stiftungen im Parteiensystem der Bundesrepublik unter besonderer Berücksichtigung der Friedrich-Naumann-Stiftung, Baden-Baden 1977

e) Politische Darstellungen und Selbstzeugnisse

Bundesvorstand der Freien Demokratischen Partei (Hrsg.), Karl-Hermann Flach, Bonn o. J.

Bundesvorstand der Freien Demokratischen Partei (Hrsg.), Zeugnisse liberaler Politik. 25 Jahre F.D.P., Bonn 1973

Wolfram Dorn/Friedrich Henning (Hrsg.), Thomas Dehler. Begegnungen – Gedanken – Entscheidungen, Bonn 1977

Karl-Hermann Flach, Noch eine Chance für die Liberalen. Eine Streitschrift, Frankfurt a. M. 1971

Karl-Hermann Flach/Werner Maihofer/Walter Scheel, Die Freiburger Thesen der Liberalen, Reinbek bei Hamburg 1972

Friedrich-Naumann-Stiftung (Hrsg.), 25 Jahre Arbeit für den Liberalismus, St. Augustin 1983

Friedrich-Naumann-Stiftung (Hrsg.), Lösung der deutschen Frage – wie, wann, mit wem?. Dokumentation des Experten-Disputes der Friedrich-Naumann-Stiftung am 19. Oktober 1984 in Königswinter/Margarethenhof, St. Augustin 1984

Friedrich-Naumann-Stiftung (Hrsg.), Hans Reif. Liberale in Programm und Praxis. Zu seinem 80. Geburtstag am 19. Januar 1979, Bonn 1979

Hans-Dietrich Genscher, Außenpolitik im Dienste von Sicherheit und Freiheit, Stuttgart 1976

Hans Dietrich Genscher, Liberale in der Verantwortung, München–Wien 1976

Hildegard Hamm-Brücher/Hermann Rudolf, Theodor Heuss. Eine Bildbiographie, Stuttgart 1983

Theodor Heuss, Erinnerungen 1905–1933, Stuttgart/Hamburg 1963

Liberal Verlag GmbH (Hrsg.), Jahrbuch 1981/82. F.D.P. – Die Liberalen, Bonn 1982

Reinhold Maier, Ein Grundstein wird gelegt. Die Jahre 1945–1947, Tübingen 1964

Jürgen Morlock (Hrsg.), Liberale Profile. Freiheit und Verantwortung, Stuttgart 1983

PDI-Sonderheft 16, Mit Zuckerbrot und Peitsche... Die Strategie von CDU/CSU gegenüber den Liberalen seit 1969, München 1981

Theodor Tantzen, 1877–1947. Gedenkschrift anläßlich seines 106. Geburtstages am 14. Juni 1977, Hannover 1977

Günter Verheugen (Hrsg.), Das Programm der Liberalen. Zehn Jahre Programmarbeit der F.D.P., Baden-Baden 1979

Personenregister

Es sind nur die im Text enthaltenen Namen registriert, nicht diejenigen in den Fußnoten, in den Überschriften, im Vorwort oder im Anhang.

GPSR Compliance

The European Union's (EU) General Product Safety Regulation (GPSR) is a set of rules that requires consumer products to be safe and our obligations to ensure this.

If you have any concerns about our products, you can contact us on ProductSafety@springernature.com

In case Publisher is established outside the EU, the EU authorized representative is:

Springer Nature Customer Service Center GmbH
Europaplatz 3
69115 Heidelberg, Germany

Batch number: 10809472

Printed by Printforce, the Netherlands